高职高专环境科学系列教材
编写委员会

主　任　胡亨魁

副主任　（按姓氏拼音字母排序）

高红武　宫学栋　谷群广　王红云

徐汝琦　杨仁斌　曾育才　周国强

委　员　（按姓氏拼音字母排序）

高红武　谷群广　郭　正　胡亨魁　李连山

李志红　梁　红　刘　彬　刘帅霞　刘晓冰

刘颖辉　宋新书　苏少林　苏锡南　汪　翰

王红云　谢炜平　徐汝琦　鄢达成　袁　刚

曾育才　张　波　赵建国　钟　松　周国强

《生态学基础》编写组

主　编　孔繁德

副主编　冯雨峰　刘传才

编　委　（按姓氏拼音字母排序）

秦　津　荣　誉　塔　莉　谭海霞　王连龙

魏国印　臧传芹

高职高专系列教材

生态学基础

（第二版）

孔繁德　主编

冯雨峰　刘传才　副主编

中国环境出版集团・北京

图书在版编目（CIP）数据

生态学基础 / 孔繁德主编. —2 版. —北京：中国环境出版集团，2011.3（2024.7 重印）
高职高专系列教材
ISBN 978-7-5111-0491-5

Ⅰ. ①生… Ⅱ. ①孔… Ⅲ. 生态学—高等学校：技术学校—教材 Ⅳ. ①Q14

中国版本图书馆 CIP 数据核字（2011）第 020336 号

出 版 人　武德凯
策　　划　耿世刚　沈　建
责任编辑　宾银平　沈　建
封面设计　彭　杉

出版发行　中国环境出版集团
（100062　北京市东城区广渠门内大街 16 号）
网　　址：http://www.cesp.com.cn
电子邮箱：bjgl@cesp.com.cn
联系电话：010-67112765（编辑管理部）
010-67113412（第二分社）
发行热线：010-67125803，010-67113405（传真）
印　　刷　玖龙（天津）印刷有限公司
经　　销　各地新华书店
版　　次　2006 年 1 月第 1 版　2011 年 3 月第 2 版
印　　次　2024 年 7 月第 6 次印刷
印　　次　14001—16000
开　　本　787×960　1/16
印　　张　16
字　　数　320 千字
定　　价　38.00 元

重印说明

中国环境管理干部学院于 2016 年经教育部批准正式升格为全日制普通应用型、技术技能型本科院校，并改名为河北环境工程学院，是目前全国唯一一所以生态环境教育为办学特色的本科高校。

本次重印，对教材中某些不规范的用法进行了修订。鉴于本教材第二版第一次印刷已距今十年，教材中可能存在不少错误，敬请各位读者批评指正，以便于教材第三版时修改完善。

编者

2021 年 7 月 2 日

序

自然生态是环境保护的一个重要方面，从总体上看，我国生态形势是相当严峻的。党中央、国务院十分重视自然生态环境保护工作。1999 年，国务院发布了《全国环境生态建设规划》。2000 年，又发布了《全国生态环境保护纲要》，强调了我国生态建设的重要性，提出了“保护优先，预防为主，防治结合”的方针，重点推进“三区”战略，即对重要生态功能区实施抢救性保护、对重点资源开发区实施强制性保护、对物种丰富和生态良好地区实施积极性保护。2002 年党的十六大提出全面建设小康社会的宏伟目标，提出“……推动整个社会走生产发展，生活富裕，生态良好的文明发展道路”。2003 年党的十六届三中全会提出“以人为本，树立全面、协调、可持续发展观，促进经济社会和人的全面发展”。2004 年党的十六届四中全会提出“构建社会主义和谐社会”的任务，其中包括“人与自然和谐”。我国环境保护进入到一个新的发展阶段。由于生态保护涉及面广，整体性强，综合性强，需要加强宣传教育，动员各行各业和广大群众参与生态保护工作，同时也亟须培养大批生态保护的专门人才。为适应形势的需要，有关部门与中国环境科学出版社协商决定共同组织编写出版我国高职高专的生态保护系列教材，并委托中国环境管理干部学院具体组织有关专业的教授、专家编写这方面的教材。

中国环境管理干部学院于 1981 年建立。20 多年来，教学与科研相结合，培养了大批环保人才，同时也编写了一批高校教材，还涌现出了一批环境保护的科研成果。在我国环境保护事业的发展中做出了很大贡献。20 多年来，该院形成了专业门类齐全、结构合理的师资队伍，其特点之一，是理论联系实际。该院组织教师编写的教材密切地联系我国环境保护实际，总结我国环境保护的经验，适应我国环境保护工作的实际需要，受到全国环境保护系统的认可和欢迎。

生态保护系列教材的出版，能为我国环境保护事业和生态保护工作提供重要参考，为建设人与自然和谐社会做出贡献。

前 言

生态学是研究生物有机体与其环境相互关系的科学。随着社会的发展和科学技术的进步，一方面极大地提高了社会生产力，提高了人类生活水平；另一方面也带来了一系列关乎人类生存与发展的环境问题，造成生态危机。种种生态危机甚至是全球性的，严重威胁到人类社会的可持续发展。而这些生态危机的解决，都有赖于生态学理论的指导和技术支持。因此，高等院校环境科学类专业普遍开设了《生态学》课程。

本书主要作为高职高专环境科学类专业的核心教材，也适用于相关专业生态学基础课程。其内容以生物与环境、种群生态学、群落生态学、生态系统生态学、景观生态学和生态学在环境保护与经济社会发展中的应用为顺序展开，力求简明扼要、概念准确、通俗易懂、图文并茂。为了便于学生学习，本书每章附有“学习指南”、“本章小结”和“复习思考题”。全书共分七章：第一章绪论，阐述生态学的研究对象、内容、方法以及生态学的最新发展和趋势；第二章生物与环境，介绍生态因子的生态作用及生物的适应；第三章种群生态学，主要阐述了种群及其基本特征、种群数量的时空动态、数量调节、生活史对策、种内与种间关系；第四章群落生态学，介绍生物群落的组成与结构、生物群落的动态、生物群落的分类与排序等；第五章生态系统生态学，阐述了生态系统的一般特征、生态系统的主要过程、生态系统服务功能、生态系统的稳定性与生态平衡及其调控；第六章景观生态学，介绍了景观生态学发展历程，斑块、基质、廊道等基本概念和岛屿生物地理学、异质种群等理论，景观格局的形成原因和景观动态的基本过程和表现，景观生态学的应用等；第七章生态学在环境保护中的应用，简述了生态学原理在环境保护与经济社会发展中的应用、生态系统健康及生态保护措施和生态旅游等。本教材既体现了生态学作为环境科学的基础理论，又紧密联系了生态学发展前沿的热点问题。

这部教材由孔繁德编写第七章第一节、第二节；冯雨峰编写第五章；刘传才编写第四章；魏国印编写第一章；荣誉编写第二章；塔莉编写第三章；王连龙编写第六章的第一、二、三节；谭海霞编写第六章的第四、五、六节；臧传芹编写第七章的第三节，秦津编写第七章第四节。最后由孔繁德、冯雨峰等完成统编，冯雨峰完成电子版汇总工作。

本教材的出版，得到了原国家环境保护总局解振华局长的支持与指导；得到国家环境保护总局政策法规司杨朝飞司长，自然生态司万本太司长及自然保护司生态处、自然保护区处、生物多样性保护办公室的同志们的支持与帮助；得到中国环境科学出版社高文涛社长和沈建等同志的支持、帮助。在此，我们一并表示衷心的感谢！在教材编写过程中，还参考和引用了诸多生态学泰斗的各种资料，我们也在此表示衷心的感谢！

由于生态学的内容极其广泛，而且是第一次编写专科层次教材，加之编者水平所限，错误在所难免，敬请使用本教材的教师、学生和环境科学工作者提出宝贵意见，以便今后教材再版时修改完善。

编者

2010 年 10 月

目 录

第一章 绪论

[学习指南]

本章简要介绍了生态学的定义和研究对象、生态学发展简史、生态学分支学科及研究方法。通过本章的学习，学生应该掌握生态学的定义和研究对象，了解生态学发展简史、生态学分支学科及研究方法，提高对生态学作用的认识和学习兴趣。

随着世界人口的增长和人类改变环境能力的增强，特别是近半个世纪以来，由于工业技术的飞速发展和农业现代化进程的加快，环境、资源、人口等重大社会问题日益突出，在研究解决这些危及人类生存和可持续发展问题的过程中，生态学得到了很大的发展，成为生物科学中众所瞩目的前沿学科。在许多国家和地区，生态学知识得到广泛普及，“生态观点”“生态危机”“生态工程”等名词已成为社会日常生活用语，生态学基本原理在社会科学和自然科学的各个领域都得到广泛的应用。当前，生态学理论的发展与完善，生态教育的普及与深入，对生态环境的建设与保护，对提高维护地球生命支撑体系的指导能力，都具有十分重要的意义。

第一节 生态学的定义与生态学的研究对象

一、生态学的定义

第一位给生态学以确切定义的人是海克尔（E. Haeckel，1834—1919）。他是德国动物学家，也是达尔文主义的捍卫者和传播者。他给生态学的定义为：生态学（ecology）是研究有机体与其环境全部关系的科学。环境包括非生物环境和生物环境，前者如温度、水、风等，而后者包括同种或异种其他有机体。显然，海克尔1869 年的这个定义在此强调的是全部关系，或叫相互作用（interaction），即有机体与非生物环境的相互作用和有机体之间的相互作用。有机体之间的相互作用又可以分为同种生物之间相互作用和异种生物之间的相互作用，或叫种内相互作用和种间相互作用。前者如种内竞争，后者如种间竞争、捕食、寄生和互利共生。

生态学的英文 ecology 来源于希腊文，eco-是家、住所或栖息地的意思，logos

是道理、学问、科学或研究的意思。生态学这个词中的 eco-与经济学（economy）的 eco-是同一个词根。经济学起初是研究“家庭管理”的，因此可以把生态学理解为有关生物的经济管理的科学。有一本基础生态学教科书，书名就叫作《自然的经济学》（*The Economy of Nature*），作者是 Robert Ricklefs，该书共出了 5 版，第 5 版是 2001 年出版的。

海克尔所赋予生态学的定义很广泛，许多生态学家依据自己的研究重点，赋予它新的内容和动力，使其成为多学科、较活跃的科学领域之一。由于研究背景不同，研究对象不同，提出的定义五花八门，各有千秋：

（1）英国生态学家埃尔顿（1927）在最早的一本生态学教科书《动物生态学》中，把生态学定义为科学的自然史。

（2）苏联生态学家克什卡洛夫（1945）认为，生态学研究包括生物的形态、生理和行为的适应性，即达尔文的生存斗争学说中所指的各种适应性。

（3）澳大利亚生态学家安德列沃斯（1954）给生态学下的定义是：生态学是研究有机体的分布和多度的科学。克雷勃斯自称受安德列沃斯一书影响，对这个定义进行了修改：“生态学是研究有机体的分布和多度与环境相互作用的科学。”两个学者是研究动物的，强调的是种群生态学。

（4）植物生态学家 Warming（1909）提出植物生态学研究影响植物生活的外在因子及其对植物（生长、成熟）的影响，这里既包括个体，也包括群落。法国的布朗-布朗喀（1932）则把植物生态学称为社会学，认为它是一门研究植物群落的科学，这两位植物学家强调群落生态学。

（5）美国生态学家奥德姆（Odum，1958）将生态学定义为：生态学是研究生态系统的结构和功能的科学。他的著名教科书《生态学基础》与以前的有很大区别，他以生态系统为中心，对大学生态学教学和研究有很大影响，他本人也因此获得美国生态学最高荣誉——泰勒生态学奖（1977）。

（6）我国著名生态学家马世骏认为生态学是研究生命系统和环境系统相互关系的科学。

虽然，诸学者给生态学下的定义不相同，归纳起来大致分为三类：第一类，研究重点是自然历史和适应性；第二类，强调的是动物的种群生态学和植物的群落生态学；第三类则是生态系统生态学。

海克尔 1869 年提出的定义，尽管有不足，至今仍被广泛应用。

二、生态学的研究对象

明确生态学的研究对象，有助于对生态学定义的了解。生态学的研究对象很广，从个体的分子直到生物圈，包括个体、种群、群落、生态系统，生态学研究把其确定为四个组织层次。

（一）生态学是研究生物与环境、生物与生物之间相互关系的一门生物学基础分支学科

生物学各分支学科的关系，犹如切多层蛋糕，水平切法表示把生物学按研究生命现象各方面加以划分，如生理学、形态学、遗传学、进化论等，而生态学是活生物在自然界中与环境的相互关系和生物之间的相互关系。垂直切法按系统分类把生物学分为动物学、植物学、细菌学等学科。由此可见，生态学不仅是生物学的基础分支学科之一，也是每一门分类学科的一个重要组成部分。

（二）生态学研究以种群、群落和生态系统为中心的宏观生物学

经典的生态学研究最低层次是有机体（个体），按其研究的大部分问题来看，当前的个体生态学应属于生理生态学范畴。这里，生理生态学是生态学与生理学交接的边缘学科，但是更多的学者把生理生态学和生态生理学视为同义。

种群（population）是生态学的重要概念之一。它是占据特定空间的同种有机体的集合群。种群由个体组成，但不等于是个体的简单相加，这是因为有机体之间存在着非独立性的交互作用，从而在整体上呈现出一种有组织有结构的特性，这就如同人是由细胞组成，细胞的简单相加不会形成人是一样的道理。因此，从个体到种群，除了出现统计学上的特征如出生率、死亡率、年龄结构、性比等外，还出现了如空间布局、种群行为、遗传变异和生态对策等新质。

种群概念，可以从抽象的理论意义上理解，即指个体所组成的集合群，这是一种学科划分层次上的概念，也可应用于具体的对象上。如某地的某种生物种群，这种意义上的种群概念，其空间和时间上的界限多少是由研究是否方便而划分的，如全世界人口种群和某一地区的人口种群等。值得注意的是这种划分的方法有时会忽略物种分布的连续性，致使一些种群统计特征难以确定。

群落是指一定时间内居住在空间范围内的生物种群的集合。它包括动物、植物、微生物等各个物种的种群。当群落由种群组成为新的个体层次结构时，产生了一系列新的群体特征，如群落的结构演替、多样性、稳定性等。但是，多数生态学家最感兴趣的是决定群落组成和结构过程，并把群落定义为“一定领域内不同物种种群的集合或混合体”。如一片草原上的全部黄羊和一片草原上的全部生物，在生态学上分别称为种群和生物群落。

生态系统是生态学中最重要的一个概念，是指在一定空间区域内生物群落和非生物环境之间通过不断地进行物质循环、能量流动和信息传递过程而形成的相互作用和相互依存的有机整体。目前，由于世界人口、环境、资源等威胁人类生存的挑战问题，生态系统研究发展为生态学研究的主流。

生物圈是指地球上的全部生命和一切适合于生物栖息的场所，包括岩石圈上

层、全部水圈和大气圈下层。简单地说，地球上存在生命的部分就可称为生物圈。

（三）生态学研究的重点在于生态系统和生物圈中各组成成分之间，尤其是生物与环境，生物与生物之间的相互作用

生态学研究生物与自然环境相互作用时还必须依靠生物以外的其他自然科学，诸如气象学、气候学、土壤学等，在研究生态系统时尤其重要，值得一提的是，不仅生态学在其发展过程中提出了包括自然环境和一切生物的生态系统和生态系统概念，而且这些自然学科也提出农业生态、海洋生态等学科建设。

生态系统包含成分很广，生态科学与其他学科交叉很广泛，但生态学并不是分别深入地去分析研究各个组分的所有方面（土壤学、水文学、气候学、动物学、植物学）或者吞并这些学科，而是研究其各个组成成分的相互作用和相互联系，并从系统整体上去研究其结构、功能和动态，甚至优化和调控。

第二节　生态学发展简史

生态学作为生物科学的一个独立分支，是在实践需要的基础上产生的。生态学的形成和发展经历了一个漫长的历史过程。概括地讲，大致可分为四个时期：生态学的萌芽时期、生态学的建立时期、生态学的巩固时期和现代生态学时期。

（一）生态学的萌芽时期（公元 16 世纪以前）

在人类文明的早期，为了生存，人类不得不对其赖以饱腹的动植物的生活习性以及周围世界的各种自然现象进行观察。因此，从远古时代起，人们实际上就已在从事生态学工作。在一些中外古籍中，已有不少有关生态学知识的记载。早在公元前 2000—公元前 1000 年间，朦胧的生态学思想已见于中国和古希腊的歌谣和著作中。公元前 1200 年，我国《尔雅》一书中就有草、木两章，记载了 176 种木本植物和 50 多种草本植物的形态与生态环境。公元前 700 年，李冉的《道德经》已表达了人类生存的地球“水木金火土”五行相生相克的思想。公元前 200 年《管子·地员篇》专门论及水土和植物，记述了植物沿水分梯度的带状分布以及土地的合理利用。公元前 100 年前后，我国农历已确立了 24 节气，它反映了作物、昆虫等生物现象与气候之间的关系。这一时期还出现了记述鸟类生态的《禽经》，记述了许多动物行为。在西方，早在公元前 450 年，古希腊的安比杜列斯已注意到植物营养与环境的关系；亚里士多德（Aristotle，384—322 B.C.）在他的《自然史》著述中，描述了生物与环境之间的相互关系以及生物之间的竞争，并按栖息地把动物分为陆栖、水栖两大类，还按食性分为肉食、草食、杂食及特殊食性 4 类。Aristotle 的学

生、古希腊著名学者奥弗拉斯图斯（Theophrastus，370—285 B.C.）在《植物群落》中，阐述了陆地及水域中的植物群落和植物类型与环境的关系，被后人认为是最早的一位生态学家。这一时期以古代思想家、农学家对生物与环境相互关系的朴素的整体观为其特点。但上述古籍中没有生态学这一名词，那时也不可能使生态学发展成为独立的学科。

（二）生态学的建立时期（公元 17 世纪至 19 世纪末）

进入 17 世纪之后，随着人类社会经济的发展，生态学作为一门科学开始成长。例如，著名化学家 R. Boyle 在 1670 年发表的低气压对动物效应的试验，研究了低气压对小白鼠、猫、鸟、蛙和无脊椎动物的影响，标志着动物生理生态学的开端；1735 年法国昆虫学家雷米尔（Reaumur）以其 6 卷《昆虫自然史》著述，探讨了积温与昆虫发育生理的关系，成为研究昆虫生态学的先驱。法国布丰（Buffon，1707—1788）在他的 44 卷《生命律》中，主要揭示生物与环境的关系，认为动物的习性与其对环境的适应有关，提出“生物变异基于环境影响”的原理，他的论述对近代动物生态学的发展有重要影响。1792 年德国植物学家 C. L. Willdenow 在《草学基础》一书中详细讨论了气候、水分与高山深谷对植物分布的影响。他的学生 A. Humbolt 于 1807 年用法文出版的《植物地理学知识》一书，提出“植物群落”“外貌”等概念，揭示了植物分布与气候条件的相关关系，并指出“等温线”对植物分布的意义，分析了环境条件与植物形态的关系，创立了植物地理学。1798 年 T. Malthus《人口论》的发表，阐明人口的增长与食物的关系，促进了达尔文“生存斗争”及“物种形成”理论的形成，并促进了“人口统计学”及“种群生态学”的发展。

进入 19 世纪之后，生态学得到快速发展并日趋成熟。1859 年达尔文的《物种起源》问世，促进了生物与环境关系的研究，使许多生物学家开展了环境诱导生态变异的实验生态学工作。1869 年海克尔提出 ecology 一词，并首次提出了生态学定义。丹麦植物学家 E. Warming 于 1895 年发表了他的划时代著作《植物分布学》，1909 年经作者本人改写，用英文出版，改名《植物生态学》（*Ecology of Plants*）。1898 年德国教授 Schimper 出版《以生理为基础的植物地理学》。这两本书全面总结了 19 世纪末之前植物生态学的研究成就，被公认为生态学的经典著作，标志着生态学作为一门生物学分支学科的诞生。

（三）生态学的巩固时期（20 世纪初至 20 世纪 50 年代）

20 世纪初，动植物生态学并行发展，出版了许多生态学著作与教科书。

在动物生态学方面，关于生理生态学、动物行为学和动物群落学等研究有了较大的进展。在此期间出版的有关著作有 1906 年英国詹宁斯发表的《无脊椎动物的行为》，1913 年美国生态学家谢尔福德的《温带美洲的动物群落》等。在植物生态学方面，继 Warming—Schimper 之后，在生理生态与群落生态方面出现了大量著作。例如，1903 年 G. K. Leb 发表的《随人意的植物发育的改变》、1910 年美国 H. C. Cowels 发表的《生态学》、1907 年 F. E. Chements 发表的《生态学及生理学》、1908 年 B. H. Cy KAYEB 发表的《óPЯHCK 森林群系及它们的相互关系》、1904 年美国 F. E. Clements 发表的《植被的结构与发展》、1911 年英国 A. G. Tansley 的《英国的植被类型》等。

20 世纪 20—50 年代，生态学得到进一步巩固与发展。在动物生态学方面，开始了种群研究，并将统计学引入生态学。例如，1925 年英国生态学家 A. J. Lotka 提出了有关种群增长的数学模型。出版的动物生态学教科书与专著有：1931 年美国生态学家 R. N. Chapman 以昆虫为重点的《动物生态学》、1927 年 C. Elton 的《动物生态学》、1929 年 V. E. Shelford 的《实验室及野外生态学》、1937 年中国费鸿年的《动物生态学纲要》、1945 年苏联 Kamkapob 的《动物生态学基础》等。1949 年，W. C. A11ee 等合著的《动物生态学原理》出版，被认为是动物生态学进入成熟期的重要标志之一。植物生态学在这一时期也得到快速发展，出版的专著有：1921 年瑞典 Du Rietz 的《近代植物社会学方法论基础》、1928 年法国 Braun-Blanquet 的《植物社会学》、1923 年英国 A.G. Tans1ey（1923）的《实用植物生态学》、1916 年美国 F. E. Clements 的《植物的演替》、1929 年 F. E. Clements 与 J. E. Weaver 合著的《植物生态学》、1908 年苏联 B. H. Cykaqeb 的《植物群落学》与 1931 年的《生物地理群落学与植物群落学》等。由于各地自然条件、植物区系、植被性质及开发利用程度的差异，使植物生态学在研究方法、研究重点上各地有所不同，在这一时期形成了几个著名的生态学派，主要有：

（1）北欧学派：以注重群落分析为特点。

（2）法瑞学派：又称为苏黎世-蒙伯利埃学派，他们联合创建了“国际高山和地中海地植物研究站”和“Riihel 地植物研究所”。他们把植物群落生态学称为“植物社会学”，并用特征种和区别种划分群落类型，建立了严密的植被等级分类系统，常被称为植物区系学派。1935 年后，北欧学派与本学派合流，被称为西欧学派或大陆学派。

（3）英美学派：以研究植物群落的演替和创建顶极学说而著名，有人称之为动态学派。

（4）苏联学派：注重建群种与优势种，建立了一个植被等级分类系统，并重视植被生态、植被地理与植被制图工作。他们的工作以植物群落和植被为主，统称为“地植物学”。

此外，这一时期英、美等国还相继成立了生态学会。英国生态学会于 1913 年创建，美国生态学会于 1916 年创建；创办了一些生态学刊物。

20 世纪 50—60 年代，是传统生态学向现代生态学过渡时期，并出现了一些新的中心。如德国的H.Ellenberg对生态幅度与生理幅度以及生态种组的研究、Wurzburg大学O. L. Lange对植物生理生态研究、英国北威尔士大学J. L. Harper对植物种群的研究、法国Toulouse植被制图中心、美国康奈尔大学植被分析研究等。

（四）现代生态学时期（20世纪60年代至现在）

20世纪60年代以来，人口的急剧增长，能量的大量消耗，工业“三废”、农药化肥残毒等，带来了许多全球性的问题（例如，人口问题、环境问题、资源问题和能源问题等），涉及人类的生死存亡。人类居住环境的污染、自然资源的破坏与枯竭以及加速的城市化和资源开发规模的不断增长，迅速改变着人类自身的生存环境，造成对人类未来生活的威胁。上述问题的控制和解决，都要以生态学原理为基础，因而引起社会上对生态学的兴趣与关心。现在不少国家都提倡全民的生态意识，研究领域也日益扩大，不再限于生物学，而且渗透到地学、经济学以及农、林、牧、渔、医药卫生、环境保护、城乡建设等各个部门，从而使生态学成为举世瞩目的科学。现代生态学出现了新的特点和发展趋势。

1．从定性研究发展到定量研究

长期以来，生态学被认为是一门描述性学科，只有个体生态可进行定量分析，而群体部分则难于定量。近年来，电子技术、遥控技术等新技术的引入，以及数学、物理学、化学、系统学、工程学等相互渗透，使群体生态学的研究进入了定量化阶段，如数学生态学、定量生态学、系统生态学等生态学新领域不断涌现。

2．研究重点转移

研究重点从个体逐渐转移到种群和群落，进而发展到以生态系统研究为中心。如果说，早期的生态学主要研究的是自然历史或博物学，而20世纪初到50—60年代的动物生态学，则把种群的数量变动问题作为中心，而植物生态学则着重开展群落的结构、演替和经典的植被分析。近20多年来，在迫切要求解决环境、自然保护、资源管理、害虫控制等课题的影响下，多学科的综合性研究迅速发展。现代生态学以整体观和系统观为指导思想，研究生态系统的结构、功能和调控，自然-社会-经济复合生态系统的研究已成为新的领域。

3．从自然生态研究转向人工生态（或半自然生态）研究

自人类产生以来，自然生态系统或多或少地受到干扰和破坏。在人口爆炸的时代，自然生态系统可以说几乎不存在了，因而对半自然（或人工的）生态系统（或受污染生态系统）和人类赖以生存的社会生态系统的研究，已成为现代生态学研究的重要领域。

4．从野外考察到实验分析

传统的生态学均以自然界的生物个体、种群、群落或生态系统为对象进行研究，揭示自然状态下生物与环境间的相互关系及其规律。近年来，随着科学技术的发展，

诸如受控生态系统、微宇宙、人工模拟生态实验室等，均能在不破坏生物体及环境的情况下进行研究分析；生物在理想条件下的生长发育规律和适应对策等研究，均能在实验室模拟进行，进一步揭示了生物与环境的相互关系，使生态学进入了实验研究时期。

5．应用生态学的迅速发展也是现代生态学的重要特色之一

自 20 世纪 60 年代以来，人口危机、能源危机、资源危机、农业危机、环境危机等已引起世人的瞩目，而生态学被认为是解决这些危机的科学基础。生态学与人类环境问题的结合，大约是 70 年代后应用生态学中最重要的领域。很多新的交叉学科如环境生态学、保护生物学、毒理学、经济生态学、城市生态学等应运而生。这里最值得一提的是生物多样性科学（陈灵芝等，2001）。生物多样性是人类生存与发展最为重要的物质基础，近年来，不断加剧的经济活动，对生物多样性造成了严重的破坏，这已引起社会各界广泛的关注。1992 年联合国环境与发展大会通过了“生物多样性公约”，该公约已成为环境领域签署国家最多的公约。90 年代初，全球性的生物多样性研究项目（DIVERSITAS）开始启动，在该项目研究方案不断完善的过程中，在 90 年代中期提出了生物多样性科学的概念，而“生物多样性的生态系统功能”又是生物多样性科学的核心问题。因此我们也可以把生物多样性科学看作是应用生态学的一门分支，当然生物多样性科学还会包含其他的一些重要学科。

第三节　生态学分支学科与研究方法

一、生态学分支学科

生态学不同于其他学科，它由许多学科归纳而成，系多源起源的。因此，其分支学科也相当复杂，分支学科的分类方式也不相同，现列举几种：

1．按生物的分类类群

奥德姆把生物学的分支学科比作多层蛋糕，水平向按研究内容分为一些基础学科，如形态学、生理学、遗传学、生物化学、生态学、细胞学、分子生物学等，垂直向按生物的类群划分为植物学、动物学等分支学科。生态学是生物学的基础学科之一，不同的分类类群有其分支学科、它还与生物学之外的学科结合形成了许多边缘学科，如动物生态学（哺乳动物、昆虫、鸟类、鱼类生态学等）、植物生态学（地衣、苔藓、森林、草原生态学等）、微生物生态学（真菌、细菌、病毒生态学等）、人类生态学（人口、民族、历史生态学等）、土壤生态学、气象生态学、社会生态学、经济生态学等。

2．按生物的组织水平

分为：微观生态学（个体以下的各层次生态学）、个体生态学、种群生态学、群落生态学、生态系统生态学、景观生态学、全球生态学。

3．按生物的栖息环境

分为：陆地生态学、海洋生态学、淡水生态学、河口生态学、荒漠生态学、草原生态学、沼泽生态学、冻原生态学、土壤生态学、城市生态学、太空生态学。

4．按交叉学科

分为：数学生态学、化学生态学、物理生态学、地理生态学、经济生态学、系统生态学、实验生态学、进化生态学、行为生态学、生理生态学、古生态学等等。

5．按应用领域

分为：农业生态学、城市生态学、污染生态学、渔业生态学、放射生态学、资源生态学等。

6．根据研究方法分类

分为：系统生态学、数学生态学、化学生态学、物理生态学、工程生态学、地理生态学等。

因此，生态学是生物学最主要的基础学科之一。同时，由于生态学总是注重生物系统与外部环境相互作用的“边缘效应”，注重与其他学科的交叉，因而也是生物学中活力最强的边缘性学科之一。

二、生态学的研究方法

生态学研究方法大多数与相关学科的方法相同或近似。生态学研究需要先对自然界或实验室中的生态现象进行观察记载、测计度量和实验，再对资料数据进行分析综合，找出生态学规律。

从 20 世纪 50 年代开始，生态学研究方法一方面趋向专门化，针对不同对象和问题，设计了各种专用的方法技术；另一方面是强调系统化，表现是为各类生物系统制定出生态综合方法程序。生态学研究的专门化与系统化同时并进，彼此汇合，是学科方法体系日趋成熟的标志。

（一）原地观测

指在自然实地对生物与环境关系的考察。生态现象的直观第一手资料皆来自原地观测。因为，生态学的研究对象，种群和群落均与特定自然生境不可分割，生态现象涉及因素众多，联系形式多样，相互影响又随时间不断变化，观测的角度和尺度不一，迄今尚难以或无法使自然现象全面地在实验室内再现，原地观测仍是生态学的基本方法。原地观测包括野外考察、定位观测和原地实验等不同方法。

1．野外考察

野外考察是考察特定种群或群落与自然地理环境的空间分异的关系。首先有一个划定生境边界的问题，然后在确定的种群或群落生存活动空间范围内，进行种群行为或群落结构与生境各种条件相互作用的观测记录。

2．定位观测

定位观测是考察某个种群或群落结构功能与其生境相互关系的时态变化。定位观测先要设立一块可供长期观测的固定样地，样地必须能反映所研究的种群或群落及其生境的整体特征。定位观测时限，决定于研究对象和目的，若是观测种群生活史动态，微生物种群的时限只要几天，昆虫种群是几个月到几年，脊椎动物从几年到几十年；多年生草本和树木要几十年到几百年。若是观测群落演替所需时限更长。若是观测种群或群落功能或结构的季节或年度的动态，时限一般是一年或几年。定位观测的项目，除野外考察的项目外，还要增加生物量增长、生殖率、死亡率、能量流、物质流等结构功能过程的定期观测。

3．原地实验

原地实验是在自然或田间条件下，采取某些措施，获得有关某个因素的变化对种群或群落其他诸因素、或对某种效果所产生的影响。例如，在牧场上进行围栏实验，可获得牧群活动对草场中种群或群落的影响；在森林或草地群落里人为去除其中的某个种群，或引进某个种群，从而辨识该种群对群落及生境的影响；或进行补食、施肥、遮光、改变食物资源条件，以了解资源供应对种群或群落动态的影响和机制。原地或田间的对比实验，是野外考察和定位观测的一个重要补充。不仅有助于阐明某些因素的作用和机制，还可作为设计生态学有控实验或生态模拟的参考或依据。

（二）受控的生态实验

是在模拟自然生态系统的受控生态实验系统中，研究单项或多项因子相互作用，及其对种群或群落影响的方法技术。例如，所谓“微宇宙”模拟系统，是在人工气候室或人工水族箱中建立自然生态系统的模拟系统，即在光照、温度、土质、营养元素等大气物理或水分营养元素的数量与质量都完全可控的条件中，通过改变其中某一因子，或同时改变几个因子，来研究实验生物的个体、种群，以及小型生物群落系统的结构功能，生活史动态过程及其变化的动因和机理。随着现代科学技术工艺的进步，实验生物材料和生物测试技术的完善，近年来受控生态试验的规模和生态系统模拟水平，正在日趋扩大完备。例如 20 世纪 70 年代在海洋生态学研究中，创造了一种受控生态系统技术，是用一个巨大的塑料套在浅海里围隔出一个从海面到海底的受控水柱，可以在其中进行持续的、包括生物及环境在内的多项受控试验。不过，受控生态实验无论怎样都不可能完全再现自然的真实，总是相对简化的，存在不同程度的干扰，因而模拟实验取得的数据和结论，最后都要回到自然界中去进行验证。

（三）生态学的综合方法

指对原地观测或受控的生态实验的大量资料和数据进行综合归纳和分析，表达各组变量之间存在的种种相互关系，反映客观生态规律性的方法技术。包括资料的归纳和分析、生态学的数值分类和排序、生态学的数学模型和模拟等三部分。

本章小结

1. 生态学（ecology）是研究有机体与其周围环境相互关系的科学。环境包括非生物和生物环境。

2. 生态学研究对象从个体的分子直到生物圈，包括个体、种群、群落、生态系统。

3. 生态学的形成和发展经历了一个漫长的历史过程。大致可分为四个时期：生态学的萌芽时期、生态学的建立时期、生态学的巩固时期、现代生态学时期。

4. 生态学分支学科可以按生物的分类类群、生物的组织水平、生物的栖息环境、交叉学科和应用领域等分类。

5. 生态学的研究方法包括原地观测、受控实验和综合方法。

复习思考题

1. 说明生态学的定义。

2. 简述生态学研究对象。

第二章　生物与环境

[学习指南]

本章主要阐述了环境、生态因子等概念与类型，总括了生物与环境关系的基本原理，详细讨论了生物与光、温度、水、土壤、生物等的关系。要求掌握环境、生态因子概念、生物与环境关系的基本原理；熟悉生物与温度、土壤等的关系；了解环境、生态因子等的类型、生物与光、水、生物等的关系。

第一节　生物与环境的概念及其基本原理

一、生物种的概念

一般情况下，生物以个体的形式存在，如一头牛、一只鸟、一棵树等。自然界的生物个体几乎是无穷的。有些生物个体之间很相似，而有些个体之间则性状迥异。为了便于识别，分类学家常把自然界中同形的生物个体归为一种。但对于什么是物种，却存在着不同的认识。早在 17 世纪，J. Ray 在其《植物史》一书中把种定义为“形态相似的个体之集合”，并认为种具有通过繁殖而永远延续的特点。1753 年，瑞典植物学家 C. Linna 出版了《植物种志》，继承了 J. Ray 的观点，认为种是形态相似的个体的集合，并指出同种个体可自由交配，能产生可育的后代，而不同种之间的杂交则不育，并创立了种的双命名法。

由于大多数物种在形态上易于识别和区分，后来的多数分类学家主要以形态特征作为识别和区分物种的依据。近年来有人试图把种的特征数量化，提出数量分类方法，即根据表型相似性或表型距离进行聚类分析，并得出一系列不同等级的聚类群。但把种划在哪个等级上只能人为决定，不同人可以有不同的归类标准，模糊了物种存在的客观性。表型分类法只强调形态的相似性。美国现代生物学家 E. Mayr（1963）从种群遗传学的角度把种定义为“能实际地或潜在地彼此杂交的种群的集合构成一个种”，而“种群是某一地区具有实际或潜在杂交能力的个体的集群”。但有人提出，以可杂交性对种进行分类在理论上是十分重要的，但应用于野外操作的可行性较差，因为在野外识别其可杂交性有很大困难。此外，生物间的杂交能力很少达 100%。如果 A 和 B 两个种群杂交能力达 55%，那么两个种群算不算一个种?由此可见，这种划分也有一定的局限性。总之，不同分类学家之间对物种的划分标准是不同的。不管用什么方法所确定的物种，总是部分是客观的，部分是人为的。尽管如此，物种还是客观存在的实体，不同物种之间存在明显的形态上的不连续性及不同形式的生殖隔离。物种是由内在因素（生殖、遗传、生理、生态、行为）联系起来的个体的集合，是自然界中的一个基本进化单位和功能单位。

在生物界的漫长历史中，种的分化是生物对环境异质性的适应结果。一个种能代代相传，保存种性，取决于遗传物质或生化控制机制。没有这种控制机制，种就不会存在。但种又是适应环境的产物，它不能脱离其生存环境，由于环境的变动和一个种的分布区内环境的异质性，常常会引起物种性状的改变。

种的性状可分两类：基因型与表型。前者是种的遗传本质，即生物性状表现所必须具备的内在因素；后者为与环境结合后实际表现出的可见性状。一个物种的性状随环境条件而改变的程度称做该种的可塑性。植株的高低、叶子的大小、分支的多少等，属于非遗传性变异。另一类变异来自基因型的改变，主要是通过“突变”与基因的重组实现，这类变异是可以遗传的。如果变异幅度朝一个方向继续变化，则导致种的分化。

可见，一个种内的所有个体，并非完全同质的，而是存在着各种各样的变异。

二、环境的概念及其类型

（一）环境的概念

环境（environment）是指某一特定生物体或生物群体以外的空间，以及直接或间接影响该生物体或生物群体生存的一切事物的总和。环境总是针对某一特定主体或中心而言的，是一个相对的概念，离开了这个主体或中心也就无所谓环境，因此环境只具有相对的意义。在生物科学中，环境是指生物的栖息地，以及直接或间接影响生物生存和发展的各种因素。在环境科学中，人类是主体，环境是指围绕着人群的空间以及其中可以直接或间接影响人类生活和发展的各种因素的总体。

环境有大小之别，大到整个宇宙，小至基本粒子。例如，对太阳系中的地球而言，整个太阳系就是地球生存和运动的环境；对栖息于地球表面的动植物而言，整个地球表面就是它们生存和发展的环境；对某个具体生物群落来讲，环境是指所在地段上影响该群落发生发展的全部无机因素（光、热、水、土壤、大气、地形等）和有机因素（动物、植物、微生物及人类）的总和。总之，环境这个概念既是具体的，又是相对的。讨论环境时，要包含着特定的主体，离开了主体的环境是没有内容的，同时也是毫无意义的。主体的不同或不明确，往往是造成对环境分类及环境因素分类不同的一个重要原因。

（二）环境的类型

环境是一个复杂的体系，至今尚未形成统一的分类系统。一般可按环境的主体、环境性质、环境的范围等进行分类。

按环境的主体分，目前有两种体系，一种是以人为主体，其他的生命物质和非生命物质都被视为环境要素。这类环境称为人类环境。在环境科学中，多数学者都采用这种分类方法。另一种是以生物为主体，生物体以外的所有自然条件称为环境，这是一般生态学书刊上所采用的分类方法。

按环境性质可将环境分成自然环境、半自然环境（被人类破坏后的自然环境）和社会环境 3 类。

按环境的范围大小可将环境分为宇宙环境（或称星际环境）、地球环境、区域环境、微环境和内环境。

宇宙环境（space envirnment）指大气层外的宇宙空间。是人类活动进入大气层以外的空间和地球邻近天体的过程中提出的新概念，也有人称之为空间环境。宇宙环境由广阔的空间和存在其中的各中天体及弥漫物质组成，它对地球环境产生了深刻的影响。太阳辐射是地球的主要光源和热源，为地球生物有机体带来了生机，推动了生物圈这个庞大生态系统的正常运转。因而，它是地球上一切能量的源泉。太阳辐射能的变化影响着地球环境。例如，太阳黑子出现的数量同地球上的降雨量有明显的相关关系。月球和太阳对地球的引力作用产生潮汐现象，并可引起风暴、海啸等自然灾害。

地球环境（global environment）指大气圈中的对流层、水圈、土壤圈、岩石圈和生物圈，又称为全球环境，也有人称为地理环境（geoenvironment），地球环境与人类及生物的关系尤为密切。其中生物圈中的生物把地球上各个圈层密切地联系在一起，并推动各种物质循环和能量转换。

区域环境（regional environment）指占有某一特定地域空间的自然环境，它是由地球表面不同地区的 5 个自然圈层相互配合而形成的。不同地区，形成各不相同的区域环境特点，分布着不同的生物群落。

微环境（micro-environment）指区域环境中，由于某一个（或几个）圈层的细微变化而产生的环境差异所形成的小环境。例如，生物群落的镶嵌性就是微环境作用的结果。

内环境（inner environment）指生物体内组织或细胞间的环境。对生物体的生长和繁育具有直接的影响。例如，叶片内部，直接和叶肉细胞接触的气腔、气室、通气系统，都是形成内环境的场所。内环境对植物有直接的影响，且不能为外环境所代替。

（三）环境因子分类与常见的环境因子

1．环境因子分类

环境因子具有综合性和可调剂性，它包括生物有机体以外所有的环境要素。

美国生态学家 R. F. Daubenmire（1947）将环境因子分为三大类：气候类、土壤类和生物类；七个并列的项目：土壤、水分、温度、光照、大气、火和生物因子。这是以环境因子特点为标准进行分类的代表。

Dajoz（1972）依据生物有机体对环境的反应和适应性进行分类，将环境因子分为第一性周期因子、次生性周期因子及非周期性因子。

Gill（1972）将非生物的环境因子分为 3 个层次。第一层，植物生长所必需的环境因子（例如，温、光、水等）；第二层，不以植被是否存在而发生的对植物有影响的环境因子（例如，风暴、火山爆发、洪涝等）；第三层，存在与发生受植被影响，反过来又直接或间接影响植被的环境因子（例如，放牧、火烧等）。

2．常见的环境因子

（1）气候因子

气候因子也称地理因子，包括光、温度、水分、空气等。根据各因子的特点和性质，还可再细分为若干因子。如光因子可分为光强、光质和光周期等，温度因子可分为平均温度、积温、节律性变温和非节律性变温等。

（2）土壤因子

土壤是气候因子和生物因子共同作用的产物，土壤因子包括土壤结构、土壤的理化性质、土壤肥力和土壤生物等。

（3）地形因子

地形因子如地面的起伏、坡度、坡向、阴坡和阳坡等，通过影响气候和土壤，间接地影响植物的生长和分布。

（4）生物因子

生物因子包括生物之间的各种相互关系，如捕食、寄生、竞争和互惠共生等。

（5）人为因子

把人为因子从生物因子中分离出来是为了强调人的作用的特殊性和重要性。人类活动对自然界的影响越来越大和越来越带有全球性，分布在地球各地的生物都直接或间接受到人类活动的巨大影响。

三、生态因子的概念及其类型

（一）生态因子的概念

生态因子（ecological factors）是指环境要素中对生物起作用的因子，如光照、温度、水分、氧气、二氧化碳、食物和其他生物等。在生态因子中，对生物生存不能缺少的环境要素，有时也称生存条件，如二氧化碳和水是植物的生存条件，对于动物是食物、热能和氧气。所有生态因子构成生物的生态环境，特定生物体或群体的栖息地的生态环境称生境（habitat）。

（二）生态因子的分类

生态因子的数量很多，按其性质、特征及作用方式，主要有以下四种分类：

（1）按其性质分为气候因子（如温度、水分、光照、风、气压和雷电等）、土壤因子（如土壤结构、土壤成分的理化性质及土壤生物等）、地形因子（如陆地、海洋、海拔高度、山脉的走向与坡度等）、生物因子（包括动物、植物和微生物之间的各种相互作用）和人为因子（由于人类的活动对自然的破坏及对环境的污染作用）等五类。

（2）按有无生命的特征分为生物因子和非生物因子两大类。

（3）按生态因子对动物种群数量变动的作用，将其分为密度制约因子（density dependentfactor）和非密度制约因子（density independent factor）。前者如食物、天敌等生物因子，其对动物种群数量影响的强度随其种群密度而变化，从而调节了种群数量；后者指温度、降水等气候因子，它们的影响强度不随其种群密度而变化。

（4）按生态因子的稳定性及其作用特点，分稳定因子和变动因子两大类。前者指地心引力、地磁、太阳常数等恒定因子，它们决定了生物的分布。后者又可分为两类：周期性变动因子，如一年四季变化和潮汐涨落等，主要影响生物分布；非周期性变动因子，如风、降雨、捕食等，主要影响生物的数量。

（三）生态因子作用特征

生态因子与生物之间的相互作用是复杂的，只有掌握了生态因子作用特征，才有利于解决生产实践中的问题。

1．综合作用

环境中的每个生态因子不是孤立的、单独的存在，总是与其他因子相互联系、相互影响、相互制约的。因此任何一个因子的变化，都会不同程度地引起其他因子的变化，导致生态因子的综合作用。例如山脉阳坡和阴坡景观的差异，是光照、温度、湿度和风速的综合作用结果。动植物的物候变化是气象变化影响的结果。生物能够生长发育，是依赖于气候、地形、土壤和生物等多种因素的综合作用。温度与湿度可共同作用于有机体生命周期的任何一个阶段（存活、繁殖、幼体发育等），通过影响某一阶段而限制物种的分布。

2．主导因子作用

对生物起作用的众多因子并非等价的，其中有一个是起决定性作用的，它的改变会引起其他生态因子发生变化，使生物的生长发育发生变化，这个因子称主导因子。如植物春化阶段的低温因子；若以水分为主导因子，植物可分为水生、中生和旱生生态类型。

3．阶段性作用

由于生态因子规律性变化导致生物生长发育出现阶段性，在不同发育阶段，生物需要不同的生态因子或生态因子的不同强度，因此生态因子对生物的作用也具有阶段性。例如低温在植物的春化阶段是必不可少的，但在其后的生长阶段则是有害的；水是多数无尾两栖类幼体的生存条件，但成体对水的依赖性就降低了。

4．不可替代性和补偿性作用

对生物作用的诸多生态因子虽然非等价，但都很重要，一个都不能缺少，不能由另一个因子来替代。但在一定条件下，当某一因子的数量不足，可依靠相近生态因子的加强得以补偿，而获得相似的生态效应。例如软体动物壳生长需要钙，环境中大量锶的存在可补偿钙不足对壳生长的限制作用。又如光照强度减弱时，植物光合作用下降可依靠 CO_2 浓度的增加得到补偿。

5．直接作用和间接作用

生态因子对生物的行为、生长、繁殖和分布的作用可以是直接的，也可以是间接的，有时还要经过几个中间因子。直接作用于生物的，如光照、温度、水分、二氧化碳、氧等；间接作用是通过影响直接因子而间接影响生物，如山脉的坡向、坡度和高度通过对光照、温度、风速及土壤质地的影响，对生物发生作用；又如冬季苔原土壤中虽然有水，但由于土壤温度低，植物不能获得水，而叶子蒸发继续失水，产生植物冬天干旱，即冬天干旱是由寒冷的间接作用产生的。

四、生物与环境关系的基本原理

（一）生物与环境的相互作用

生物与环境的关系是相互的和辩证的。环境作用于生物，生物又反作用于环境，两者相辅相成。

1．环境对生物的作用

环境的非生物因子对生物的影响，一般称为作用。环境对生物的作用是多方面的，可影响生物的生长、发育、繁殖和行为；影响生物生育力和死亡率，导致种群数量的改变；某些生态因子能够限制生物的分布区域。例如热带动植物不能在北半球的北方生长，主要受低温的限制；荒漠地带物种稀少主要受干旱的影响。当环境温度恶劣变化时，会导致生物死亡或停止生殖。随着自然的季节性变化，会导致动物的迁徙、脱毛脱羽，动植物的休眠等等。

生物并不是消极被动地对待环境的作用，它也可以从自身的形态、生理、行为等方面不断进行调整，以适应环境中的生态因子变化，将其限制作用减小。因此，不同环境中，生物会产生不同的适应性变异。例如水温是影响鱼类繁殖的首要因素，生活在欧洲的一种淡水龟——欧鳊（*Abramis brama*），随着气温由南到北逐渐变冷，它的繁殖也由南方的一年连续产卵逐级变成一年产一次卵，以适应环境的温度，并形成遗传固定性特征。高山低氧是哺乳类生存的限制因子，美洲鹿鼠（*Peromyscus mamiculatus*）从海平面到 4 000 m 海拔连续分布形成 10 个亚种，它们的血液氧结合能力随着海拔升高而增加，即对低氧环境产生了适应性的遗传变异。

生物对自然环境的适应，还表现在生物能积极地利用某些生态因子的周期性变化，作为确定时间，调节其生理节律和生活史中的各种节律的线索。例如光照周期的变化作为季节变化的信号，对生物体的生物钟（biological clock）起到“扳机”作用，引起一系列的生理、形态和行为的变化。

2．生物对环境的反作用

生物对环境的影响，一般称为反作用。生物对环境的反作用表现在改变了生态因子的状况。如荒地上培育起树林，树林能吸收大量的太阳辐射，能保持水分、降低风速，形成新的小气候环境；树林的凋落物作为绝热层，可防止土壤冻结。又如土壤微生物与土壤动物的活动，改变了土壤的结构与理化性质；动植物的残体分解后加入土壤，使土壤养分发生很大变化。由于人类技术的发展和对土地运用方式的变化，而导致全球气候的变化，是有机体如何影响环境的最突出的例子。又如草场上的过度放牧将导致草场的退化。

生物与生物之间的相互关系更为密切。例如捕食者与猎物、寄生者与宿主，它们的关系很难说谁是作用，谁是反作用，而是相互的，可称为相互作用（或称为交互作用）。这两对物种在长期进化过程中，相互形成了一系列形态、生理和生态的适应性特征。例如捕食者猞猁发展了敏锐的视觉、灵活的躯体、锐利的爪子和有力的犬齿，有利于捕食者捕捉与啃吃猎物，而猎物野兔发展了又大又长的外耳—增加听觉的灵敏度和善于奔跑的四肢，有利于逃避捕食者。这种复杂的相互作用及其伴随的适应性特征，是通过自然选择、适者生存法则形成的，是协同进化（coevolution）的表现。

（二）生态因子的限制性作用

1．限制因子

生物的生存和繁殖依赖于各种生态因子的综合作用，但是其中必有一种和少数几种因子是限制生物生存和繁殖的关键性因子，这些关键性的因子就是限制因子。任何一种生态因子只要接近或超过生物的耐受范围，它就会成为这种生物的限制因子。

如果一种生物对某一生态因子的耐受范围很广，而且这种因子又非常稳定，那么这种因子就不太可能成为限制因子；相反，如果一种生物对某一生态因子的耐受范围很窄，而且这种因子又易于变化，那么这种因子很可能就是一种限制因子。例如，氧气对陆生动物来说，数量多、含量稳定而且容易得到，因此一般不会成为限制因子（寄生生物、土壤生物和高山生物除外），但是氧气在水体中的含量是有限的，而且经常发生波动，因此常常成为水生生物的限制因子，这就是为什么水生生物学家经常要携带测氧仪的原因。限制因子概念的主要价值是使生态学家掌握了一把研究生物与环境复杂关系的钥匙，因为各种生态因子对生物来说并非同等重要，生态学家一旦找到了限制因子，就意味着找到了影响生物生存和发展的关键性因子。

2．Liebig 最小因子的定律（Liebig's law of minimum）

19 世纪，德国有机化学家 Liebig 在研究谷物的产量时，发现谷类植物常常并不是由于需要大量营养物质所限制（如 CO_2 和 H_2O，它们在周围生活环境中的贮量是很丰富的），而是决定于那些在土壤中极为稀少，且为植物所必需的元素（如硼、镁、铁等）。他认为：植物的生长取决于那些处于最少量状态的营养成分，基本思想是，每种植物都需要一定种类和一定量的营养物质，如果环境中缺乏其中的一种，植物就会发育不良，甚至死亡。如果这种营养物质处于最少量状态，植物的生长量就最少。人们把这种思想称为"Liebig 最小因子定律"。但是后人认为，最小因子法则的概念应该有两点作为补充：一是该法则只能用于稳定状态下，也就是说，如果在一个生态系统中，物质和能量的输入和输出不是处于平衡状态，那么植物对于各种营养物质的需要量就会不断变化，在这种情况下，该法则就不能应用。二是应用该法则时，必须要考虑各种因子之间的关系。如果有一种营养物质的数量很多或容易吸收，它就会影响到数量短缺的那种营养物质的利用率。另外，生物也可以利用生物代替元素，如果这两种元素是近亲，常常可以由一种元素取代另一种元素来实行功能。它不但适用于营养物质，也适用于其他的生态因子。

第二节　生物与光的关系

一、光质的生态作用及生物的适应

尽管生物生活在日光的全光谱下，但不同光质对生物的作用是不同的，生物对光质也产生了选择性适应。人类和许多脊椎动物能看见的光只是在可见光波范围内，因而可见光的强度及照射时间的变化对动物的生殖、生长、发育、行为、形态及体色有显著的影响。太阳鱼（Lepomis）视力的灵敏峰值在 500～530 nm 波长，这正是在湖泊和沿海较为透明的水层中的光波，有利于鱼在水中觅食。昆虫的可见光范围偏重于短光波，这便是利用黑光灯诱杀农业害虫的机理。

绿色植物依赖叶绿素进行光合作用（photosynthesis），将辐射能转换成具丰富能量的糖。然而，光合作用系统只能够利用太阳光谱的一个有限带，即 380～710 nm 波长的辐射能，称为光合有效辐射（photosynyhetically active radiation）。这个带对应于辐射能流的最大带（图 2-1）。

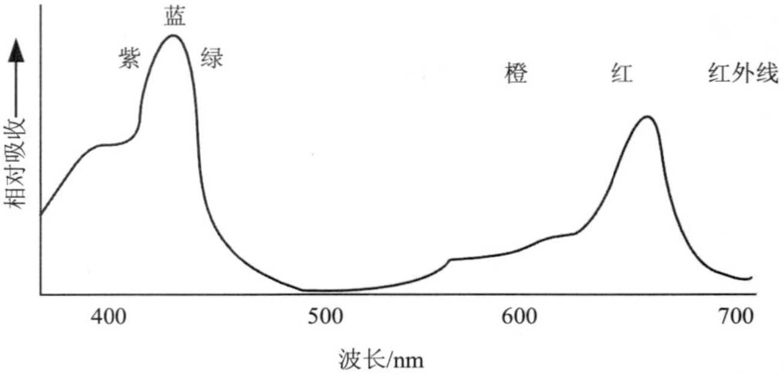

图 2-1　叶绿素 a 吸收光谱（引自 Mackenzie et al.，1998）

叶绿素吸收最强的光谱部分是 640～660 nm 波长的红光和 430～450 nm 波长的蓝紫光，吸收最少的是绿光（图 2-1）。实验表明，红光对糖的合成有利，蓝紫光有利于蛋白质的合成。然而，其他有机体产生的色素能够利用绿色植物光合有效辐射区之外的光波。例如，光合细菌产生一种色素——细菌叶绿素，它的吸收峰值在 800～890 nm 波长之间。光质不同也影响植物的光合强度，如菜豆在橙、红光下光合速率最快，蓝、紫光其次，绿光最差。不同植物的光合色素有一定的差异，例如，陆生植物和分布在水表层的绿藻主要含叶绿素 b 和类胡萝卜素；深海中的红藻含藻红蛋白和藻蓝蛋白；褐藻、硅藻含叶黄素。这些色素种类的差异，反映了不同植物对它们生境中光质的适应。

光质不同对植物形态建成、向光性及色素形成的影响也不同。例如，蓝紫光与青光能抑制植物伸长生长，使植物成矮小形态，青蓝紫光能使植物向光性更敏感，促进植物色素的形成。高山上的短光波较多，植物的茎叶含花青素，这是避免紫外线损伤的一种保护性适应。由于紫外线抑制植物茎的生长，高山植物呈现出茎干粗短，叶面缩小，毛绒发达的生长型，也是对高山多短光波的适应。

短波的紫外线有杀菌作用，可引起人类皮肤产生红疹及皮肤癌，但促进体内维生素 D 的合成。紫外线又是昆虫新陈代谢所依赖的。长波红外线是地表热量的基本来源，对外温动物的体温调节和能量代谢起了决定性的作用。

二、光照强度的生态作用及生物的适应

（一）光照强度对生物的生长、发育和形态建成的作用

光照强度影响动物的生长发育，如蛙卵在有光环境下孵化与发育快，而海洋深处的浮游生物在黑暗中生长较快；光照对海星卵和许多昆虫卵的发育有促进作用，但过强的光照又会使其发育延缓或停止。光强和体色也有一定的关系，如蛱蝶（*Vanessa*）养在光亮环境中，体色变淡，生活在黑暗环境中体色变深。

光是影响叶绿素形成的主要因素。一般植物在黑暗中不能合成叶绿素，但能形成胡萝卜素，导致叶子发黄，称为黄化现象（etiolation phenomenon），这是光对植物形态建成作用的典型例子。黄化植物在形态、色泽和内部结构上都与阳光下正常生长的植物明显不同，表现在茎细长软弱，节间距离拉长，叶片小而不展开，植株长度伸长而重量显著下降（图 2-2）。光照强度促进植物细胞的增长和分化，对植物组织和器官的生长发育及分化有重要的影响。例如植物体遮光后，由于同化量减少，花芽的形成也减少，已经形成的花芽也会因体内养分不足而发育不良或早期死亡。在开花期与幼果期，光照减弱会引起结果不良或结果发育中途停止，甚至落果。因此对果树进行合理修剪，改善通风透气，有利于提高果实产量。另外，光照强度增加，有利于果实的成熟与品质的提高。在强光照下，能增加苹果、梨、桃等果实的含糖量与耐贮性，且由于果实花青素含量升高，使果实具有更好的色彩。

图 2-2　菜豆在充分阳光下长出的正常幼苗（右）和在黑暗处长出来的黄化幼苗（左）
（引自云南大学生物系，1980）

（二）植物对光照强度的适应性

很多种植物叶子的每日运动反映了光强度和光方向的日变化，而温带落叶树叶子的脱落是对光强度的年周期变化的反映。当传入的辐射能是饱和的、温度适宜、

相对湿度高、大气中 CO_2 和 O_2 的浓度正常时的光合作用速率，称为光合能力（photosynthetic capacity）。在不同植物种中，植物光合能力对光照强度的反应是有差异的。在 C_4 植物中，例如玉米（*Zea mays*）、高粱（*Sorghum vulgare*），光合作用速率随有效辐射强度而增加（图 2-3）。在较普遍的 C_3 植物中，如小麦（*Triticum vulgare*）和水青冈（*Fagusgrandi/olia*），光合作用速率变平（图 2-3）。这是由于 C_4 植物能够利用低浓度 CO_2，伴随水的利用效率比 C_3 植物更大，其缺点需要消耗能量，因而 C_4 植物在热带和亚热带植物区系中更为普遍。

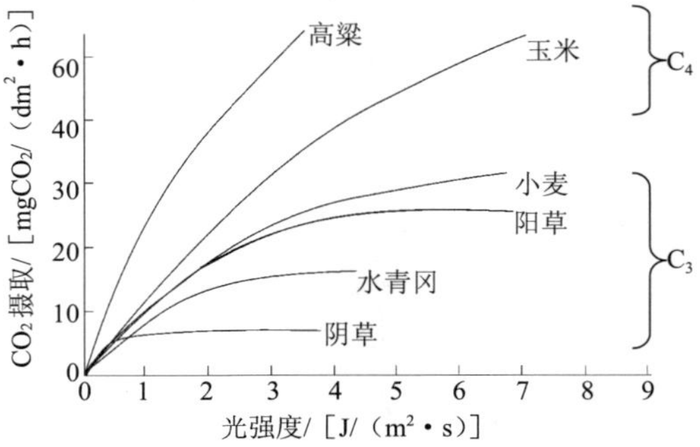

图 2-3　C_3 和 C_4 植物在最适温度和正常 CO_2 浓度时，光合作用对光强度的反应（引自 Mackenzie et al.，1998）

植物种间对光强度表现出的适应性差异，是已经进化了的两类植物间的差异，即生长在阳光充足、开阔栖息地为特征的阳地种和遮阴栖息地为特征的阴地种。阴地种植物比阳地种植物能更有效地利用低强度的辐射光，但其光合作用效率在较低的光强度上达到稳定（图 2-3）。阳地植物和阴地植物间的差异，是由于叶子生理上的和植物形态上的差异造成的。阳地植物叶子通常以锐角形式暴露于日中午阳光中，这导致辐射的入射光在更大的叶面积上展开，因而降低了光强度。因此，阳地植物的叶子经常排列为多层的冠状，以至于在明亮的阳光中，即使遮阴的叶子也能够对植物的同化作用做出贡献。相反，阴地植物叶子通常以水平方向和单层排列。另外，单株植物叶冠内不同结构的“阳叶”和“阴叶”的产生，是植物对自身存在的光环境的一种回应。通常，阳叶更小、更厚，含有更多的细胞、叶绿体和密集的叶脉，增加了每单位叶面积的干重。阴叶总是大、更加半透明，干重轻，光合能力可能仅有阳叶的 1/5。

（三）动物对光照强度的适应

光照强度使动物在视觉器官的形态上产生了遗传的适应性变化：夜行性动物的

眼睛比昼行性动物的大，如枭、懒猴（*Nycticebus*）及飞鼠（*Pteromysvolans*）等；有的啮齿类的眼球突出于眼眶外，以便从各个方面感受微弱的光线；终生营地下生活的兽类，如鼹鼠（*Talpa*）、鼢鼠（*Myospalasc*）和鼹形鼠（*Splax*），眼睛一般很小，有的表面为皮肤所盖，成为盲者；深海鱼或者是具有发达的视觉器官，或者是本身具有发光器官。动物的活动行为与光照强度有密切关系，有些动物适应于白天强光下活动，成为昼行性动物，如大多数鸟类，哺乳类中的黄鼠、旱獭、松鼠和许多灵长类。有些动物适应于黑夜或晨昏的弱光下活动，如夜猴、家鼠、刺猬、蝙蝠、壁虎，称为夜行性动物或晨昏性动物。

自然条件下，动物每天开始活动的时间常常是由光照强度决定的，当光照强度达到某一水平时，动物才开始活动，因此在不同季节随着日出日落的时间差异，动物活动时间也有改变。例如，美洲飞鼠不管在什么季节均在夜幕来临时，开始每日活动，因此冬天每日开始活动时间早于夏季时间。

三、生物对光照周期的适应

光照有日周期和年周期的变化，日照长短对生物起了信号作用，导致生物出现日节律性的与年周期性的适应性变化。

（一）生物的昼夜节律

具有昼夜节律（daily rhythm）的生命现象很多。例如动物的活动行为、体温变化、能量代谢以及激素的变化等等，都表现出昼夜节律性。植物的光合作用、蒸腾作用、积累与消耗等也表现出昼夜节律性的变化。

一般认为，生物的昼夜节律受两个周期的影响，即外源性周期（除光周期外，还有温度、湿度、磁场等的昼夜变化）和内源性周期（内部生物钟）。只有光周期使动植物的似昼夜节律与外界环境的昼夜变化同步起来。

（二）生物的光周期现象

植物的开花结果、落叶及休眠，动物的繁殖、冬眠、迁徙和换毛换羽等，是对日照长短的规律性变化的反应，称为光周期现象（Photoperiodism 或 Photoperiodicity）。光周期现象是一种光形态建成反应，是在自然选择和进化过程中形成的。它使生物的生长发育与季节的变化协调一致，对动植物适应所处环境具有很大意义。

1．植物的光周期现象

根据植物开花对日照长度的反应，可把植物分成四种类型：

（1）长日照植物（long day plant）　日照超过某一数值或黑夜小于某一数值时才能开花的植物，如萝卜、菠菜、小麦、凤仙花及牛蒡。这类植物在全年日照较长时间里开花。人工延长光照时间，可促进这类植物开花。这类植物起源和分布在温带和寒温带地区。

（2）短日照植物（short day plant） 日照小于某一数值或黑夜长于某一数值时才能开花的植物，如玉米、高粱、水稻、棉花、牵牛等。这类植物通常在早春或深秋开花。人工缩短光照可促进植物开花。短日照植物多起源和分布在热带和亚热带地区。

（3）中日照植物（dayintermediateplant） 昼夜长度接近相等时才开花的植物，如甘蔗只在 12.5h 的光照下才开花，光照超过或低于这一时数，对其开花都有影响。仅少数热带植物属于这一类型。

（4）日中性植物（dayneutralplant） 开花不受日照长度影响的植物，如蒲公英、四季豆、黄瓜、番茄及番薯等。植物的光周期现象在农林业生产中具有很大的应用价值。例如，使花期不同的植物同时开花，以便进行杂交；采用短日照诱导提高植物的抗性；将南方的黄麻栽种在北方，取得好的收成等等。

2．动物的光周期现象

（1）繁殖的光周期现象 根据动物繁殖与日照长短的关系，也可将动物分成长日照动物（long day animal）和短日照动物（short day animal）。在温带和高纬度地区的许多鸟兽，随着春季到来，白昼逐渐延长，其生殖腺迅速发育到最大时，繁殖开始，这些动物为长日照动物，如鼬、水貂、刺猬，田鼠、雉等。与此相反，有些动物在白昼逐渐缩短的秋季，生殖腺发育到最大，动物开始交配，这为短日照动物，如羊、鹿、麝等。虽然交配在秋季，由于孕期较长，产子也在春夏之际。春夏产子具有重要的适应意义，因在温带和高纬度地区，春夏之际是自然界中食物条件最好、温度最适宜的时期，有利于幼子的存活与生长。动物繁殖的季节性变化，是通过下丘脑的光周期反应，促使性腺激素与性激素分泌水平发生变化，从而调控了繁殖。

（2）昆虫滞育的光周期现象 很多昆虫在它们生命周期的正常活动中，能插入一个休眠相，即滞育（diapause），这经常是由光周期决定的。例如，梨小食心虫（*Grapholitha molesta*）幼虫全部进入滞育是在光照时间为每天 13～14 h 时（图 2-4）。这种休眠状态为耐受秋天和冬天的严寒做好了准备。

（3）换毛与换羽的光周期现象 温带和寒带地区大部分兽于春秋两季换毛，许多鸟每年换羽一次，少数种类换两次。实验证明，鸟兽的换羽和换毛是受光周期调控的，它使动物能够更好地适应于环境的温度变化。

（4）动物迁徙的光周期现象 鸟类的长距离迁徙都是由日照长短的变化引起的。例如，夏候鸟的杜鹃和家燕，春季由南方飞到北方繁殖，冬季南去越冬；冬候鸟的大雁，冬季飞来越冬，春季北去繁殖。同一物种在不同年份的迁徙时间是相同的。鱼类的迁移活动也常常表现出光周期现象，特别是生活在光照充足的表层水的鱼类。光周期的变化通过影响内分泌系统而影响鱼类的迁移，例如三刺鱼。

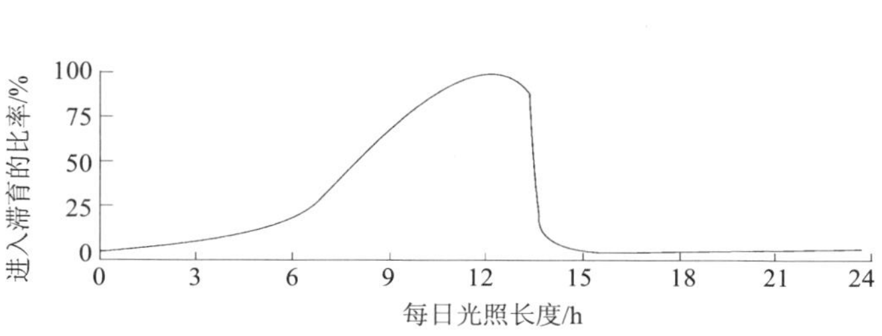

图 2-4 光照长度对梨小食心虫幼虫开始滞育时间的影响

（引自 Townsend et al.，2000）

生物的昼夜节律和光周期现象是受光周期控制的，在众多的生态因子中，为什么光周期会成为生命活动的定时器和启动器？这是因为日照长短的变化与其他生态因子（如温度、湿度）的变化相比，是地球上最具有稳定性和规律性的变化，通过长期进化，生物最终选择了光周期作为生物节律的信号。

（三）温度与生物的地理分布

决定某种生物分布区的因子，绝不仅是温度因子，但它是重要的生态因子。温度制约着生物的生长发育，而每个地区又都生长繁衍着适应于该地区气候特点的生物。这里所讨论的温度因子，应该包括节律性变温和绝对温度，它们是综合起作用的。年平均温度、最冷月、最热月平均温度值是影响生物分布的重要指标。R. H. Boerker 曾根据这个指标来划分植被的气候类型。日平均温度累计值的高低是限制生物分布的重要因素，有效总积温就是根据生物有效临界温度的天数的平均温度累计出来的。当然，极端温度（最高温度、最低温度）也是限制生物分布的最重要条件。例如，苹果和某些品种的梨不能在热带地区栽培，就是由于高温的限制；相反，橡胶、椰子、可可等只能在热带分布，它是受低温的限制。

第三节 生物与温度的关系

太阳辐射使地表受热，产生气温、水温和土温的变化。温度因子和光因子一样存在周期性变化，称节律性变温。不仅节律性变温对生物有影响，而且极端温度对生物的生长发育也有十分重要的意义。

一、温度因子的生态作用

（一）温度与生物生长

任何一种生物，其生命活动中每一生理生化过程都有酶系统的参与。然而，每一种酶的活性都有它的最低温度、最适温度和最高温度，相应形成生物生长的“三基点”。一旦超过生物的耐受能力，酶的活性就将受到制约。例如，高温将使蛋白质凝固，酶系统失活；低温将引起细胞膜系统渗透性改变、脱水、蛋白质沉淀以及其他不可逆转的化学变化。

不同生物的“三基点”是不一样的。例如，水稻种子发芽的最适温度是 25～35℃，最低温度是 8℃，45℃中止活动，46.5℃就要死亡；雪球藻（*Sphaerella nivalis*）和雪衣藻（*Chlam*domans，*nivalis*）只能在冰点温度范围内生长发育；而生长在温泉中的生物可以耐受 100℃的高温。一般地说，生长在低纬度的生物高温阈值偏高，而生长在高纬度的生物低温阈值偏低。

在一定的温度范围内，生物的生长速率与温度成正比，在多年生木本植物茎的横断面上大多可以看到明显的年轮，这就是植物生长快慢与温度高低关系的真实写照。同样，动物的鳞片、耳石等，也有这样的“记录”。

（二）温度与生物发育

生物完成生命周期，不仅要生长而且还要完成个体的发育阶段，并通过繁衍后代种族得以延续。最明显的例子是某些植物一定要经过一个低温“春化”阶段，才能开花结果，它就像信号开关一样，这个关不过，就不能完成生命周期。

温度与生物发育的最普遍规律是有效积温。法国学者 Reaumur（1735）从变温动物的生长发育过程中总结出有效积温法则。当今，这个法则在植物生态学和作物栽培中已经得到相当普遍的应用。

$$K=N(T-T_0)$$

式中，K——该生物所需的有效积温，它是个常数；

T——当地该时期的平均温度，℃；

T_0——该生物生长活动所需最低临界温度（生物零度），℃；

N——天数，d。

图 2-5 是地中海果蝇发育历程与温度的关系。它表示在发育的温度内，温度与发育历程成双曲线关系。有效积温及双曲线关系，在农业生产中有着很重要的意义。全年的农作物茬口必须根据当地的平均温度和每一作物所需的总有效积温进行安排，否则，农业生产将是十分盲目的。一种可能是土地不能得到充分利用，另一种可能是作物尚未成熟而低温已经降临，导致作物减产，甚至可能颗粒无收。在植物

保护、防治病虫害中，也是根据当地的平均温度以及某害虫的有效总积温进行预测预报的。

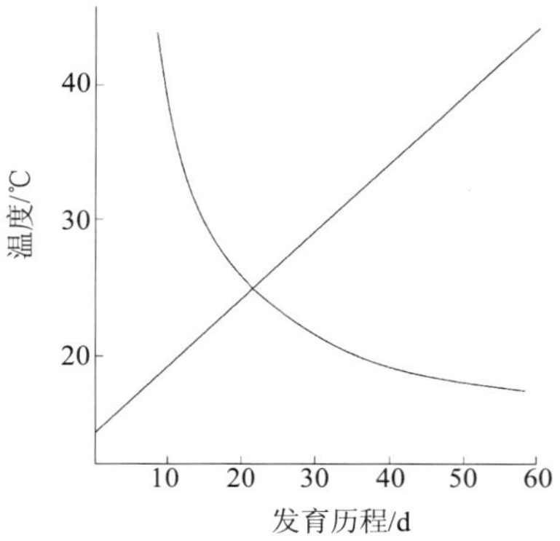

图 2-5　地中海果蝇发育历程与温度的关系
（孙儒泳，动物生态学原理）

二、生物对极端温度的适应

（一）生物对低温环境的适应

长期生活在低温环境中的生物通过自然选择，在形态、生理和行为方面表现出很多明显的适应。在形态方面，北极和高山植物的芽和叶片常受到油脂类物质的保护，芽具鳞片，植物体表面生有蜡粉和密毛，植物矮小并常成匍匐状、垫状或莲座状等，这种形态有利于保持较高的温度，减轻严寒的影响。生活在高纬度地区的恒温动物，其身体往往比生活在低纬度地区的同类个体大。因为个体大的动物，其单位体重散热量相对较少，这就是贝格曼（Bergman）规律。表 2-1 为中国南北方几种兽类颅骨长度的比较。另外，恒温动物身体的突出部分如四肢、尾巴和外耳等在低温环境中有变小变短的趋势，这也是减少散热的一种形态适应，这一适应常被称为阿伦（A11en）规律。例如北极狐的外耳明显短于温带的赤狐，赤狐的外耳又明显短于热带的大耳狐。恒温动物的另一形态适应是在寒冷地区和寒冷季节增加毛或羽毛的数量和质量或增加皮下脂肪的厚度，从而提高身体的隔热性能。

在生理方面，生活在低温环境中的植物常通过以减少细胞中的水分和增加细胞中的糖类、脂肪和色素等物质来降低植物的冰点，增加抗寒能力。例如，鹿蹄草（*Pirola*）就是通过在叶细胞中大量贮存五碳糖、黏液等物质来降低冰点的，这可使其结冰温度下降到－31℃。动物则靠增加体内产热量来增强御寒能力和保持恒定的体温。但寒带动物由于有隔热性能良好的毛皮，往往能使其在少增加（雷鸟、红狐）

甚至不增加（北极狐）代谢产热的情况下，就能保持恒定的体温。

表 2-1　中国南北方几种兽类颅骨长度的比较

种类（北方）	颅骨长/mm	种类（南方）	颅骨长/mm
华南虎	331～345	华南虎	273～313
华北赤狐	148～160	华南赤狐	127～140
东北野猪	400～472	华南野猪	295～354
雪兔	95～97	华南兔	7～86
东北草兔	85～89		

注：华东师范大学编.动物生态学.上海：华东师范大学出版社。

（二）生物对高温环境的适应

生物对高温环境的适应也表现在形态、生理和行为三个方面。就植物来说，有些植物生有密绒毛和鳞片，能过滤一部分阳光；有些植物体呈白色、银白色，叶片革质发亮，能反射一大部分阳光，使植物体免受热伤害；有些植物叶片垂直排列使叶缘向光或在高温条件下叶片折叠，减少光的吸收面积；还有些植物的树干和根茎生有很厚的木栓层，具有绝热和保护作用。植物对高温的生理适应主要是降低细胞含水量，增加糖或盐的浓度，这有利于减缓代谢速率和增加原生质的抗凝结力。其次是靠旺盛的蒸腾作用避免使植物体因过热受害。还有一些植物具有反射红外线的能力，夏季反射的红外线比冬季多，这也是避免使植物体受到高温伤害的一种适应。

动物对高温环境的一个重要适应就是适当放松恒温性，使体温有较大的变幅，这样在高温炎热的时刻身体就能暂时吸收和贮存大量的热并使体温升高，尔后在环境条件改善时或躲到阴凉处时再把体内的热量释放出去，体温也会随之下降。沙漠中的啮齿动物对高温环境常常采取行为上的适应对策，即夏眠、穴居和白天躲入洞内夜晚出来活动。有些黄鼠（*Citellus*）不仅在冬季进行冬眠，还要在炎热干旱的夏季进行夏眠。昼伏夜出是躲避高温的有效行为适应，因为夜晚温度低，可大大减少蒸发散热失水，特别是在地下巢穴中，这就是所谓夜出加穴居的适应对策。

三、温度与生物的地理分布

决定某种生物分布区的因子，绝不仅是温度因子，但它是重要的生态因子。温度制约着生物的生长发育，而每个地区又都生长繁衍着适应于该地区气候特点的生物。这里所讨论的温度因子，应该包括节律性变温和绝对温度，它们是综合起作用的。年平均温度、最冷月、最热月平均温度值是影响生物分布的重要指标。R.H.Boerker 曾根据这个指标来划分植被的气候类型。日平均温度累计值的高低是限制生物分布的重要因素，有效总积温就是根据生物有效临界温度的天数的平均温度累计出来的。当然，极端温度（最高温度、最低温度）也是限制生物分布的最重要条件。例如，苹果和某些品种的梨不能在热带地区栽培，就是由于高温的限制；相反，橡胶、椰子、可可等只能在热带分布，它是受低温的限制。在垂直分布上，长江流域及福建地区马尾松分布在海拔 1 000～1 200 m 以下，在这个界限的上部被黄山松取代，此现象源于海拔 1 000～1 200 m 是马尾松的低温界限又是黄山松的高温界限。

温度对动物的分布，有时可起到直接的限制作用。例如，各种昆虫的发育需要一定的总热量，若生存地区有效积温少于发育所需的积温时，这种昆虫就不能完成生活史。在气温 15℃以上的日子少于 70 d 的地区，玉米螟不能持久地生存；苹果蚜向北分布的界限是 1 月等温线 3～4℃的地区，低于此界限，则无法生存。就北半球而言，动物分布的北界受低温限制，南界受高温限制。例如，喜热的珊瑚和管水母只分布在热带水域中，在水温低于 20℃的地方，它们是无法生存的。

一般地说，暖和的地区生物种类多，寒冷地区生物的种类较少。例如，我国两栖类动物，广西有 57 种、福建有 41 种、浙江有 40 种、江苏有 21 种、山东、河北各有 9 种、内蒙古只有 8 种。爬行动物也有类似的情况，广东、广西分别有 121 种和 110 种、海南有 104 种、福建有 101 种、浙江有 78 种、江苏有 47 种、山东、河北都不到 20 种、内蒙古只有 6 种。植物的情况也不例外，我国高等植物有 3 万多种、巴西有 4 万多种、而前苏联国土总面积位于世界第一，但是由于温度低，它的植物种类只有 16 000 多种。

四、变温与温度周期现象

在自然界，温度受太阳辐射的制约，存在昼夜之间及季节之间温度差异的周期性变化。在不同纬度，温度的日较差与年较差是不同的。起源于不同地带的生物，对昼夜变温与温度周期性变化的反应也不相同。

（一）变温与生物生长

由于地表太阳辐射的周期性变化产生温度有规律的昼夜变化，使许多生物适应了变温环境，多数生物在变温下比恒温下生长得更好。例如，蝗虫在变温下的平均发育速度比恒温下快 38.6%。植物生长与昼夜温度变化的关系更为密切，即所谓温周期现象（thertnoperiodism）。植物的温周期现象主要表现在：

1．种子萌发期

大多数植物在变温下发芽较好。例如，毒芹（*Alpiumpraveolens*）、草地早熟禾（*Pop Pratensis*）和鸭茅（*Dactylis glomerata*）等。但也有些植物的种子在恒温下与变温下发芽同样良好。例如，胡萝卜（*Dausus carota*）、猫尾草（*Phelurn protense*）、黑麦草（*Lolim perenne*）。

2．生长期

植物的生长往往要求温度因子有规律的昼夜变化的配合。据 G.Bonnier 试验（1943），波斯菊如生长在变温条件下（白天 26.4℃，夜间 19℃）比生长在恒温条件下（昼夜均为 26.4℃或 19℃）重量要增加 1 倍；F.W.Went（1944）在美国加利福尼亚技术研究所的试验，证明番茄的正常生长也要求昼夜温度的变化，而且在温度的变化中要求白天比夜间温度高。表 2-2 为研究试验的一些结果。

温度日变化较大的大陆性区域的植物在夜温比白天低 10～15℃时发育最好，而海洋区域的植物种更喜欢昼夜 5～10℃的差别。有些热带植物（如甘蔗等），在温度日变化不大时可繁茂生长，而且有的种更喜欢较高的夜间温度。

表 2-2　变温对植物生长的影响

温度条件	番茄茎的日生长量/mm
1．昼夜 26.5℃	23.1
2．昼夜 19℃	19.5
3．白天 20℃，夜间 26.5℃	19.4
4．白天 26.5℃，夜间 20℃	26.1～35.0

植物的形态特点有时与变温也有关系。例如，番茄在变温条件下保持正常形态；如果夜温高，则叶子变大，颜色变浅，叶中海绵组织增加，栅栏组织变少，栅栏组织的细胞间隙变大；紫罗兰在昼夜 11℃时是完全叶，昼夜 19℃时，叶子产生裂片，而在昼温 19℃夜温 11℃时，叶虽全缘，但呈波状。

（二）变温与干物质积累

变温对于植物体内物质的转移和积累具有良好的作用。例如，银胶草（*Partheninm argeutatum*）在 26.5℃或 7℃的恒温下均不形成橡胶，而在昼温 26.5℃、夜温 7℃时则产生大量橡胶（*G.Bonnier*）。Brown（1939）对草原早熟禾和狗牙根等牧草进行了昼夜温度与幼苗生长的试验，发现它们在变温条件下（昼温 27℃，夜温 16℃）比恒温条件下（22℃）生长率及可溶性氮的含量均高。大豆和小麦也有这样的情况。当昼温 28.2℃、夜温 11.8℃时，大豆进行光合作用所固定的 CO_2 量较之夜间所释放的 CO_2 量高出 15 倍，而当处于 28.2℃的恒温下则此数值降至 9∶1。小麦在我国青藏高原地区（日温差大）一般每千粒重 40～50g，比同一品种在平原地区重 5%～30%。这些现象说明，白天温度高，光合作用强度大，夜间温度低，呼吸作用弱，物质消耗少，对植物有机物质的积累是有利的。因此，可以说温周期现象是建立在相互补充的生理过程具有不同的温度基点上。

五、物候节律

物候又称物候现象（phenological phenomenon），是指生物的生命活动对季节变化的反应现象。研究生物的季节性节律变化与环境季节变化关系的科学叫作物候学（phenology）。动物对不同季节食物条件的变化以及对热能、水分和气体代谢的适应，导致生活方式与行为的周期性变化。例如，活动与休眠、繁殖期与性腺静止期、定居与迁移等。这种周期性现象以复杂的生理机制为基础，气候的周期变化可能是动物体内生理机能调整的外来信号。植物的物候变化更为明显，从发芽、生长到开花、结实和枯黄呈现出不同的物候期。在不同地区、不同气候条件下，生物的物候状况是不同的。美国昆虫学家 A. D. Hopkins 从 19 世纪末叶起，花了 20 多年时间研究物候，确定了美国境内生物物候与纬度、经度和海拔高度的关系。他指出，在北美温带地区，纬度移动 1°N，或经度移动 5°E 或海拔上升 120 m，生物的物候期在春天和夏初各延迟 4 天；而在秋天物候期则提早 4 天。在我国，物候变化与北美大陆有所不同。从纬度上看，从广东湛江沿海至福州、赣州一线纬度相差 5°，春季桃花开花期相差 50 天之多；南京和北京纬度相差 6°，桃花开花期相差 19 天；前者每 1 纬度相差 10 天，后者相差 3 天多，可见影响物候期的因素是比较复杂的。

研究物候的方法主要靠物候观测，除地面定期观测外，也可以用遥感等新技术进行。物候观测的结果，可以整理成物候谱、物候图或等物候线以说明物候期与生态因子或地理区域的联系。这些研究结果可应用于确定农时、确定牧场利用时间、了解群落的动态等。特别是，物候节律研究对确定不同植物的适宜区域及指导植物引种工作具有重要价值。

动植物的周期性节律变化及其准确性说明，生物体内存在巧妙的测时机生物钟。有关生物钟的生理机制并未完全研究清楚，下面介绍两种假说：

内源说认为生物体本身存在定时器。例如，鸡在胚胎中已存在肝脏糖原含量的昼夜节律变化，小鸡一旦孵化出来，立即表现出活动的昼夜节律。可见，这种节律变化是内源的，并不需要外界信号的诱导。

外源说认为生物的节律性变化需要外界信号的诱导。有人发现，生物对地球磁场每天的变化都有反应。生物可能利用这些细微的变化作为定时的机制，以确定适应环境条件变化的生理节律。

尽管对生物钟的机制尚未完全了解，但它的生态意义是应该肯定的，而且对决定其生理过程起着重要作用。

六、休眠

休眠指生物的潜伏、蛰伏或不活动状态，是抵御不利环境的一种有效的生理机制。进入休眠状态的动植物可以忍耐比其生态幅宽得多的环境条件。例如，草原上的啮齿类动物，许多具有冬眠或蛰伏（torpor）习性；甲壳纲丰年虫（*Chirocephalus*）的卵可以休眠很多年；很多昆虫在不利气候条件下常进入滞育（dispause）状态，其代谢率下降到非滞育时的 1/10。休眠能使动物最大限度的减少能量消耗。对囊虫（*Perognathus calfornicus*）的研究表明，它进入蛰伏状态 2.9 h，每克体重消耗 6.5 mL 氧气，如其正常生活 2.9 h，每克体重要消耗 11.9 mL 氧气。可见，即使短时间蛰伏或休眠，也能使动物节省不少能量。动物的休眠伴随很多生理变化。哺乳动物在冬眠开始之前体内先要贮备特殊的低熔点脂肪；冬眠时心跳速率大大减缓（如黄鼠冬眠期间的心跳速率是 7～10 次/min，而在正常活动时是 200～400 次/min）；血流速度变慢，为防止血凝块的产生，血液会发生相应变化。变温动物在冬季滞育时，体内水分大大减少以防止结冰，而新陈代谢几乎下降到零；在夏季滞育时，耐干旱的昆虫可使身体干透以忍受干旱，或者在体表分泌一层不透水的外膜以防止身体变干。植物的种子和细菌、真菌的孢子亦有类似的休眠现象与休眠机制。植物中的休眠现象更为普遍，许多植物种子成熟后不能立即萌发的现象即是休眠形式的一种。休眠种子可长期保持存活能力，直到出现适于种子萌发的条件方才萌发。有些植物种子的萌发能力仅保持 1～3 a，但许多植物种子的萌发能力可保持 30～40 a。一个极端例子是，埃及的睡莲（*Nelubium speciosum*）种子经过 1 000 年的休眠之后，仍有 80%的莲子保持发芽能力。

植物种子的休眠现象和后熟作用是植物对不利环境条件的一种适应。这对寒带、温带等季节变化明显地区的植物有巨大意义。可以设想，如果所有植物的种子成熟后都能立即萌发，则它们的幼苗绝大多数将在严寒的冬季被冻死。很多植物种子在干燥贮藏期间通过后熟作用，这一时间从几天到几个月，依种类而不同。以谷类作物而言，冬性品种后熟期较长，春性晚熟品种次之，春性早熟品种最短。但是，有些植物的种子虽然经过干燥贮藏仍不能发芽，因为他们尚未通过后熟作用。采用增加种皮透性以及打破休眠的措施则可以促进上述植物种子的萌发，实验证明，低温和潮湿的环境可以达到这一目的。林业上常常使用的“层积法”，即以此为依据。

温带木本植物的冬眠是更加常见的一种植物休眠现象。休眠中的树木可以顺利渡过冬季的低温。研究证明，木本植物的休眠与光周期有关，短日照可促进休眠，长日照可促进营养生长。树木进入冬眠状态受制于日照长度而不是温度，这在很大程度上使植物免受初冬温度波动的危害。

综上所述，生物的休眠在使其持续占有一个生境方面起重要作用，是对不利环境适应的极为有效的方式。

第四节　生物与水的关系

一、水因子的生态作用

（一）水是生物生存的重要条件

首先，水是生物体的组成成分。植物体一般含水量达 60%～80%，而动物体含水量比植物更高。例如，水母含水量高达 95%，软体动物 80%～92%，鱼类达 80%～85%，鸟类和兽类达 70%～75%。水是很好的溶剂，许多化学元素都是在水溶液的状态下为生物吸收和运转。水是生物新陈代谢的直接参与者，是光合作用的原料；水是生命现象的基础，没有水也就没有原生质的生命活动。水比热大，可以调节和缓和环境中温度的剧烈变化，维持恒温。水能维持细胞和组织的紧张度，使生物保持一定的状态，维持正常的生活。

（二）水对动植物生长发育的影响

就植物而言，水分对植物的生长也有一个最高、最适合最低的“三基点”。低于最低点，植物萎蔫、生长停止；高于最高点，根系缺氧、窒息、烂根；只有处于最适范围内，才能维持植物的水分平衡，以保证植物有最优的水分生长条件。种子萌发时，需要更多的水分，因水能软化种皮，增强透性，使呼吸加强，同时水能使种子内凝胶状态的原生质转变为溶胶状态，使生理活性增强，促使种子萌发。水分还影响植物各种生理活动，如呼吸和同化作用等。水分对植物产品质量的影响：如土壤含水量少时，淀粉含量减少，而木质素和半纤维素增加，纤维素不变，果胶质减少。水对植物繁殖也产生深刻影响：主要表现在对水生植物的传粉上，如金鱼藻、眼子菜等植物的花粉是靠水搬运和授粉的。水流和洋流能携带植物的花粉或孢子、果实（椰子、萍蓬草、苍耳）、幼株（红树和藻类部分的营养体及浮萍科、槐叶萍科完整的植株）到很远的地方。

在水分不足时，可以引起动物的滞育或休眠。水分不足可能是直接由于空气湿度的降低，也可能由于食物中水分减少。许多在地衣和苔藓上栖居的动物，如线虫、蜗牛等，在旱季中多次进入麻痹状态。但水生昆虫等雨季一过，就进入滞育期。许多动物的周期性繁殖与降水季节相一致，如澳大利亚鹦鹉遇到干旱年份就停止繁殖。羚羊幼兽的出生时间，正好是降水和植被茂盛的时期。由此可见，降水对植被的影响是巨大的，而动物的食物来源和隐蔽场所都与植被有着密切的关系。

（三）水对动植物数量和分布的影响

降水在地球的分布是不均匀的，这主要因地理纬度、海陆位置、海拔高度的不同所致。我国从东南至西北，可以分为三个等雨量区，因而植被类型也可分为三个区，即湿润森林区、干旱草原区及荒漠区。即使是同一山体，迎风坡和背风坡，因降水时的差异而各自生长着不同的植物，随即分布着不同区系的动物。水分与动植物的种类和数量存在着密切的关系。在降水量最大的赤道热带雨林中 52 种/hm^2 植物，而降水量较少的大兴安岭红松林群落中，每 100 m^2 仅有 10 种植物存在。在荒漠地区，单位面积物种数更少。

二、生物对水因子的适应

（一）植物对水因子的适应

根据植物对水分的需求量和依赖程度，可把植物划分为水生植物和陆生植物。植物对于水的适应，由于对水的依赖程度的不同而面临着不同的问题。对于陆生植物而言，面对着如何解决失水的问题。而对于水生植物，则是如何呼吸和生存的问题。

1．陆生植物对水因子的适应

陆生植物不需要利用水来排泄盐分和含氮废物，但在正常的气体交换过程中所损失的水却很多。如何保持根系吸收水和叶蒸腾水之间的平衡是保证植物正常生活所必需的。要维持水分平衡就必须增加根的吸收和减少叶的蒸腾，植物在这方面具有一系列的适应性。例如，气孔能够自动开关，当水分充足时气孔便张开以保证气体交换，但当缺水干旱时气孔便关闭以减少水分的散失。当植物吸收阳光时，植物体就会升温，但植物体表面浓密的细毛和棘刺则可增加散热面积，防止植物表面受到阳光的直射和避免植物体过热。植物体表生有一层厚厚的蜡纸表皮可减少水分的蒸发，因为这层表皮是不透水的。有些植物的气孔深陷在植物叶内，有利于减少失水。此外，有许多植物靠光合作用的生化途径适应于快速的摄取 CO_2，并以改变的化学形式储存起来，以便在晚上进行气体交换，温度很低，蒸发失水的压力较小。

一般地，在低温地区和低温季节，植物的吸水量和蒸腾量小，生长缓慢；反之，在高温地区和高温季节，植物的吸水量和蒸腾量大，生产量大，但对水分的需求也是相当大的。当然，植物的需水量还和其他生态因子有直接关系，如光照强度、温度、风速和土壤含水量等。植物的不同发育阶段吸水量也不同。

2．水生植物对环境的适应

水生环境与陆生环境有很大的差异。水体的主要特点在于：弱光、缺氧、密度大、黏性高、湿度变化平缓，以及能溶解各种无机盐类。因此，水生植物具有与陆生植物本质的区别：首先，水生植物具有发达的通气组织，以保证各器官组织对氧的需要，减轻体重、增大体积，例如荷花，从叶片气孔进入的空气，通过叶柄、茎进入地下茎和根部的气室，形成了一个完整的通气组织，以保证植物体各部分对氧气的需要。其次，机械组织不发达或退化，以增强植物的弹性和抗扭曲能力，适应于水体流动。同时，水生植物在水下的叶片多分裂成带状、线状，而且很薄，以增加吸收阳光、无机盐和 CO_2 的面积。最典型的是伊乐藻属植物，叶片只有一层细胞。又如有的水生植物，出现有异型叶，毛茛在同一植株上有两种不同形状的叶片，在水面上呈片状，而在水下则丝裂成带状。

3．植物的分类

（1）水生植物　根据生长环境中水的深浅不同，可划分为沉水植物、浮水植物和挺水植物三类。

沉水植物　整株植物沉没在水下，为典型的水生植物。根退化或消失，表皮细胞可直接吸收水中气体、营养物和水分，叶绿体大而多，适应水中的弱光环境，无性繁殖比有性繁殖发达。如狸藻、金鱼藻和黑藻等。

浮水植物　叶片漂浮水面，气孔多分布在叶的表面，无性繁殖速度快，生产力高。如凤眼莲、浮萍、睡莲等。

挺水植物　植物体大部分挺出水面，如芦苇、香蒲等。

（2）陆生植物　指生长在陆地上的植物。包括湿生、中生和旱生三种类型。

湿生植物　指在潮湿环境中生长，不能忍受较长时间的水分不足，即为抗旱能力最弱的陆生植物。根据其环境特点，还可以再分为阴性湿生植物和阳性湿生植物两个亚类。

中生植物　指生长在水湿条件适中的生境中的植物。该类植物具有一套完整的保持水分平衡的结构和功能。其根系和输导组织均比湿生植物发达。

旱生植物　生长在干旱环境中，能耐受较长时间的干旱环境，且能维护水分平衡和正常的生长发育，多分布在干热草原和荒漠区。一般在形态结构上，旱生植物有发达的根系，例如沙漠地区的骆驼刺地面部分只有几厘米，而地下部分可以深达 15 m，扩展的范围达 623 m，可以更多地吸收水分；叶面积很小，例如仙人掌科许多植物，叶特化成刺状；许多单子叶植物，具有扇状的运动细胞，在缺水的情况下，它可以收缩，使叶面卷曲，共同的一点是尽量减少水分的散失。另一类旱生植物，它们具有发达的贮水组织，例如，美洲沙漠中的仙人掌树，高达 1 520 m，可贮水 2 t 左右；南美的瓶子树、西非的猴狲面包树，可贮水 4 t 以上，这类植物能储备大量水分，同样适应干旱条件下的生活；此外，还有的从生理上适应，它们的原生质的渗透压特别高，能够使植物根系从干旱的土壤中吸收水分，同时不至于反渗透现象发生，使植物失水。

（二）动物对水因子的适应

动物按栖息地划分同样可以分水生和陆生两大类。水生动物的媒质是水，而陆生动物的媒质是大气，它们的主要矛盾也就不同。

1．水生动物的渗透压调节

水生动物生活在水的包围之中，似乎不存在缺水问题。其实不然，因为水是很好的溶剂，溶解有不同种类和数量的盐类，在水交换中伴随着溶质的交换。水生动物需要面对如何调节渗透压和水平衡的问题。

不同类群的水生动物，有着各自不同的适应能力和调节机制。水生动物的分布、种群形成和数量变动都与水体中含盐量的情况和特点密切相关。渗透压调节可以限制外表对盐类和水的通透性，改变所排出的尿和粪便的浓度与体积，逆浓度梯度地主动吸收或主动排出盐类和水等的方法来实现。如淡水动物体液的浓度对环境是高渗性的，体内的部分盐类既能通过体表组织弥散，又能随粪便、尿排出体外，因此体内的盐类有降低的危险。那么它们是如何保持水盐代谢平衡?一是使排出体外的盐分降低到最低限度；二是通过食物和鳃从水中主动吸收盐类；三是不断将过剩水排出体外，而丢失溶质的补充通过从食物中获得或动物的鳃或上皮组织主动地从环境中吸收溶质，如钠等。

海洋生活的大多数生物体内的盐量和海水是等渗的（如无脊椎动物和盲鳗），有些具有低渗性，如七鳃鳗和硬骨鱼类，容易脱水。在摄水的同时又将盐吸入，它们对吸入多余的盐类排出的办法是将其尿液量减少到最低限度，有时甚至达到以固体的形式排泄，同时鱼的鳃上的泌盐细胞可以逆浓度梯度向外分泌盐类。海产真骨鱼的时间转化非常快，每小时大约转换其所含氯化物总量的 10%～20%，淡水真骨鱼每小时只转换 0.5%～1%。

洄游鱼类，如溯河的鲑鱼和江海的鳗鱼以及广盐性鱼类的罗非鱼、赤鳟、刺鱼等，在生活史的不同时期分别在淡水和海水中生活，它们的渗透压又是如何调节以保持生物水平衡的？一般地说，其体表对水分和盐类渗透性较低，有利于在浓度不同的海水和淡水中生活。当它们从淡水转移到海水时，虽然有一段时间体重因失水而减轻，体液深度增加，但 48 h 内，一般都能进行渗透压调节，使体重和体液浓度恢复正常。反之，当它们由海水进入淡水时，也会出现短时间的体内水分增多，而盐分减少，然后通过提高排尿量来维持体内的水平衡。例如，一些鱼类进入海水时，肾脏的排泄功能就自动减弱，有的鱼类如赤鳟、美洲鳗鲡的鳃细胞能改变功能，在咸水中能排泄盐类，而在淡水中能吸收水分。

2．陆生动物对环境湿度的适应

影响陆生动物水平衡更多的是环境中的湿度，动物也有其各种各样的适应。

（1）形态结构上的适应。不论是低等的无脊椎动物还是高等的脊椎动物，它们各自以不同的形态结构来适应环境湿度，保持生物体的水平衡。昆虫具有几丁质的体壁，防止水分的过量蒸发；生活在高山干旱环境中的烟管螺可以产生膜以封闭壳口来对低湿条件适应；两栖类体表分泌黏液以保持湿润；爬行动物具有很厚的角质层、鸟类具有羽毛和尾脂腺、哺乳动物有皮脂腺和毛，都能防止体内水分过多蒸发，以保持体内水的平衡。

（2）行为的适应。沙漠地区夏季昼夜地表温度相差很大，因此，地面和地下的相对湿度和蒸发力相差也很大。一般沙漠动物，如昆虫、爬行类、啮齿类等白天躲在洞内，夜里出来活动，更格卢鼠能将洞口封住，表现了动物的行为适应。另外，一些动物白天躲藏在潮湿的地方或水中，以避开干燥的空气，而在夜间出来活动。

干旱地区的许多鸟类和兽类在水分缺乏、食物不足的时候，迁移到别处去，以避开不良的环境条件。在非洲大草原旱季到来时，往往是大型草食动物开始迁徙。干旱还会引起暴发性迁徙，例如，蝗虫有趋水喜洼特性，常由干旱地带成群迁飞至低洼易涝地方。

（3）生理适应。许多动物在干旱的情况下具有生理上适应的特点。如荒漠鸟兽具有良好重吸收水分的肾脏。爬行动物和鸟类以尿酸的形式向外排泄含氮废物，甚至有的以结晶状态排出。其实，变温也是对减少失水的适应。“沙漠之舟”骆驼，可以 17 天不喝水，身体脱水达体重的 27%，仍然照常行走。它不仅有贮水的胃，驼峰中藏有丰富的脂肪，消耗的过程中产生大量水分，血液中具有特殊的脂肪和蛋白质，不易脱水。另外，还发现骆驼的血细胞具有变型功能，能提高抗旱能力。

第五节　生物与土壤的关系

土壤位于陆地生态系统的底部，是一薄层由生物和气候改造的地球外壳。土壤提供了栖息地，具有营养物传递系统、再循环系统和废物处理系统。土壤是植物萌芽、支撑和腐烂的地方，又是水和营养物贮存场所；是动物和微生物藏身处、排污处；是污染物质转化的重要基地。因此土壤无论对植物或动物都是重要的生态因子，是人类重要的自然资源。

一、土壤的物理性质与生物

土壤是由固体、水分和空气组成的三相复合系统。三相中，固体是不均匀的。固相中的无机部分是由一系列大小不同的无机颗粒组成，包括矿质土粒、二氧化硅、硅质黏土、金属氧化物和其他系统成分；固相中的有机部分主要包含有机物。土壤固相颗粒是土壤的物质基础，占土壤总重量的 85%以上。土壤颗粒的组成、性质及排列形式，决定了土壤的理化性质与生物特性。

（一）土壤质地与结构

组成土壤的各种大小颗粒按直径可分为粗砂（2.0～0.2 mm）、细砂（0.2～0.02 mm）、粉砂（0.02～0.002 mm）和黏粒（0.002 mm 以下）。这些不同大小颗粒组合的百分比，称为土壤质地（texture）。根据土壤质地，土壤可分为砂土、壤土和黏土 3 大类。砂土土壤颗粒较粗、土壤疏松、黏结性小，通气性能强，但蓄水性能差，易干旱，因而养料易流失，保肥性能差。壤土质地较均匀，土壤不太松，也不太黏，通气透水，是较好适宜农业种植的土壤。黏土土壤的颗粒组成细，质地黏重，结构致密，湿时黏，干时硬，保水保肥能力强，但透水透气性能差。土壤质地影响生物的分布与活动，如细胸金针虫多出现在黏土中，蝼蛄喜欢在湿润的含沙质较多的土壤中，沟金针虫发生在粉砂壤土和粉砂黏土中。

土壤颗粒排列形式、孔隙度及团聚体的大小和数量成为土壤结构（soil structure），且影响了土壤中固、液、汽三相比例。土壤结构可分为微团粒结构、团粒结构和比团粒结构更大的各种结构。团粒结构是腐殖质把矿质土粒互相黏接成 0.25～10 mm 的小团块，具有泡水不散的水稳定性特点，是土壤中最好的结构。团粒结构的土壤能统一土壤中水和空气的矛盾，因团粒内部的毛细管孔隙可保持水分，团粒之间的大孔隙可充满空气。在下雨或灌溉时，大孔隙能排出水和通气，有利于植物根系伸扎和呼吸；流入团粒内的水分被毛细管吸力所保持，有利于根系吸水。同时，团粒结构还能统一保肥和供肥的矛盾，使土壤中水、气、营养物处于协同状态，给植物的生长发育和土壤动物生存提供了良好的生活条件。无结构的和结构不良的土壤，土体坚实，通气透气性差，土壤肥力差，不利于植物根系伸扎和生长，土壤微生物和土壤动物的活动受到抑制。这些动物在土壤形成和有机物分解中又起重要作用。

（二）土壤水分

土壤水分（soil moisture）能直接被植物根吸收利用。土壤水分有利于矿物质养分的分解、溶解和转化，有利于土壤中有机物的分解与合成，增加了土壤养分，有利于植物吸收。此外，土壤水分能调节土壤温度，灌溉防霜就是此道理。

土壤水分的过多或过少，对植物、土壤动物与微生物均不利。土壤水分过少时，植物受干旱威胁，并由于好气性细菌氧化过于强烈，使土壤有机质贫瘠。土壤水分过多，引起有机质的嫌气分解，产生 H_2S 及各种有机酸，对植物有毒害作用，并因根的呼吸作用和吸收作用受阻，使根系腐烂。

土壤水分影响了土壤动物的生存与分布。各种土壤动物对湿度有一定的要求。例如，等翅目白蚁需要相对湿度不低于 50%，叩头虫的幼虫要求土壤空气湿度不低于 92%。当湿度不能满足时，它们在地下进行垂直移动。当土壤湿度高时，叩头虫跑到土表活动；干旱时，将到 1 m 深的土层中。因而它在春季对庄稼危害大，夏季危害小，雨季危害最大。土壤中水分过多时，可使土壤动物因缺氧而闷死。

（三）土壤空气

土壤空气主要来自大气，但由于土壤动物、微生物和植物根系的呼吸作用和有机物的分解作用，不断消耗 O_2，产生 CO_2，再加上土壤的通气性能差，使土壤空气中的 O_2 含量和 CO_2 含量与大气有很大的差异。土壤空气的 O_2 体积分数一般为 10%～12%，CO_2 一般在 0.1%左右，但这些体积分数是不稳定的，随季节、昼夜和深度而变化。在积水和透气不良的情况下，土壤空气含量可降到 10%以下，抑制植物根系呼吸，影响植物正常生理功能，动物可向土壤表层移动选择适宜的场所。

土壤中的高 CO_2，一部分以气体扩散和交换的方式不断进入地面空气层，供植物叶利用，另一部分直接为根系吸收。如果土壤中 CO_2 积累过多，达到 10%～15%时，将会阻碍根系生长和种子发芽；若 CO_2 体积分数进一步增长会阻碍根系的呼吸和吸收，甚至因呼吸窒息而死亡。

土壤中栖息着一类地下兽（*fossorial mammal*），它们终生在地下而不上到地面，如鼢鼠（*Myospalax*）、鼹形鼠（*Spalax*）。它们对土壤中的低氧和高 CO_2 产生了很好的适应性，如巴列斯坦鼹形鼠洞穴中的 O_2 体积分数为 14%，CO_2 体积分数达 4.8%，比大气中高上百倍，此动物对低氧耐受力超过了至今研究过的高海拔的兽类。地下兽对低氧的适应表现在血红蛋的浓度增加，血红蛋白的氧结合能力增加（户 50 降低），同时降低能量代谢，降低体温，以减少对氧的需求。地下兽的脑中枢对 CO_2 的敏感性降低，随着吸入气 CO_2 体积分数上升，呼吸通气量增加缓慢，比潜水兽和高海拔兽的增长率皆低。由于通气量增加减少，大量 CO_2 在体内会成高碳酸血症，但地下兽会通过肾脏调整盐离子排泄速度，以及提高血液的缓冲能力，对高 CO_2 环境产生代偿性适应。

土壤通气程度影响土壤微生物的种类、数量和活动情况，进而影响植物的营养状况。通气不良，抑制土壤中好气微生物活动，减慢了有机物的分解与营养物的释放；通气过分，使有机物分解速度过快，养分释放太快，而腐殖质形成减少，不利于养分的长期供应。因而农业上要经常调节土壤通气状况，促进土壤空气与大气进行交换。

（四）土壤温度

土壤温度（soil temperature） 随太阳辐射的变化也产生日周期、年周期和空间上的垂直变化。土壤温度对植物的生长发育有密切的关系。首先，土温直接影响种子萌发和扎根出苗，如小麦和玉米发芽的最低温度分别为 12℃和 10～11℃，最适为 18℃和 24℃。同一植物在发育不同时期，对土温的要求也不相同。其次，土温影响根系的生长、呼吸和吸收性能。大多数作物在土温 10～35℃范围内，随土温增高，生长加快。这是因为土温增加，加强了根系吸收和呼吸作用，物质运输加快，细胞分裂和伸长的速度也相应加快。土温过低会影响根系的呼吸能力和吸收作用。例如，向日葵在土温低于 10℃时，呼吸减弱；棉花在土温 17～20℃并具丰富水的土壤中，会因根吸水减弱而萎蔫；温带植物冬季因为土温太低阻断根的代谢活动，而使根系停止生长。土温过高，也会使根系或地下贮藏器官生长减弱。第三，土温影响了矿物质盐类的溶解速度、土壤气体交换、水分蒸发、土壤微生物活动以及有机质的分解，而间接影响植物的生长。

土温的变化，导致土壤动物产生行为的适应变化。大多数土壤无脊椎动物随季节变化进行垂直迁移：秋季常向土壤深层移动，春季常向土壤上层移动。而狭湿性的土壤动物，在较短时间范围内也能随土温的垂直变化调整自身在土壤中的位置。

二、土壤化学性质与生物

土壤的化学性质取决于形成土壤的母岩的化学成分和不同地理带上土壤形成过程的特点。其中，土壤酸度是土壤很多化学性质特别是岩基状况的综合反应，对土壤的一系列肥力性质有深刻的影响。

（一）土壤酸度及其对生物的影响

土壤酸度（soil acidity）包括酸性强度和酸度数量两方面，或称活性酸度和潜在酸度。酸性强度是指与土壤固相处于平衡的土壤溶液中的 H^+浓度，用 pH 表示。酸度数量是指酸的总量和缓冲性能，代表土壤所含的交换性氢离子、铝离子总量，一般用交换性酸量表示。由于土壤的酸度数量大于酸性强度，在调节土壤酸性时，应按酸度数量确定施加石灰等的用量。土壤酸度影响矿质盐分的溶解度，从而影响植物养分的有效性。土壤 pH 一般在6～7时，养分的有效性最高，对植物生长最有利。在碱性土壤中，易发生 Fe、B、Cu、Mn、Zn 等的缺乏；在酸性土壤中，易产生 P、K、Ca、Mn 的缺乏。土壤酸度还通过影响微生物活动而影响养分的有效性和植物的生长。如细菌在酸性土壤中的分解作用减弱；固氮菌、根瘤菌等只能生长在中性土壤中，不能在酸性土壤中生存，使许多豆科植物的根瘤在土壤酸性增加时死亡。大多数维管束植物生活在土壤 pH 为3.5～8.5的范围内，但最适生长的 pH 远比此范围窄。

土壤酸度影响了土壤动物区系及其分布。例如，在酸性的森林灰化土和苔原沼泽中，土栖动物区系很贫乏，只有一些喜酸性的或喜弱酸性的大蚊科昆虫、金针虫、某些蚯蚓。金针虫在 pH 为 4.0～5.2 的土壤中数量最高。小麦吸浆虫的幼虫生活在

pH=7～11 的碱性土壤中，而不能生存在 pH=3～6 的土壤中。

（二）土壤有机质

土壤有机质是土壤的重要组成成分，与土壤的许多属性有关，是土壤肥力的一个重要标志。土壤有机质可分成腐殖质（humus）和非腐殖质。非腐殖质是死亡动植物组织和部分分解的组织，主要是糖和含氮化合物。腐殖质是土壤微生物分解有机质时，重新合成的具有相对稳定性的多聚体化合物，主要是胡敏酸和富里酸，占土壤有机质总量的 85%～90%。腐殖质是植物营养的重要碳源和氮源。土壤中 99%以上的氮素是以腐殖质的形式存在。腐殖质也为植物生长提供所需的各种矿物养料。腐殖质中的胡敏酸还是一种植物生长激素，可促进种子发芽、根系生长，增强植物代谢活动。

土壤腐殖质还是异养微生物的重要养料和能源，能活化土壤微生物。土壤微生物活动旺盛，给植物提供丰富的养料。土壤有机质的多少，又影响到土壤动物的分布与数量。在富含腐殖质的草原地带黑钙土中，土壤动物的种类和数量特别丰富，而荒漠与半荒漠地带，土壤动物种类趋于贫乏。

土壤有机质对土壤团粒结构的形成、保水、供水、通气、稳温也有重要作用，从而影响植物生长。

（三）土壤矿质元素

地壳中有 90 多种元素，但植物生命活动所需的仅有 9 个大量元素（钾、钙、镁、硫、磷、氮、碳、氧、氢）和 7 种微量元素（铁、锰、硼、锌、铜、钼和氯）。除碳、氢、氧以外，植物所需的全部元素均来自土壤矿物质和有机质的矿物分解。在土壤中，近 98%的养分呈束缚态，存在于矿物中或结合成有机碎屑、腐殖质或较难溶解的无机物中，构成了养分的储备源，通过风化和矿化作用，缓慢变为可利用态。溶解态的养分只占很小一部分，吸附在土壤胶体上。不同植物需要各种矿质元素的量是不同的，若比例不合适将限制植物生长发育，因此可通过合理施肥改善土壤的营养状况，以达到植物增产的目的。

土壤的无机元素对动物的生长和动物的数量也有影响。例如，石灰岩区的蜗牛数量明显高于花岗岩区；生活在石灰岩区的大蜗牛（Helix）其壳重占体重的 35%，而生活在低钙土壤中时，其壳重仅占体重 20%。土壤钴含量低于 2×10^{-6}～3×10^{-6} 时，许多反刍动物会患“虚弱症”，严重时导致死亡。含氯化钠丰富的土壤和地区，往往能吸引大量草食有蹄动物，可见到草食动物舔食矿物质的盐汁土，这是因为他们的生理需要必须补充大量盐。土壤的盐度与飞蝗的发生有一定关系：土壤盐度低于 0.5%的地区，飞蝗常年发生；盐度在 0.7%～1.2%的地区，是飞蝗扩散和轮生的地方；盐度达 1.2%～1.5%地区，不再出现飞蝗。

三、土壤的生物特性

土壤的生物特性是土壤中动物、植物和微生物活动所产生的一种生物化学和生物物理学特性。从土壤发生的意义上来说，只有通过生物的活动，岩石表面的风化物才能称为土壤中的生物种类很多。土壤微生物是土壤中重要的分解者或还原者，在土壤形成过程中起重要作用。土壤微生物主要包括细菌、放线菌、真菌、藻类和原生动物。这些微生物直接参与土壤中的物质转化，分解动植物残体，使土壤中的有机质矿质化和腐殖质化。例如，从蛋白质分解成能被植物吸收的铵盐，经过了非芽孢杆菌、真菌、氨化细菌、硝化细菌等一整套微生物的作用。此外，土壤微生物生命活动中产生的生长激素（如赤霉素）、维生素类物质（如 B，B_6）和抗菌素能促进植物生长，增强植物抗病性。某些微生物具有不同程度的抑制病毒和致病细菌、真菌的作用。土壤中某些真菌能与某些高等植物的根系形成共生根，称为菌根。植物供给菌根糖，菌根帮助根系吸收水分和养分。总之，土壤微生物对土壤肥力起着重要作用。我国主要土类的微生物数量调查结果表明，有机质含量丰富的黑龙江地区的黑土、草甸土、西沙群岛地区的磷质灰土、某些森林土或其他植被茂盛的土壤中，微生物的数量多；而西北干旱、半干旱地区的栗钙土、棕钙土和盐碱土，以及华中、华南地区的红壤、砖红壤中，微生物数量较少。

土壤动物是最重要的土壤消费者和分解者。在土壤中有上千种的动物，主要包括了线虫、环虫、软体动物、节肢动物和脊椎动物。土壤动物的生命活动，影响了土壤肥力和植物的生长。土壤动物（可以蚯蚓为例）在土壤中爬行、钻孔、掘土，能使土壤疏松，改善土壤空隙和通气性，同时使地表植物残体与土壤混合，加速了植物残体的腐烂。土壤动物以有机质和土壤微粒为食，其排泄物富含更多的营养物，并和有机无机的微粒结合形成团粒，改善了土壤的结构。

总而言之，活动于土壤中的动物，扎根于土壤中的植物与众多的土壤微生物对土壤的作用，促进了成土作用，改善了土壤的物理性能，增加了土壤中的营养成分。

四、生物对土壤的适应

植物对于长期生活的土壤会产生一定的适应特性。因此，形成了各种以土壤为主导因素的植物生态类型。例如，根据植物对土壤酸度的反应，可以把植物划分为酸性土、中性土、碱性土植物生态类型；根据植物对土壤中矿质盐类（如钙盐）的反应，可把植物划分为钙质土植物和嫌钙植物；根据植物对土壤含盐量的反应，可划分出盐土和碱土植物；根据植物对风沙基质的关系，可将沙生植物划分为抗风蚀沙埋、耐沙割、抗日灼、耐干旱、耐贫瘠等一系列生态类型。

（一）盐土对植物的影响

盐碱土是盐土和碱土以及各种盐化、碱化土的统称。在我国内陆干旱和半干旱地区，由于气候干旱，地面蒸发强烈，在地势低平、排水不畅或地表径流滞缓、汇集的地区，或地下水位过高的地区，广泛分布着盐碱化土壤。在滨海地区，由于受海水浸渍，盐分上升到土表形成次生盐碱化。

盐碱土所含的盐类，通常最多的是 $NaCl$、Na_2SO_4、Na_2CO_3 以及可溶性的钙盐和镁盐。其中盐土所含的盐类主要为 $NaCl$ 和 Na_2SO_4，这两种盐类都是中性盐，所以一般盐土的 pH 是中性的，土壤结构尚未破坏。土壤的碱化过程是指土壤胶体中吸附有相当数量的交换性钠。一般，交换性钠占交换性阳离子总量 20%以上的土壤称为碱土。碱土含 Na_2CO_3 较多（也有含 Na_2HCO_3 或 K_2CO_3 较多的），碱土是强碱性的，其 pH 一般在 8.5 以上，碱土上层的结构被破坏，下层常为坚实的柱状结构，通透性和耕作性能极差。

盐分种类不同，对植物的危害也不相同。盐类对多数植物危害程度的大小，可按下列次序排列：

$MgCl_2>Na_2CO_3\sim NaHCO_3>NaCl>MgSO_4>Na_2SO_4$。

阳离子：$Na^+>Ca^{2+}$

阴离子：$CO_3^{2-}\rightarrow HCO_3^-\rightarrow Cl^-\rightarrow SO_4^{2-}$

当土壤表层含盐量超过 0.6%时，大多数植物已不能生长，只有一些耐盐性强的植物尚可生长。当土壤中可溶性盐含量达到 10‰以上时，则只有一些特殊适应于盐土的植物才能生长。盐土对植物生长发育的不利影响，主要表现在以下几个方面：

1．引起植物的生理干旱　盐土中含有过多的可溶性盐类，这些盐类提高了土壤溶液的渗透压，从而引起植物的生理干旱，使植物根系及种子萌发不能从土壤中吸收到足够的水分，甚至还导致水分从根细胞外渗，使植物在整个生长发育过程中受到生理干旱危害，植物枯萎，严重时甚至死亡。

2．伤害植物组织　土壤含盐分太高时，会伤害植物组织，尤其在干旱季节，盐类积聚在表土时常伤害根、茎交界处的组织。伤害的能力以 Na_2CO_3、K_2CO_3 为最大。在高 pH 下，还会导致 OH^-离子对植物的直接伤害。

3．引起细胞中毒　由于土壤盐分浓度过大，植物体内积聚的大量盐类，往往会使原生质受害，蛋白质的合成受到严重阻碍，从而导致含氮的中间代谢产物积累，使细胞中毒。例如，当叶绿蛋白的合成受到阻碍时，会使叶绿体趋于分解。过多的盐分积累，也可以影响糖类的代谢。例如，过量的 Cl^-离子进入植物体内，会降低一些水解酶（如 β-淀粉酶、果胶酶、蔗糖酶等）的活性，扰乱植物糖类的代谢过程。过多的盐分积累，还会导致植物细胞发生质壁分离现象。重金属盐类更会破坏原生质的酶系。

4．影响植物的正常营养　如由于 Na 的竞争，使植物对 K、P 和其他元素的吸收减少，P 的转移也会受到抑制，从而影响植物的营养状况。

5．在高浓度盐类的作用下，气孔保卫细胞的淀粉形成过程受到妨碍，气孔不能关闭，即使在干旱期也是如此，因此植物容易干旱枯萎。

（二）碱土对植物生长不利影响，主要表现在两个方面

1．土壤的强碱性能毒害植物根系。

2．土壤物理性质恶化，土壤结构受到破坏，质地变劣，尤其是形成了一个透水性极差的碱化层次（B 层），湿时膨胀黏重，干时坚硬板结，使水分不能渗滤进去，根系不能透过，种子不易出土，即使出土后也不能很好地生长。

3．植物对碱土的适应

一般植物不能在盐碱土上生长，但是有一类植物，却能在含盐量很高的盐土或碱土里生长，具有一系列适应盐、碱生境的形态和生理特性，这类植物统称为盐碱土植物。盐碱土植物包括盐土植物和碱土植物两类，因为我国盐土面积很大，碱土分布不多，所以下面着重介绍盐土植物。

盐土植物分为生长在内陆和海滨两类，长在内陆的为旱生盐土植物（Xerohalophytes），例如，盐角草（*Salicornia herbacea*）、细枝盐爪爪（*Kalidium gracile*）、有叶盐爪爪（*K.foliatum*）、海韭菜（*Triglochin maritimum*）、鸦葱（*Scorzonera mongolica var*．*Putjatae*）、獐茅（*Aeluropus littoralis var*．*Sinensis*）、盐吸（*Suaeda ussriensis*）、海枣（*Nitraria schoberi*）等，分布于我国温和、寒温气候区的内陆盐土上。长在海滨的盐土植物为湿生盐土植物（*hygro—halophytes*）。例如，盐蓬（*Suaeda australis*）、后藤（*Ipomaea pescaprae*）等。目前，正在我国漫长的海岸线上引种栽培的、具有良好固滩护堤性能的大米草（*Speatina anglica*），也属于湿生盐土植物。此外，有防风浪、护堤岸作用的红树植物，如秋茄（*Kandelia candel*）、木榄（*Bruguiera gymnorrhiza*）、桐花树（*Aegiceras corniculata*）、白骨壤（*Avicennia marina*）、老鼠勒（*Acanthus ilicifolius*）等是华南湿润亚热带海滨的盐土植物。

盐土植物在形态上常表现为植物体干而硬；叶子不发达，蒸腾表面强烈缩小，气孔下陷；表皮具有厚的外壁，常具灰白色绒毛。在内部结构上，细胞间隙强烈缩小，栅栏组织发达。有一些盐土植物枝叶具有肉质性，叶肉中有特殊的贮水细胞，使同化细胞不致受高浓度盐分的伤害，贮水细胞的大小还能随叶子年龄和植物体内盐分绝对含量的增加而增大。

在生理上，盐土植物具有一系列的抗盐特性，根据它们对过量盐类的适应特点不同，又可分为三类：

一是聚盐性植物。这类植物能适应在强盐渍化土壤上生长，能从土壤里吸收大量可溶性盐类，并把这些盐类积聚在体内而不受伤害。这类植物的原生质对盐类的抗性特别强，能容忍 6%甚至更浓的氯化钠溶液，所以聚盐性植物也称为真盐生植物。它们的细胞液浓度也特别高，并有极高的渗透压，特别是根部细胞的渗透压，大大高于盐土溶液的渗透压，所以能吸收高浓度土壤溶液中的水分。

聚盐性植物的种类不同，积累的盐分种类也不一样。例如，盐角草、碱蓬能吸收并积累较多的氯化钠或硫酸钠；滨藜（*Atriplex sp.*）吸收并积累较多的硝酸盐。属于聚盐性植物的还有海篷子（*Salicornia europaea*）、盐节木（*Halocnemum*）、盐穗木（*Halostachyscaspica*）、梭梭柴（*Haloxylon ammodendron*）、西伯利亚白刺（*Nitraria sibirica*）、黑果枸杞（*Lycium ruthenicum*）等。

二是泌盐性植物。这类植物的根细胞对于盐类的透过性与聚盐性植物一样是很大的，但是它们吸进体内的盐分并不积累在体内，而是通过茎、叶表面上密布的分泌腺（盐腺），把所吸收的过多盐分排出体外，这种作用称为泌盐作用。排出在叶、茎表面上的氯化钠和硫酸钠等结晶和硬壳，逐渐被风吹或雨露淋洗掉。

泌盐植物虽能在含盐多的土壤上生长，但它们在非盐渍化的土壤上生长得更好，所以常把这类植物看作是耐盐植物。柽柳（*Tamarix chinensis*）、瓣鳞花（*Frankenia*）、红砂（*Reaumuria*）和生于海边盐碱滩上的大米草（*Speatinaanglica*）、滨海的一些红树植物，以及常生于草原盐碱滩上的药用植物补血草（*Limonium sinensis*，*L. bicolor*）等，都属于泌盐性植物。

三是不透盐性植物。这类植物的根细胞对盐类的透过性非常小，所以它们虽然生长在盐碱土中，但在一定盐分浓度的土壤溶液里，几乎不吸收或很少吸收土壤中的盐类。这类植物细胞的渗透压也很高，但是不同于聚盐性植物，它们细胞的高渗透压不是由于体内高浓度的盐类所引起，而是由于体内含有较多的可溶性有机物质（如，有机酸、糖类、氨基酸等）所引起，细胞的高渗透压同样提高了根系从盐碱土中吸收水分的能力，所以常把这类植物看作是抗盐植物。蒿属、盐地紫菀、碱菀（*Tripolium vulgare*）、盐地凤毛菊（*Saussurea salsa*）、碱地凤毛菊（*S. runcinata*）、獐茅（*Aeluropuslittoralis var. sinenss*）、田菁（*Sesbania cannabina*）等，都属于这一类。

（三）沙生植物

沙生植物（psammophyte）生长在以砂粒为基质的沙区，在我国北方分布在荒漠、半荒漠、干草原和草原四个地带中。

沙生植物在长期自然适应过程中，形成了抗风蚀沙割、耐沙埋、抗日灼、耐干旱贫瘠等特征。当被流沙埋没时，在埋没的茎上能长出不定芽和不定根，甚至在风蚀露根时，从暴露的根系上也能长出不定芽，如绿沙竹、白刺等。它们的根系生长极为迅速，比地上部分生长快得多。根上具有根套，是由一层团结的沙粒形成的囊套，能保护暴露到沙面上的根免受灼热沙粒灼伤和流沙的机械伤害。

沙生植物也具有旱生植物的许多特征，如地面植被矮，主根长，侧根分布宽，以便获取水，同时起了固沙作用；植物叶片极端缩小，有的甚至退化，以减少蒸腾；有的叶具贮水细胞；有的在叶表皮下有一层没有叶绿素的细胞，积累脂类物质，能提高植物的抗热性；细胞具高渗透压，如红砂、珍珠渗透压达 50atm（5 066kPa），梭梭可达 80atm（8 106kPa），使根系主动吸水能力增强，提高植物的抗旱性。有的沙生植物在特别干旱时，进入休眠，待有雨时再恢复生长。

第六节　生物与生物的关系

生物有机体不是孤立生存的，在其生存环境中甚至其体内都有其他生物的存在，这些生物便构成了生物因子。生物与生物因子之间发生各种相互关系，这种相互关系既表现在种内个体之间，也存在于不同的种间。生物之间的相互关系，可以概括为八种类型（表 2-3）。

表 2-3　生物之间相互关系类型

类型	A	B	特　　点	类型	A	B	特　　点
竞争	－	－	彼此互相抑制	共生	＋	＋	彼此有利，分开后不能生活
捕食	＋	－	A 杀死或吃掉 B	互惠	＋	＋	彼此有利，分开能独立生活
寄生	＋	－	A 寄生于 B，对 B 有害	偏利	＋	0	对 A 有益，对 B 无影响
中性	0	0	彼此互不影响	偏害	－	0	对 A 有害，对 B 无影响

生物因子主要有食物、捕食者、寄生物和病原微生物。与非生物因子相比，生物因子对生物的影响有以下特点：一般情况下，生物因子只影响到种群中的某些个体；生物因子对生物种群的影响程度通常与种群的密度有关；生物因子在相互作用、相互制约中产生了协同进化；生物因子一般仅直接涉及两个物种或与其邻近密切相关物种之间的关系。详内容见以后章节。

本章小结

环境（environment）是指某一特定生物体或生物群体以外的空间，以及直接或间接影响该生物体或生物群体生存的一切事物的总和。环境总是针对某一特定主体或中心而言的，是一个相对的概念。生态因子（ecological factor）是指环境要素中对生物起作用的因子，如光照、温度、水分、氧气、二氧化碳、食物和其他生物等。所有生态因子构成生物的生态环境，特定生物体或群体的栖息地的生态环境称生境（habitat）。环境中有多种多样的生态因子作用于生物，每种因子不是孤立的、单独的存在，总是相互联系、相互制约、综合性地对生物作用。生态因子有主次之分，并非等价的，并有阶段性作用，有不可替代性和补偿性作用。

环境生态因子影响了生物的发育、生长、繁殖和生存；生物的存在又改变了生态环境。

最小因子定律指出低于某种生物的最小需要量的生态因子，成为该生物生存的限制因子。事实上，任何生态因子，当接近或超过某种生物的耐受极限，而阻止生物生存、生长、繁殖或扩散时，都成为限制因子。当一个生态因子在数量上或密度上的不足或过多，即当其接近或达到某种生物的耐受限度时，会影响该种生物的生存与分布。

生物的生态幅反映了生物对生态因子的耐受范围，通过生物驯化和维持体内环境稳定，可调整和扩大生物对生态因子的耐受范围，提高适应能力。

生物对光的适应表现在三方面：①对光质的选择性适应；②植物对光照强度的适应性；③生物随光照长度的日周期和年周期变化，也出现适应性的昼夜节律与光周期现象。光周期成为生物生命活动的定时器和启动器。

生物机体酶的活性有一最适温度范围，超过低温限与高温限，生物将因冰晶冻结或蛋白质凝固变形而死亡，但对温度的耐受可通过驯化来提高。

水的理化性质对生物的生存具有极其重要的作用。陆上生物面临的是如何减少水分蒸发和保持体内的水分平衡。

土壤是生物重要的生态因子。土壤的质地与结构，影响了植物生长及土壤动物的活动，又影响了土壤的其他物理性质，如土壤水分、土壤空气和土壤温度的变化。土壤水分过多或过少，对植物、土壤微生物和土壤动物均不利。土壤中氧气过低或 CO_2 过高对植物生长也不利。土壤通气程度影响微生物的种类、数量与活动。土壤温度影响了种子萌发、根系生长、矿物盐类的溶解度、土壤微生物活动及有机质的分解。土壤化学性质（土壤酸度、土壤有机质及矿质元素）对生物也有重要影响。土壤酸度影响矿质盐分的溶解度，从而影响植物养分的有效性。土壤有机质是土壤肥力的一个主要标志。土壤的生物特性是土壤中动物、植物和微生物活动所产生的一种生物化学和生物物理学特性。生活在不同类型土壤中的植物，产生了不同的植物生态型与适应性特征，如盐碱植物与沙土植物。

复习思考题

1. 概念与术语

环境　　生态因子　　生态幅　　密度制约因子　　非密度制约因子
限制因子　　中生植物　　旱生植物　　土壤质地　　土壤结构
盐碱土植物　　沙生植物

2. 什么是最小因子定律?什么是耐受性定律?
3. 简述光的生态作用及生物的适应。
4. 生物对极端高温与极端低温的适应表现在哪些方面?
5. 水生植物是如何适应水环境的?
6. 陆生动物如何适应于干旱环境?
7. 土壤动物如何适应于土壤中高 CO_2 与缺 O_2 的环境?

第三章　种群生态学

[学习指南]

种群生态学（population）是研究种群与环境相互作用关系的科学。具体地说，就是研究种群内部各成员之间、种群与其他生物种群之间以及种群与周围非生物因素的相互作用规律。本章，我们将在以前从未涉及过的群体水平上探讨生物与环境关系。通过学习，使大家掌握种群的定义及其特征，种群动态及其调节因素，种内、种间关系和物种生活史对策几个问题，为进一步学习生物群落和生态系统生态学打下坚实的基础。

第一节　种群及其特征

一、种群的定义

种群是生态学各层次中最重要的一个层次，它具有许多不同于个体的特征，是群落结构与功能的最基本单位。种群（population）是指在同一时期内占有一定空间的同种生物个体的集合。这是最一般的定义，表示种群是由同种个体组成的，占有一定的领域，是同种个体通过种内关系组成的一个统一体或系统。除生态学外，进化论、遗传学、分类学和生物地理学等都使用种群这个术语。为了强调不同的方面，有的学者还在种群定义中加进诸如能相互进行杂交、具有一定结构、一定遗传特性等内容。

一个物种在其分布区内的分布是不均匀的。整个分布区中不会处处对其生长都是适宜的，物种只能生长在对其合适的生境。种群的概念可以是抽象的，也可以是具体的。我们现在学习生态学的理论，所应用的种群概念就是抽象意义上的。当具体应用时，其空间上的界线可大可小，可以随研究者工作方便而定。如一个池塘中的鲤鱼或在一个岛上的蝮蛇可视为一个种群，山坡上的一片红松林可作为一个种群，实验室内饲养的一群生物，也可称为一个实验种群。

种群由个体组成，但不等于是个体的简单相加，这是因为有机体之间存在着非独立性的交互作用，从而在整体上呈现出一种有组织有结构的特性。因此，从个体到种群，除了出现统计学上的特征如出生率、死亡率、年龄结构、性比等外，还出现了空间格局、种群行为、遗传变异和生态对策等新质。

种群可以由单体生物（unitary organism）或构件生物（modular organism）组成。一般印象中，生物都是统一的整体，如正常的人，不管大小都具有两眼、两手和两腿，并且不会随年龄增大而发生变化。因此，个体的轮廓边界是明确的，即所谓的单体生物。哺乳类、鸟类、两栖类和昆虫都是单体生物的例子，每一个个体都是由一个受精卵直接发育而来，个体的形态和发育都可以预测。但实际上，生物界中大量的生物体并不是这样简单的，其组成成分的多少不是固定的，有时边界也难以确定，如每株植物都具有不同的叶片和枝条，其个体是由许多相同的构件组成的，即为构件生物。大多数植物、海绵、珊瑚等都是构件生物。如一株树有许多树枝，一个稻丛有许多分蘖，并且构件数很不相同。由构件生物组成的种群，受精卵首先发育成一结构单位或构件，然后发育成更多的构件，形成分支结构发育的形式和时间是不可预测的。

一般来说，自然种群有三个基本特征：①空间特征：即种群均占据一定的空间，具有特定的分布区域（地理分布）；种群内个体在空间上具有一定的分布型；②数量特征：指单位面积（或空间）上的个体数量的多少，受多种参数影响，其变动具有一定规律；③遗传特征：种群具有一定的基因组成，是一个基因库，以区别于其他物种。

种群生态学来源于马尔萨斯（Marthus，1798）的《人口论》，该书中表述了“一个种群的大小，或者个体数目的多少，不仅取决于本身的生物学特性和繁殖能力，更依赖于其必要的自然资源或生存空间所允许的限度”这一基本观点。他认为人口按几何级数增长，而生活资料则按算术级数增长，人口不可避免地要超过食物供应所能允许的程度。

种群生态学研究种群的数量、分布以及种群与其栖息环境中的非生物因素和其他生物种群，例如捕食者与猎物、寄生物与宿主等的相互作用。与种群生态学有密切关系的种群遗传学研究种群中的遗传过程，包括选择、基因流、突变和遗传漂移等。

二、种群的统计特征

种群具有个体所不具备的各种群体特征，这些特征多为统计指标，大体分三类：

1．基本特征是种群密度。

2．影响密度变化的是出生率（natality）、死亡率（mortality）、迁入和迁出，可以称为初级种群参数。出生和迁入是使种群增加的因素，死亡和迁出是使种群减少的因素。

3．从这些特征又可导出次级种群参数，如性比（sex ratio）、年龄分布（age-distribution）和种群增长率等。

（一）种群的密度

研究种群的数量特征，首先要进行种群的数量统计。数量统计中，一个种群的全体数目或生物量多少，叫作种群大小（size），如某个池塘中草鱼的总数。如果采用单位面积或容积内的个体数目或生物量来表示种群大小，就称为种群密度（density）。例如，每公顷 1 500 株树，每立方水体 500 万硅藻。不同种群的密度有相当大差异，如每平方米面积的细菌可达数亿个，节肢动物可达数万个，老虎可能只有一头。

严格说来，密度（density）和数目（number）是有区别的。在生态学中应用数量高、数量低、种群大小这些意义时，有时虽然没有指明其面积或空间单位，但也必然将之隐含在其中。否则没有空间单位的数量多少也就成为无意义的了。所调查的密度为特定时间和特定空间的密度，它反映了生物与环境的相互关系。

种群密度是一个变量，在适宜的环境条件下密度较高，反之则低。随着一年四季的变动，种群密度也会发生变化。因此在进行密度调查时，应当有特定的时间概念。

密度有粗密度（crude density）和生态密度（ecological density）之分。粗密度是指单位总空间的个体数，生态密度则是指种群实际占据的空间个体数，如调查样地仅有一半面积上有某树种更新苗，按整个样地计算的密度是粗密度，按 1/2 面积计算的是生态密度。

由于生物的多样性，种群的数量统计方法随生物种类和栖息地条件而异，大体可分为绝对密度统计和相对密度统计两类。绝对密度是指单位面积或空间内种群的实际个体数，而相对密度是指单位面积或空间内种群的相对数量，只能作为表示数量高低的相对指标。

1．绝对密度的测定方法

（1）总数调查

调查某地区中某种生物的数量，如应用航空摄影调查海滩上海豹数，或某草原上的黄羊数。一个池塘中鱼，可以用网全部捞起。但是，通常情况下。总数调查是很困难的，而只能抽样调查，以样本来估计总体。

（2）抽样调查

① 样方法

样方要求有代表性，所以选取样方要根据环境状况而定，例如陆地上可以采用方形、条形、圆形等，对于河流，除要设点（站）以外，每点又要从河边到河中心，以断面形式取样。湖泊调查的选点，通常要根据湖泊等深线图来确定。取样所得样品的数据，根据数理统计方法，进行平均数推广以估算种群整体。

② 标志重捕法

此方法由林可首先提出的，所以又称林可指数法。其原理为：在调查地段中，捕获一部分个体进行标志（挂牌涂色、耳上顶签），然后放回，经一段时间后进行重捕。假定总数中标记的比例与重捕取样中比例相同。根据重捕中标志个体的比例，估计该地段中个体的总数。即：$N:M=n:m$，$N=M\times n/m$。

其中 N 为该样地中种群个体总数，M 为样地中标志个体总数，n 为重捕个体数，m 为重捕中标志个体数。

例如，标志动物 39 只，再捕 35 只中有标记的动物 15 只，根据公式：

$$N = M\times n/m = 39\times 35/15 = 91\text{（只）}$$

即估计该地区原有动物数为 91 只。

遗憾的是，关于随机捕捉的假设往往是不真实的。动物在被捕捉过一次后可能会变得更容易或者更难捕捉了。不合理的捕捉技术也可能提高标记个体的死亡率。但现在许多设计精巧的捕捉方法和统计方法已经被设计出来解决这些问题，已经可以获得合理的最小种群大小估计量。

2．相对密度调查法

相对密度方法很多，主要有以下几种：

（1）捕捉法　例如以捕老鼠夹、诱捕飞虫的黑光灯、捕捉地面动物陷阱、采集浮游动物的生物网等进行捕捉。只要能加以合理的定量，均可以作为相对密度的指标。

（2）活动痕迹计数　动物活动所遗留的痕迹如粪堆、土丘、洞穴、足迹等的计数。

（3）鸣声计数　主要适用于鸟类的数量调查。

（4）单位努力捕获量　在鱼类数量统计和预测预报中被广泛应用。

（5）毛皮收购纪录　多年连续的纪录对了解种群数量年际变动很有用处。

对于这些相对密度调查结果，虽然我们常持有怀疑态度，但作为绝对密度统计资料的补充，往往是极为有用的。

（二）出生率和死亡率

出生率（natality）和死亡率（mortality）是影响种群动态的两个因素。出生率是一广义的术语，泛指任何生物产生新个体的能力，不论这些新个体是通过分裂、出芽、结籽、生产等哪一种方式。常常区分为最大出生率和实际出生率。

在理想条件下，即无任何生态因子的限制作用，生殖只受生理因素所限制，产生新个体理论最大值，叫最大出生率或生理出生率。对某个特定种群来说，生理出生率是一个常数。

种群在某种特定环境条件下的实际出生率又称生态出生率，它是随环境条件变化而变化的。

出生率一般以种群中每单位时间（如年）每 1 000 个个体的出生数来表示，例如，1983 年我国的人口出生率为 18.62‰，表示平均每 1 000 个人每年出生 18.62 个人。此外，种群的出生率也可以用特定年龄出生率来表示。特定年龄出生率就是按不同的年龄组计算其出生率，这样不仅知道整个种群出生率，而且还可以知道不同年龄组在出生率方面差异。

死亡率用来描述种群个体的死亡情况，它是出生率反义词。同样，死亡率可分为最低死亡率和实际死亡率。前者是种群在最适环境下，其个体由于年老而死亡，即都活到了其生理寿命；而后者则是在特定环境下的实际死亡率，即多数或部分个体死于捕食者、疾病、不良气候等因素。

最大出生率和最小死亡率都是理论上的概念，是种群的常数。能反映种群潜在的能力和实际能力的差距，以及在预测种群未来动态时所起到的参数作用。

死亡率一般也是以种群中每单位时间（如年）每 1 000 个个体死亡数来表示，如 1983 年我国人口的死亡率为 7.08‰，表示平均每 1 000 人每年平均死亡 7.08 人。种群的死亡率也可以用特定年龄死亡率来表示，因为处于不同年龄组的个体，其死亡率的差异是很大的。一般说来，低等动物的早期死亡率很高，而高等动物（包括人类）的死亡主要发生在老年组。

在自然条件下，调查野生动物的种群死亡率比较困难，因此这方面的工作不如对出生率研究得多。但可以利用标志重捕法计算种群的死亡率，也可以根据某一特定时刻种群中各年龄组的相对个体量，间接地推算出各年龄组之间的大致死亡率。

（三）迁入和迁出

迁入（immigration）是由别的种群进入领地。迁出（emigration）是指种群内个体由于种种原因而离开种群的领地。它们描述了各地种群之间进行基因交流的生态过程。

种群中个体的迁移包括迁入和迁出，是生物生活周期中的一个基本现象，但直接测定种群的迁入率和迁出率是非常困难的。在种群动态研究中，往往假定迁入与迁出相等，从而忽视了测定这两个参数，或者把研究样地置于岛屿或其他有不同程度隔离条件的地段，以便假定扩散所造成的影响很小。很明显，在实际工作中这两个假定都是不现实的或难以做到的，原因是扩散是大多数动物生活周期中一个基本现象。扩散有助于防止近亲繁殖，同时又是在各个地方种群之间进行基因交流的生态过程。另外，生物的分布多是连续的，没有明确的界限来确定种群的分布范围，种群的边界往往是研究者按照自己的研究目的人为划定的，这也增加了对种群迁移率研究的困难。

尽管如此，仍有一些方法用来研究种群的迁移率。例如，通过标志重捕法测定种群的丧失率（死亡加迁出）和添加率（出生加迁入），然后减去死亡率或出生率，即可得到种群的迁出率和迁入率。

（四）年龄结构和性比

1．年龄结构

任何种群都是由不同年龄的个体组成，因此，各个年龄组在整个种群中都占有一定的比例，形成一定年龄结构。种群的年龄结构是指不同年龄组的个体在种群内的比例或配置情况。研究种群的年龄结构和性比对深入分析种群动态和进行预测预报具有重要价值，既影响出生率，又影响死亡率。将种群内个体由幼到老的不同年龄组的个体数或百分比以不同宽度的横柱从上到下配置而成的图即为年龄金字塔（age-pyramid）。

种群的年龄结构与出生率和死亡率密切相关。一般说来，如果其他条件相等，种群中具有繁殖能力的个体比例越大，种群的出生率就越高；而种群中缺乏繁殖能力的年老个体比例越大，种群的死亡率就越高。

年龄金字塔可划分为三个基本类型：

（1）典型金字塔形锥体［图 3-1（a）］，基部宽阔、顶部狭窄，表示种群中有大量幼体，而老年个体较少。种群的出生率大于死亡率，种群数量迅速增长，为增长型种群。

（2）钟形锥体［图 3-1（b）］，表示种群中幼年个体与中老年个体数量大致相等。年龄锥体形状和老、中、幼比例介于 a、c 两类之间。出生率与死亡率大致相平衡，为稳定型种群。

（3）壶形锥体［图 3-1（c）］，基部比较狭窄、顶部比较宽。表示种群中幼体所占比例较小。而老年个体的比例较大。种群的死亡率大于出生率，种群数量趋于下降，为下降型种群。

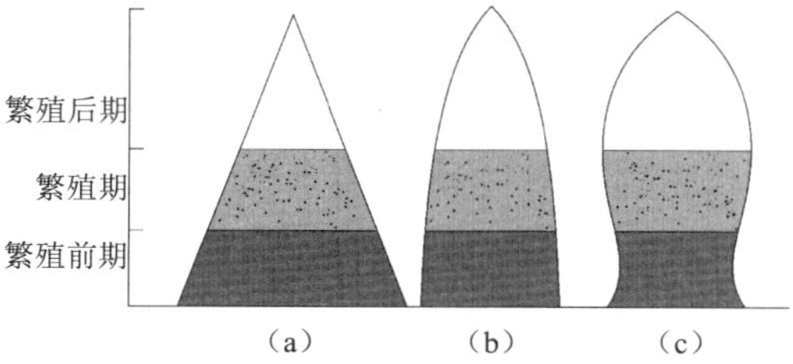

（a）增长型种群（b）稳定型种群（c）下降型种群

图 3-1　年龄锥体的 3 种基本类型（引自 Kormondy，1976）

利用年龄结构推断种群动态的方法，也可以用来进行人口的预测预报。

2．性比（sex ratio）

是指一个雌雄异体的种群所有个体或某个年龄级的个体中雄性对雌性的比率。性比是种群结构的一个要素，它反映了种群产生后代的潜力。人类可以根据不同目的控制种群性比。如银杏雌雄异株，由于银杏果实种皮发出难闻的气味，因而城市绿化中应以种雄株为主，而以收获果实为目标时则应多种雌株。性比和种群的配偶关系，对出生率有很大影响。人口统计中常将年龄锥体分成左右两半，分别表示男性和女性的年龄结构。

（五）种群的空间结构

由于自然环境的多样性，以及种内种间的竞争，每一种群在一定空间中都会呈现出特有的分布形式。组成种群的个体在其生活空间中的位置状态或布局，称为种群的内分布型（internal distribution pattern）。一般来说，种群分布的状态及其形式，可分为三种类型（图 3-2）。①均匀型（uniform）；②随机型（random）；③成群型（clumped）。

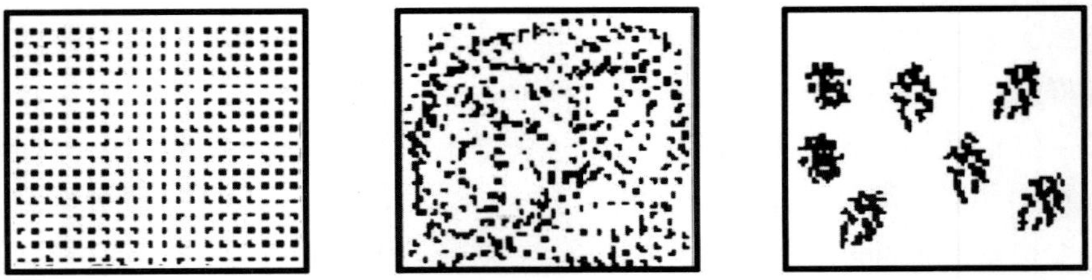

图 3-2　种群的 3 种内分布型或格局（Smith，1980）

所谓均匀分布，就是种群内的个体分布是等距离的，或个体间保持一定的均匀间距，取样时空白和密度大的样方都少，接近平均株数的样方多。均匀分布的产生原因，主要是由于种群内个体间的竞争。例如森林中植物为竞争阳光和土壤中营养物；沙漠中植物为竞争土壤水分等。分泌有毒物质于土壤中以阻止同种植物籽苗的生长是形成均匀分布的另一原因。此外很多人工栽植的种群也呈均匀分布。

随机分布，就是每一个体在种群领域中各个点上出现的机会是相等的。并且，某一个体的存在并不影响其他个体的分布。随机分布比较少见，因为在环境的资源分布均匀一致、种群内个体间没有彼此吸引或排斥时才易产生随机分布。例如森林地被层中的一些蜘蛛，面粉中的黄粉虫。

成群分布是指个体的分布极不均匀，常成群、成簇、斑点状密集分布，各种群的大小、群间距离、群内个体的密度等都不相同。是最常见的一种分布格局。形成这种分布的原因是：①环境资源分布不均匀；②植物传播种子方式使其以母株为扩散中心，或无性繁殖，或种间关系所致；③动物的社会行为使其结合成群。

第二节　种群的动态

一、生命表

生命表（life table）是描述种群死亡和存活过程的一览表，是研究种群动态的有力工具。最初用于人口统计，主要在人寿保险事业中，用以估计人的期望寿命。由珀尔（Raymond Pearl，1921）首次引入普通生物学。现已在动物种群和昆虫种群中广泛使用。

（一）一般生命表编制

生命表通常记述一个世代从开始到此世代全部死亡的整个过程中的生存和生殖情况，从而分析影响种群数量消长的各种因素。康内尔（Conell 1970）对某岛上固着在岩石上的所有藤壶（Balanus glandula）进行逐年的存活观察，并编制了藤壶生命表（见表 3-1）。生命表的编制已逐渐趋向规范化。生命表中各栏的符号意义如下：

表 3-1　藤壶的生命表

年龄 x	存活数 n_x	存活率 l_x	死亡数 d_x	死亡率 q_x	L_x	T_x	生命期望 e_x
0	142.0	1.000	80.0	0.563	102	224	1.58
1	62.0	0.437	28.0	0.452	48	122	1.97
2	34.0	0.239	14.0	0.412	27	74	2.18
3	20.0	0.141	4.5	0.225	17.75	47	2.35
4	15.0	0.109	4.5	0.290	13.25	29.25	1.89
5	11.0	0.077	4.5	0.409	8.75	16	1.45
6	6.5	0.046	4.5	0.692	4.25	7.25	1.12
7	2.0	0.014	0	0.000	2	3	1.50
8	2.0	0.014	2.0	1.000	1	1	0.50
9	0	0	—	—	0	0	—

（仿 Krebs，1978）

注：x —— 按年龄的分段；

n_x —— x 期开始时的存活数；

l_x —— 本年龄组期开始时的存活率，$l_x=n_x/n_0$；

d_x —— 从 x 到 x+1 期间的死亡数；

q_x —— 从 x 到 x+1 期间的死亡率；

L_x —— 从 x 到 x+1 期的平均存活数，即 $L_x=(n_x+n_{x+1})/2$；

T_x —— 进入 x 龄期的全部个体在进入 x 期以后的存活个体总年数，即由表底向上逐渐累计 L_x 的值，得到 T_x 值，$T_x=\sum L_x$，如 $T_0=L_0+L_1+L_2+L_3+\cdots$，$T_1=L_1+L_2+L_3\cdots$；

e_x —— x 期开始时的生命期望（life expectancy）或平均余年，生命期望就是种群中某一特定年龄的个体在未来所能存活的平均年数，即 $e_x=T_x/n_x$，e_0 为种群的平均寿命。

生命表的各个参数中，只有 n_x，d_x 为直接观察值，其余都可以由公式计算得出。T_x 和 L_x 栏一般不列入表中，但为计算 e_x 方便，有时需要列出 T_x 和 L_x 栏。有的生命表中除 l_x 栏之外，还增加了 m_x 栏，描述了各年龄的出生率，这样的生命表称为综合生命表。

（二）生命表的类型

依据收集数据的不同方法，将生命表分为动态生命表和静态生命表两大类。

所谓动态生命表，就是跟踪同一时间出生的一个种群的死亡或存活过程而获得数据编制的表。这样的一组个体称作同生群（cohort）。因此，动态生命表也称为同生群生命表。因为观察的是同时出生的生物，种群的个体年龄一致，而没有年龄结构，动态生命表也称作特定年龄生命表。编制这种生命表要观察一个足够大的种群从出生到死亡的各年龄阶段的全部过程，对于寿命很长的种群来说，这是很困难的。

另一类静态生命表是根据某一特定时间，对种群作现实年龄结构的调查而编制的生命表。因为是某一特定时间对种群每一年龄组个体数量及所占的比例进行调查，因此，静态生命表也称作特定时间生命表。

动态生命表中个体经历了同样的环境条件，而静态生命表中个体出生于不同年（或其他时间单位），经历了不同的环境条件。因此，编制静态生命表等于假定种群所经历的环境是年复一年地没有变化的，但实际上并非如此。因此有的学者对静态生命表持怀疑态度。

（三）种群增长率 r、内禀增长率 r_m 与环境容纳量 k

通过生命表，不仅可以预测种群内个体的期望寿命，还可以计算种群的增长率 r。内禀增长率是指当环境是无限制的，在该理想条件下，稳定年龄结构的种群所能达到的恒定的、最大的增长率，用 r_m 表示。也称为生物潜能（biotic potential）或生殖潜能（reproductive potential）。r_m 与在实验室内或野外实际条件下见到的增长率之间的差值，常被看作为环境阻力的量度。环境阻力就是妨碍生物潜能实现的环境因子的总和。

种群的实际增长率称为自然增长率，用 r 来表示。可由出生率和死亡率相减来计算出。可按下式计算：$r=1nR_0/T$。

其中 T 为世代时间，它是指种群中从母体出生到子代再产子的平均时间。用生命表资料可以估计出世代时间的近似值，即 $T=（\sum xl_xm_x）/（\sum l_xm_x）$。

从 $r=1nR_0/T$ 式来看，r 随 R_0 增大而变大，随 T 增大而变小。例如人口控制和计划生育的目的是要使 r 值变小，据此式有两条途径：①降低 R_0 值，即限制每对夫妇的子女数；②使 T 值增大，即提倡晚婚晚育。

在一个生态系统中，有限的环境条件下种群所能达到的稳定的最大数量，称为系统对该种群的环境容纳量，常用 K 表示。容纳量的大小取决于两方面：一是光、温、水、养分等因子或食物、空间等资源所构成的环境；二是食性、行为、适应能力等种群的遗传特性。当种群的数量超过环境容纳量 K 时，种群数量趋于减少；当种群数量低于环境容纳量 K 时，则趋于增加。

二、存活曲线

除生命表之外，存活曲线（survivorship curve）也可以表示种群数量的减少过程，而且它还有更加直观的优点。存活曲线就是以生物的相对年龄（绝对年龄除以平均寿命）为横坐标，以各年龄的存活率 l_x 为纵坐标所画出的曲线。存活曲线直观地表达了该同生群的存活过程。Deevey（1947）曾将存活曲线分为三个类型（图 3-3）：

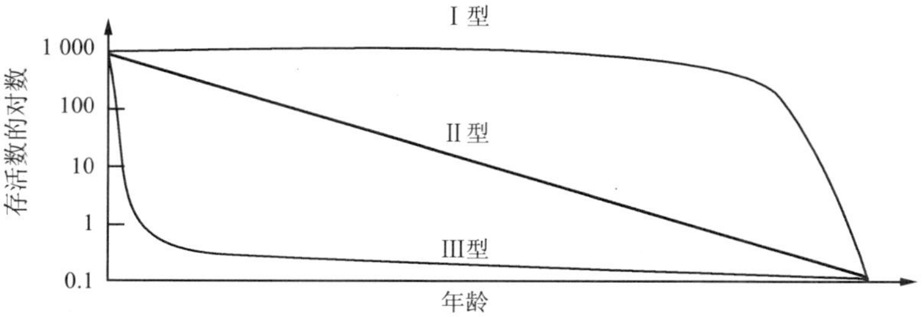

图 3-3　存活曲线的 3 种基本类型

表示初始大小为 1 000 个体的种群从出生到最大存活年龄存活个体数目的变化

（仿 Krebs，1985）

Ⅰ型：曲线凸型，表示在接近生理寿命前只有少数个体死亡，例如大型哺乳类动物和人的存活曲线。

Ⅱ型：曲线呈对角线，表示在整个生活期中，有一个较稳定的死亡率，如许多鸟类、啮齿类。

Ⅲ型：曲线凹型，表示幼年期死亡率很高，只有极少数个体能够生活到生理寿命，大多数鱼类、两栖类、寄生虫、松树的存活模式接近此类型。

在现实生活中的动物种群，不会有完全典型的存活曲线，但可以表现接近某型或中间型。大多数动物居Ⅰ、Ⅱ型之间。

三、种群增长模型

自然条件下，任何生物种群与群落中的其他生物密切相关，不能从其中孤立开来。严格地说，单个种群只有在实验室才可能存在。但是人们为了了解种群增长与动态规律，往往从研究分析单种种群开始。

数学模型是用来描述现实系统或其性质的一个抽象的、简化的数学结构。科学工作者用它来揭开此系统的内在机制和对系统行为进行预测。建立动植物种群动态数学模型的目的，是阐明自然种群动态的规律及其调节机制，帮助理解各种生物的和非生物的因素是怎样影响种群动态的。在数学模型研究中，人们最感兴趣的不是特定公式的数学细节，而是模型的结构，哪些因素决定种群的大小，哪些参数决定种群对自然和人为干扰的反应速度等。

有关种群增长的模型很多，本节仅介绍单种种群的增长模型，并且从最简单的开始。

（一）与密度无关的种群增长模型

在无限的环境中，因种群不受任何环境因子的约束，即假定环境中空间、食物等资源是无限的，因而其增长率不随种群本身的密度而变化。可称为与密度无关的增长（density-independent growth，或译为非密度制约性增长）。这类增长通常呈指数式增长，其增长曲线为“J”型，但若以对数标尺（$\lg N_t$）为纵坐标，则成为直线（图 3-4）。

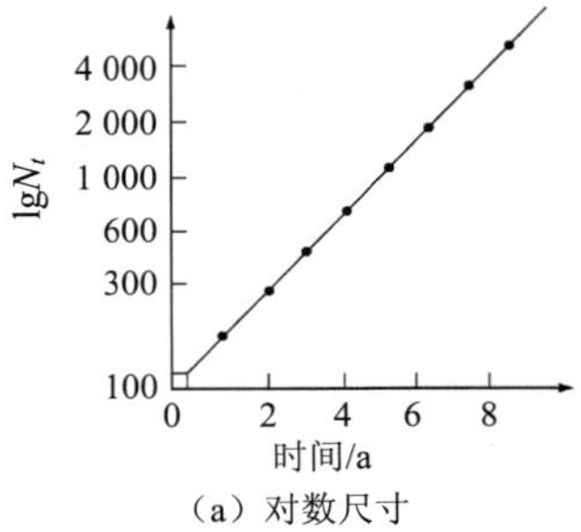

（a）对数尺寸

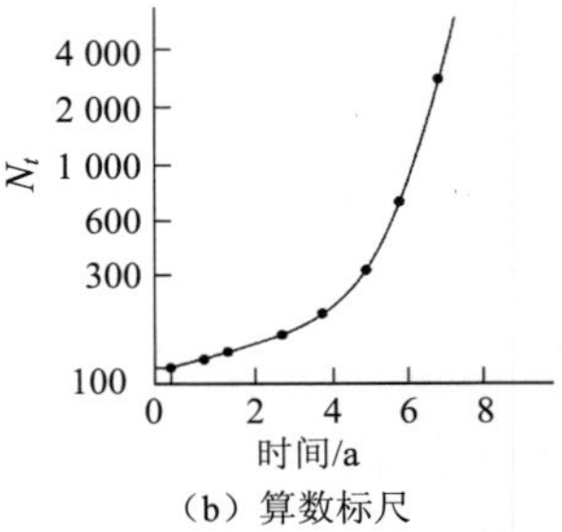

（b）算数标尺

图 3-4　种群的指数式增长（仿 Krebs，1994）

与密度无关的增长又可分为两类，如果种群的各个世代彼此不相重叠；如一年生植物和许多一年生殖一次的昆虫，其种群增长是不连续的、分步的，称为离散增长，一般用差分方程描述；如果种群的各个世代彼此重叠，例如人和多数兽类，其种群增长是连续的，用微分方程描述。

1．种群离散增长模型

世代分离的种群，其增长呈不连续状态。世代分离是指种群的增长是一代一代地增长，呈离散型。假定一个种群一年只繁殖一代，而其寿命也只有一年，世代时间便没有重叠。最简单的种群离散增长模型由下式表示：

$$N_{t+1}=R_0N_t$$

式中，N_t 表示 t 世代种群大小；N_{t+1} 表示 $t+1$ 世代种群大小；R_0 为世代净繁殖率。如果种群以 R_0 速率年复一年地增长，则:

$$N_t=R_0N_0;\ N_2=R_0N_1=R_0^2N_0;\ N_3=R_0N_2=R_0^3N_0;\ \cdots;\ N_t=R_0^tN_0$$

R_0 是种群离散增长模型的重要参数，如果 $R_0>1$，种群上升；$R_0=1$，种群稳定；$0<R_0<1$，种群下降，$R_0=0$，雌体没有繁殖，种群在下一代中灭亡。

2．种群连续增长模型

世代重叠的种群，其增长呈连续状态。如果世代之间有重叠，种群数量是以连续方式改变，种群个体的平均增殖速度不随时间而改，则种群增长表现为指数式。其数学模型涉及微分方程：

数学模型：$\mathrm{d}N/\mathrm{d}t=rN$

其积分式为：$N_t=N_0\mathrm{e}^{rt}$

例如，初始种群 $N_0=100$，r 为 0.5，则

1 年后的种群数量为 $100e^{0.5}=165$

2 年后为 $100e^{1.0}=272$

3 年后为 $100e^{1.5}=448$

这个公式就是我们所需要的描述连续性变动种群动态的基本模型。其中 N，t 定义如前，r 代表了种群的瞬时增长率（与密度无关）。如果 $r>0$，种群上升；$r=0$，种群稳定；$r<0$，种群下降。

自然种群不可能长期按指数方式增长下去。一对老鼠若按这种模式增长下去，不久就会占满整个地球。因此，指数增长只是短期的，当空间和资源对种群数量相对没有任何限制的情况下才能表现出来。细菌、真菌和一些藻类在生长前期往往呈指数增长。

（二）与密度有关的种群增长模型

因为环境是有限的，大多数种群的指数增长都是暂时的，一般仅发生在早期阶

段，密度很低，资源丰富的情况下。而随着密度增大，资源缺乏、代谢产物积累等势必会影响到种群的增长率 r，使其降低。

受自身密度影响的种群增长称为与密度有关的增长（density-dependent growth），同样分为离散的和连续的两类。下面介绍常见的连续增长模型。

与密度有关的连续增长模型比无密度效应的种群连续增长模型增加了两点假设：

（1）有一个环境容纳量（carrying capacity）（通常以 K 表示），即种群增长有一个环境条件所允许最大值，当 $N_t=K$ 时，种群为零增长，即 $dN/dt=0$；

（2）增长率随密度上升而降低的变化是按比例的。最简单的是每增加一个个体，就产生 $1/K$ 的抑制影响。假定某一空间仅能容纳 K 个个体，每一个体利用了 $1/K$ 的"空间"，N 个体利用了 N/K 的"空间"，而可供种群继续增长的"剩余空间"只有（$1-N/K$）。

按此两点假设，密度制约导致 r 随着密度增加而降低，这与 r 保持不变的非密度制约性的情况相反，种群增长将不再是"J"字型，而是"S"型的。"S"型曲线有两个特点：①曲线渐近于 K 值，即平衡密度；②曲线上升是平滑的（图 3-5）。

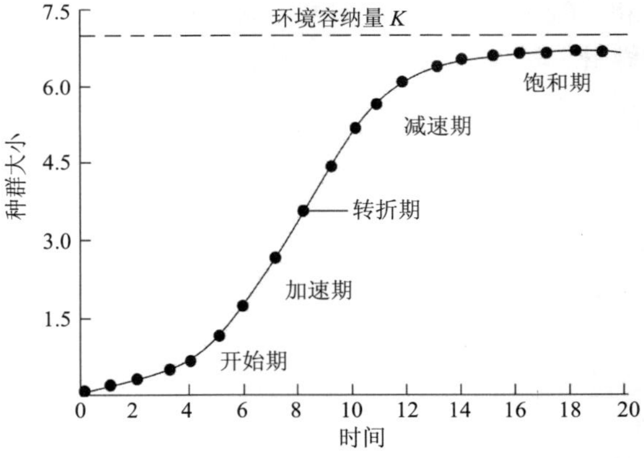

图 3-5　种群增长模型图（Kendeigh，1974）

产生"S"型曲线的最简单数学模型是在前述指数增长方程（$dN/dt=rN$）上增加一个密度制约因子（$1-N/K$），就得到生态学上著名的逻辑斯谛方程（logistic equation，或译成阻滞方程）：

$$dN/dt=rN(1-N/K)$$

其积分式为 $N_t=K/(1+e^{a-rt})$，式中参数 a 的值取决于 N_0，表示曲线对原点的相对位置。在种群增长早期，逻辑斯谛增长与指数增长相差不多，种群数目 N 很小，N/K 也很小，因此（$1-N/K$）接近于 1，所以密度抑制效应可以忽略不计。但随着种群密度增高，密度抑制效应增加，直到当 $N=K$ 时，种群就停止增长。种群达到了一个稳定的大小不变的平衡状态。

逻辑斯谛曲线常划分为五个时期：①开始期，也可称潜伏期，种群个体数很少，密度增长缓慢；②加速期，随着个体数增加，密度增长逐渐加快；③转折期，当个体数达到饱和密度一半（即 $K/2$）时，密度增长最快；④减速期，个体数超过 $K/2$ 以后，密度增长逐渐变慢；⑤饱和期，种群个体数达到 K 值而饱和（图 3-5）。

逻辑斯谛增长模型的重要意义是：①它是许多两个相互作用种群增长模型的基础；②它也是渔业、林业、农业等实践领域中，确定最大持续产量（maximum sustained yield）的主要模型；③模型中两个参数 r、K，已成为生物进化对策理论中的重要概念。r 表示物种的潜在增殖能力，K 是环境容纳量，即物种在特定环境中的平衡密度。但应注意 K 同其他生态学特征一样，也是随环境（资源量）的改变而改变的。

四、自然种群的数量变动

一种生物进入和占领新栖息地，首先经过种群增长和建立，以后既可出现不规则或规则的（周期性的）波动，也可能较长期地保持相对稳定。许多种类有时会出现骤然的数量猛增，即大发生，随后又是大崩溃。有时种群数量会出现长时期的下降，称为衰落，甚至灭亡。

（一）种群平衡

种群较长期地维持在几乎同一水平上，称为种群平衡。从理论上讲，种群增长到一定程度，数量达到 K 值之后，种群数量会保持稳定，如大型有蹄类、食肉动物等多数一年只产一仔，寿命长，种群数量一般是很稳定的。另外一些蜻蜓成虫和具良好种内调节机制的社会性昆虫（如红蚁，黄蚁），其数量也是十分稳定的。

（二）季节消长

对自然种群的数量变动，首先应区别年内（季节消长）和年间变动。

一般具有生殖季节的种类，种群的最高数量通常是在一年中最后一次繁殖之末，之后繁殖停止，种群因只有死亡数量下降，直到下一年繁殖开始，这时种群数量最低。由于环境的季节变化和动物生活史适应性改变，动物种群季节消长特点各不相同。图 3-6 是表示的是一种生活在玫瑰上的蓟马成虫种群的季节增长图。由图可见，虽然各年间发生高峰的高度不同，但高峰期发生月份是相同的。

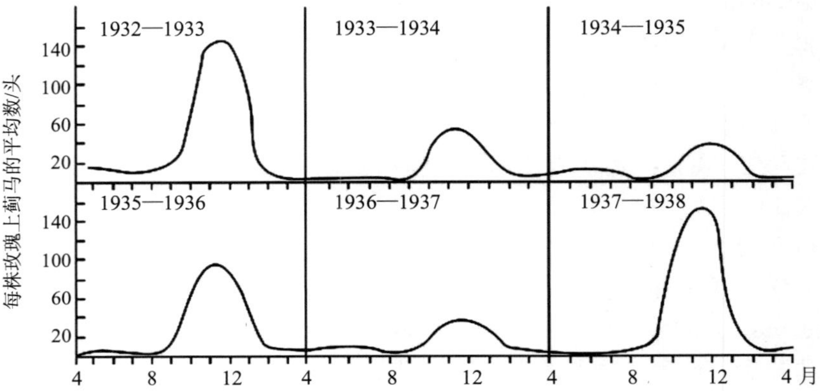

图 3-6 蓟马成虫种群的季节消长（仿 Odum，1971）

（三）种群的波动

大多数真实的种群不会或完全不在平衡密度保持很长时间，而是动态的和不断变化的。因为以下几个原因，种群可能在环境容纳量附近波动：

（1）环境的随机变化。随着环境条件如天气的变化，环境容纳量就会相应的变化。

（2）时滞或称为延缓的密度制约。由于种群的出生率和死亡率对环境因素反应的滞后，种群可以超过环境容纳量，然后表现出缓慢的减幅振荡，直到稳定在平衡密度。

（3）过度补偿性密度制约。即当种群数量和密度上升到一定数量时，存活个体数目将下降。密度制约只有在一定条件下才会稳定。如果没有过度补偿性密度制约，种群将平稳地到达环境容纳量，不会产生振荡。当密度制约变得过度补偿时，减幅振荡和种群周期就会发生。并且振幅不随着时间变化而减弱。如果与高的繁殖率相结合，极端过度补偿会导致混沌波动，没有了固定间隔和固定的振幅。

1．不规则波动

这类例子很多，不仅有兽类、鸟类的例子，鱼类、昆虫类的例子更多。环境的随机变化很容易造成种群不可预测的波动。马世骏（1958）探讨过大约 1 000 年的有关东亚飞蝗（Locusta migratoria manilensis）危害和气象资料的关系，明确了东亚飞蝗在我国的大发生没有周期性现象，同时还指出干旱是大发生的原因。图 3-7 是 1913—1961 年东亚飞蝗动态曲线，是各年发生级数变化序列图。通过分析还明确了黄、淮等大河三角洲的湿生草地，若遇到连年干旱，使土壤中蝗卵的存活率提高，是造成其大发生的原因。但旱涝灾害与飞蝗大发生关系还因地而异，据此他将我国蝗区分为 4 类，并分区提出预测大发生指标。由图 3-7 可见，东亚飞蝗的大发生无规律可循。

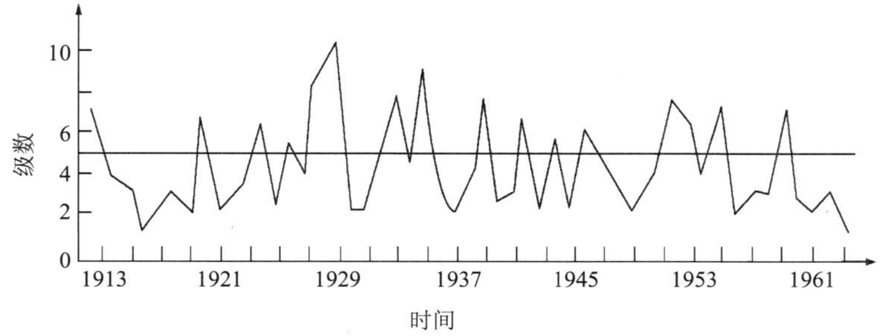

图 3-7　1913—1961 年东亚飞蝗洪泽湖区的种群动态曲线（仿马世骏等，1965）

2．周期性波动

在一些情况下，捕食或食草作用导致的延缓的密度制约会造成种群的周期性波动。

阿拉斯加 Barrow 附近的寒漠带旅鼠（Lemmus trimucronatus）种群与植被关系非常密切，有一个 3～4 年间隔的长周期的波动，又有短期的季节性波动。

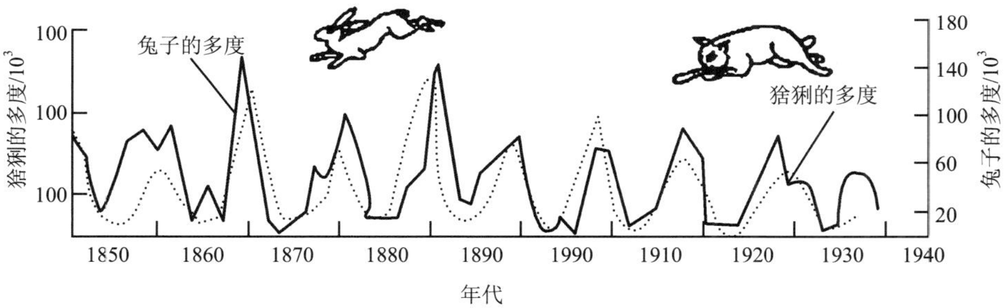

图 3-8　20 世纪 90 年代间捕食者（加拿大猞猁）与猎物（ 美洲兔）

图 3-8 是利用对北美美洲兔、加拿大猞猁种群数量调查而编制的种群数量变动曲线。高数量的猞猁使美洲兔种群数量受到抑制，几年以后又使猞猁数量减少，美洲兔数量再次上升，形成了一个大约 10 年的周期。美洲兔所吃的植物也影响这个周期。当美洲兔数量增加时，植物叶组织的质量变差，这就会降低美洲兔的生殖潜力。因此美洲兔—猞猁种群的周期最好认为是 3 个组分相互作用的结果：植物、兔和猞猁。

关于周期性数量波动，有两点值得注意：①通常这种周期性数量波动见于比较简单的生物群落中，如北方的寒漠、针叶林；②数量高峰往往在广大区域同时出现。

（四）种群爆发或大发生

具不规则或周期性波动的生物都可能出现种群爆发。最著名的爆发见于害虫和害鼠。我国古籍和西方圣经都有蝗灾的记载，“蝗飞蔽天、人马不能行、所落沟堑尽平……食田禾一空”等。随着水体污染和富营养化程度的加深，近几年我国海域经常发生赤潮。赤潮是指水中一些浮游生物（如腰鞭毛虫、裸甲藻、棱角藻、夜光藻等）暴发性增殖引起水色异常的现象，主要发生在近海，又称红潮。其危害主要有：①藻类死体被微生物分解，消耗尽水中溶解氧，鱼贝等窒息而死；②有些赤潮生物产生毒素，杀害鱼贝，甚至离海岸 64 km 的人，有时会受到由风带来毒素危害，造成呼吸和皮肤的不适。

水生植物暴发造成危害的例子也不鲜见。一种槐叶萍（*Salvinia molest*a）原产巴西，1952 年首次在澳大利亚出现。由于它每 2.5 天就能加倍，迅速增殖并扩散开来，到 1978 年覆盖了昆士兰一个湖泊的 400 hm^2 的面积，总重达 50 000 t，造成对交通、灌溉和渔业的严重危害。直到 1980 年由巴西引进专食槐叶萍的象鼻虫（*Cyrtobagous* sp.），才将危害控制住：1980 年 6 月 3 日释放了 1 500 条成虫，1981 年 1 月 20 日再次释放，到 1981 年 4 月统计达每平方米平均 60～80 只，当年 8 月槐叶萍就只剩 1 t 了。这大约是生物防治中获得成功最快的例子了。具种群暴发现象的水生植物还有伊乐藻（*Elodea canadensis*）和凤眼莲（*Eichornia crassipes*）。

陆生植物也有能造成严重危害的，例如贯叶金丝桃（*Hypericum perforatum*）是一种有毒的多年生杂草，广布于欧亚大陆。在过度放牧的草场上，牛羊喜食的草本植物减少，贯叶金丝桃成了重要危害。当牲畜取食少量时，刺激口舌，降低食欲，大剂量则毒害致死。据报道，1904 年被带入美国加州北部，到 1944 年，扩展到 80 万 hm^2 面积。用化学药物虽能杀死它，但耗资巨大。直到引进双金叶甲（*Chrysolina quadrigemina*）才得以控制。此叶甲的幼虫在冬季啃食叶基，使其次春不能长叶，于是根不能贮存营养物，3 年后在干旱夏季中死亡。

（五）种群的衰落和灭亡

当种群长久处于不利条件下（人类过度捕猎或栖息地被破坏），其数量会出现持久性下降，即种群衰落，甚至灭亡。个体大、出生率低、生长慢、成熟晚的生物，最易出现这种情形。

由于二次世界大战捕鲸业停顿，战后捕鲸船吨位上升，鲸捕获量节节上升，到 20 世纪 50 年代末接近最高产量。好景不长，先是蓝鳁鲸（*Balaenoptera muscu-lus*）种群衰落，并濒临灭绝，继而长须鲸（*B．physalus*）日渐减少。目前就连小型的，具有相当“智慧”的白鲸（*Delphinapterus*）、海豚（*Delphinus*）和鼠海豚（*Phocaena*）等也难逃厄运。

种群衰落和灭亡的速度在近代是大大加快了，究其原因，不仅是人类过度捕杀，更严重的是野生生物的栖息地被破坏，剥夺了物种生存的条件。种群的持续生存，不仅需要有保护良好的栖息环境，而且要有足够的数量达到最低种群密度。因为过低的数量会因近亲繁殖而使种群的生育力和生活力衰退。林克杰等（1985）调查表明，白鱀豚种群数量仅存约 156 头。野生大熊猫数量也十分稀少，据 1974—1977 年调查，为 1 050～1 100 头，在各保护区内，平均为 9～11 $km^2$1 头。

种群衰落和灭绝的原因是多方面的，不仅仅是因为人类的过度捕杀，更重要的是野生动物的栖息地被破坏，剥夺了物种生存的条件。如森林过度砍伐，草原荒漠化，农田的大量开垦等等。

（六）生态入侵

由于人类有意识或无意识地把某种生物带入适宜其栖息和繁衍的地区，该生物种群不断扩大，分布区逐步稳定地扩展，这种过程称为生态入侵（ecological invasion）。欧洲的穴兔（*Oryctolagus cuniculus*）于 1859 年被 Austin 由英国引入澳大利亚西南部，由于环境适宜和没有天敌，每年以 112.6 km 速度向北扩展，经过 16 年后澳大利亚东岸已发现有穴兔，即 16 年中向东推进了 1 770 km。种群数量同样很高，与牛羊竞争牧场，成为一大危害。人们采用许多方法，耗资巨大，都未能有效地控制。最后在第二次大战以后，由于引入黏液瘤病毒，才将危害制止。开始时几乎具有 100% 的致死率，后来穴兔对病毒产生了免疫能力。著名英国生态学家 Elton（1958）的晚年著作《动植物的生态入侵》一书，综述了生态入侵问题。

紫茎泽兰（*Eupatorium adenophorum*）原产墨西哥，1865 年作为观赏植物引入夏威夷，1875 年引入澳大利亚。后来发展为到处繁衍、泛滥成灾。1949 年之前由缅甸、越南进入我国云南，现已蔓延到北纬 25°33′ N 地区，并向东扩展到广西、贵州境内。它常连接成片，发展为单优势群落，侵入农田、危害牲畜，影响林木生长，成为当地“害草”。

第三节 种群的调节

种群的数量变动，是相互矛盾的两个过程，出生和死亡、迁入和迁出相互作用的综合结果。因此，所有影响上述 4 个因素的因子都会影响种群的数量变动，决定种群数量变动过程的是各种因子的综合作用。为了解释种群数量变动的机制，生态学家提出了许多不同的学说。

一、内源性自动调节理论

主张内源性自动调节的学者将研究焦点放在动物种群内部，强调种群内源的异质性，特别是各个体之间相互关系在行为、生理、遗传特性上反映。按其强调的重点不同，又可分为不同的支派，比较重要的有行为调节学说、内分泌调节学说和遗传调节学说。

（一）行为调节学说

行为调节学说又称为温-爱德华（Wyune-Edwards）学说。行为调节学说主要是根据对鸟兽这两类高等动物的研究资料所提出。Edwards 注意到动物社群行为型的复杂情况及其进化系列，认为社群行为是一种调节种群密度的机制。社会等级、领域性、等行为可能是一种传递有关种群数量的信息，特别是关于资源与种群数量关系的信息。通过这两种社群行为可把动物消耗于竞争食物、空间和繁殖权利的能量减少到最少，使食物供应和繁殖场所等在种群内得到合理分配，并限制了环境中动物的数量，使资源不至于消耗殆尽。

社群行为是如何调节种群密度的呢？我们知道，群体中的每一个个体，都会在栖息地中选择最适宜的地段作为个体领域，以保证存活与繁殖。因此，在自然界中，动物往往集中在资源丰富的地方，但这样的地段是有限的，随着种群密度的增加，最适地段被占满，次适的地段也会成为其他个体的最适地而被占满。虽然个体的领域有一定的弹性，当密度增加时，个体领域会尽可能地缩小一些，但这是有限度的。当种群密度超过这个限度时，种内竞争加剧，无领域者会积极地争取领域，领域占领者就会产生抵抗，保卫领域，不让新个体进来，种群中就会产生一部分“游荡的贮存者”。这部分个体缺乏营巢和繁殖场所，容易受捕食者、疾病、恶劣天气条件所侵害，不能进行繁殖，死亡率高，限制了种群增长，使种群密度降低。种内这样划分社群等级，限制了种群的增长。并且这种作用是密度制约的，即随着种群密度本身而改变其调节作用的强弱。

（二）内分泌调节学说

内分泌调节学说是由克里斯琴（Christian）在 1950 年提出的，他认为种群增减的调节是通过社群压力的变化，影响有机体的心理状态进而刺激神经内分泌的改变而实现的。克里斯琴曾对大量的鼠尸进行研究，结果没有发现大规模流行的病原体，却发现一些共有的特征：低血糖，肝脏萎缩，脂肪沉积，肾上腺肥大，淋巴组织退化等。据此他认为，当种群数量上升时，种内个体间的社群压力增加，加强了对中枢神经系统的刺激，影响了脑下垂体和肾上腺的功能，生长激素分泌减少，促肾上腺皮质激素分泌增加，使动物生长和代谢受到障碍，抵抗疾病和不良环境的能力降低，动物会因血糖过低而休克死亡，促使种群的死亡率增加。促肾上腺皮质激素增加，还可使性激素分泌减少，生殖受到抑制，胚胎死亡率增加，出生率降低。这样，种群增长由于这些生理反馈机制而得到停止或抑制，这样又使社群压力降低。该学说主要适用于兽类，对其他动物类群是否适合尚不清楚。

（三）遗传调节学说

遗传调节学说又称为奇蒂（Chitty）学说。奇蒂通过对黑田鼠的种群动态进行研究而提出的遗传调解学说，认为种群中具有的遗传多型是遗传调解学说的基础。假定最简单的遗传两型现象，其中有一遗传型适于低密度种群，在种群密度低时占优势；另一种遗传型则适于高密度的种群，在种群密度高时占优势。适于低密度的基因型个体具有低的进攻性行为，但生殖能力较高，可能有留居的倾向；适于高密度的基因型个体具有高的进攻性行为，但生殖能力较低，可能有外迁的倾向。当种群数量较低并处于上升期时，自然选择有利于低密度型，个体间能相互容忍，种群繁殖力增高，促使种群数量上升。但当种群数量上升到很高时，自然选择有利于高密度型，个体间竞争性加强，死亡率增加，繁殖率下降，有些个体可能外迁，从而使种群密度降低。该学说也适用于昆虫种群，如韦林顿对天幕毛虫的研究。

二、外源性种群调节理论

外源性种群调节理论强调外因，认为种群数量变动主要是外部因素的作用。该理论又分为非密度制约的气候学派和密度制约的生物学派。由于这两大学派所强调的种群调节的观点不同，对各种野外证据的看法也有差异。

（一）非密度制约的气候学派

最早提出气候是决定昆虫种群密度因素的是以色列的 Bodenheimer（1928）。他认为天气条件通过影响昆虫的发育和存活来决定种群密度，证明昆虫早期死亡率的 85%～90%是由于气候条件不良而引起的。气候学派多以昆虫为研究对象，认为生物种群主要是受对种群增长有利的气候的短暂所限制。因此，种群从来就没有足够的时间增殖到环境容纳量所允许的数量水平，不会产生食物竞争。

（二）密度制约的生物学派

作为对立面，生物学派主张捕食、寄生和竞争等生物过程对种群调节起决定作用。澳大利亚生物学家 Nicholson 是生物学派的代表。他虽然承认非密度制约因子对种群动态有作用，但认为这些因子仅仅是破坏性的，而不是调节性的。设想一个昆虫种群每世代增加 100 倍，因此必须有 99%的死亡才能使种群得到平衡。假如气候因素消灭了 98%的昆虫，那么该种群还能每世代增加一倍。但如果存在有赖于密度的因素，例如寄生者，那么余下的 1%就将受到寄生者的消灭。这样种群数量便得以调节并能保持稳定。在这种情况下，寄生者是种群密度的调节因素。如果只有气候因素一个起作用，种群仍将继续增长，因此消灭 98%的种群的气候因子不是调节因素，而消灭 1%的种群的寄生者则确实是调节种群密度的因素。

生物学派中还有些学者强调食物因素对种群调节的作用。英国鸟类学家 D. Lack（1954）认为种群调节的原因可能有 3 个：食物短缺、捕食和疾病。就大多数脊椎动物而言，食物短缺是最重要的限制因子。

有的学者提出折中的观点。如 A.Milne 既承认密度制约因子对种群调节的决定作用，也承认非密度制约因子具有决定作用。在对物种最有利的典型环境中，种群数量最高，密度制约因子决定种群的数量；在环境条件极为恶劣的条件下，非密度制约因子左右种群数量变动。折中观点认为气候学派和生物学派的争论反映了他们工作地区环境条件的不同。

第四节　生物种变异与进化

一、生物种的概念

有生命的自然万物以物种（species）的形式存在，我们对生物多样性的认识就是从认识物种开始的。物种的概念在生命科学发展的各个时期都有争论，目前尚无统一的概念。

传统的生物学家如林奈认识到自然界种的真实存在，并且以形态标准和繁殖标准来认识种。林奈认为，物种是由形态相似的个体组成，同种个体可自由交配，并能产生可育的后代，异种杂交则不育。达尔文打破了物种不变的观点，认为一个物种可变为另一物种，种间存在不同程度的亲缘关系。

因为大多数物种在形态上易于识别和区分，后来的多数分类学家主要以形态特征作为识别和区分物种的依据。目前普遍接受的是 Mayr（1982）提出的生物学种的概念：“物种是由许多群体组成的生殖单元（与其他单元生殖上隔离），它在自然界中占有一定的生境位置”。可以认为，物种是由内在因素（生殖、遗传、生理、生态、行为）联系起来的个体的集合，是自然界中的一个基本进化单位和功能单位。

二、物种的遗传变异与选择

（一）基因库和基因频率

1．基因库（gene pool）

种群中存在的所有基因组和等位基因或指种群中全部个体的所有基因的总和。

在二倍体生物中基因是成对结构，由两个等位基因构成，每一等位基因来自一条同源染色体。这些等位基因可以相同或不同。种群数量变动过程中，不断有新个体的产生和旧个体的死亡。个体所携带的基因随着死亡而从基因库丢失，通过突变而使新基因进入基因库，所以种群基因库的组成是不断地变化着的。

个体的特性也就是表现型，它是由基因型的特性和环境影响共同作用所决定的，所以种群的特性可以用表现型和基因型的频率加以描述。决定种群质的遗传特征，经过数量化以后，其动态变化规律也就比较容易研究；但由于影响其变化的环境因素太多太复杂，这方面研究尚处于探索阶段，许多问题有待发展。

2．基因型频率和基因频率

种群内每个基因型所占的比例叫基因型频率。在种群中不同基因所占的比例，即为基因频率。在正常的种群中，由于随机交配，在无新突变和自然选择的情况下，基因频率可以世代维持不变。反之，基因频率要发生变化。可见，导致基因频率改变的因素是：基因突变、基因重组、自然选择。总之，种群中的个体一代一代死亡，但基因库却在代代相传的过程中保持和发展。因此说，生物进化的过程实质上就是种群基因频率发生变化的过程。所以说种群是进化的单位。

假设一个平衡群体中的一对等位基因 A、a，其基因型组合 AA，Aa，aa 在群体中和各代中出现的频率分别为 X，Y，Z（$X+Y+Z=1$）。则 A 的频率为 $X+Y/2$，a 的频率为 $Z+Y/2$。等位基因数≥3 时依此类推。

例题：已知某群体中，AA=0.25，Aa=0.5，aa=0.25。求基因频率。

解：根据结论可知：A=0.25+0.5/2=0.5，a=0.25+0.5/2=0.5。

怎样才能知道某种基因的基因频率呢？可通过抽样调查的方法获得。例如，从某种种群中随机抽出 100 个个体测知基因型为 AA、Aa、aa 的个体分别为 30、60 和 10，其中 A 基因频率为多少？0.3+0.6/2=0.6。又如在一段 DNA 中，等位基因 A 出现的频率为 0.6，而等位基因 B 出现的频率为 0.4。如果这两个等位基因（A，B）是随机相关的，那么，A 和 B 同时存在的概率等于每个等位基因存在频率的乘积，即 0.6×0.4=0.24，也就是 24%的人同时含有等位基因 A 和 B。

3．哈温定律（Hardy-Weinberg law）

是指在一个巨大的、随机交配和没有干扰基因平衡因素的种群中，基因型频率和基因频率将世代保持稳定不变。这种状态为种群的遗传平衡状态。

（二）变异、自然选择和遗传漂变

就进化而言，变异是自然选择（差异的存活和生殖）的基础。如果个体或群体之间没有形态、生理、行为和生态特征上的差异或区别，也就没有在存活能力和生育能力上的不同，自然选择过程也就没有基础。假如不同基因型的个体具有同样的存活能力和生育能力，那么就没有自然选择。这样的基因型之间，可以称为选择中性的。不仅如此，如果不同基因型个体在存活能力和生育能力上有区别，而其区别与基因没有联系，自然选择同样不能出现。因此，自然选择只能出现在具有不同存活和生育能力的、遗传上不同的基因型个体之间。

在大种群中，后代易于保持原来的遗传结构，不大容易发生偏离。如果种群很小，遗传结构就很可能发生偶然的变化，某个基因或基因型可能从种群中消失。遗传漂变（genetic drift）就是指基因频率在小的种群里随机增减的现象。

1．变异

变异有两层含义：同一物种的基因顺序产生了变化；基因突变，产生了新的基因。变异发生的概率极小，且变异后的多数结果都无法生存。

2．自然选择

就是有差别的存活和生殖（不仅仅是适者生存）。是在有一种或多种性质不同的实体间的存活和生殖方面的差异的一种统计度量。我们知道，自然界中普遍存在着变异的现象，如果一个生物个体出现了有利于生存的变异，那么它就容易活下来，并能够把有利的变异遗传下去。不利变异的个体则容易被淘汰。就像大自然在进行选择一样。我们把适者生存、不适者淘汰的过程称为自然选择。

3．遗传漂变（genetic drift）

遗传漂变是基因频率的随机变化，仅偶然出现。遗传漂变的强度决定于种群大小。种群越大，遗传漂变越弱，后代易于保持原来的遗传结构，不大容易发生偏离；种群越小，遗传漂变越强，某个基因或基因型可能从种群中消失。种群大小的倒数，可以用作遗传漂变强度的指标。种群中经历显著的遗传漂变的基因频率，可观察到其随时间“漂离”起始值。由于这种随机变化是随机的，不受自然遗传的影响，频率会呈现无方向性变化，增加、减少或上下波动。从基因库开始，到变异和自然选择。新基因通过突变而进入基因库，基因通过遗传漂变而从基因库丢失。自然选择或者使变异保留于基因库中，或者使变异从基因库丢失。

三、自然选择类型

自然选择直接作用于表现型，选择压力是环境中各种生态因子对有机个体的影响，使适应的个体生存并繁殖后代。但自然选择又通过对种群内个体的存活和生育的影响而使基因和基因频率发生变化。

作用于表现型特征的自然选择，按其选择结果可分为三类：

稳定选择（stabilizing selection）：当环境条件对靠近种群的数量性状正态分布线中间（即具平均值的）的那些个体有利，而淘汰两侧的“极端”个体时，选择属于稳定型的。例如，根据人的初生死亡率统计，平均 3.3 kg 初生重的死亡率最低，偏离平均重的两侧极端重量的死亡率最高（图 3-9）。

定向选择（directional selection）：当选择对一侧“极端”的个体有利，从而使种群的平均值向这一侧移动，选择属定向型（图 3-9）。三类选择中，定向选择可能是引起基因型变化最快的一类。大部分人工选择属于这一类。

分裂选择（disreptive selection）：使选择对两侧的个体有利，而不利于中间的个体，从而使种群分成两部分（图 3-9）。

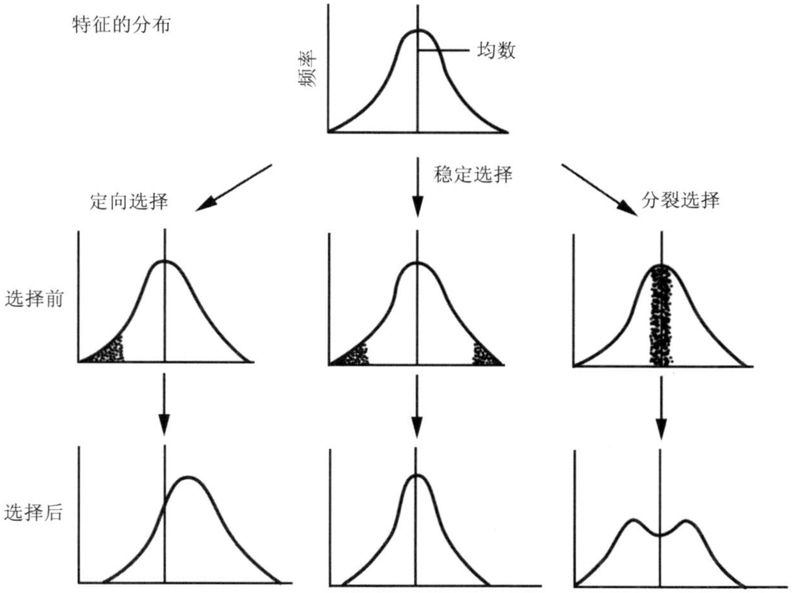

图 3-9　表现型特征的 3 类选择（黑点区示选择压力指向）

四、物种形成

（一）物种形成过程大致分为三个步骤

1．地理隔离：通常是由于地理屏障引起，将两个种群彼此隔开，阻碍了种群间个体交换，从而使基因交流受阻。

2．独立进化：两个地理上和生殖上的隔离的种群各自独立地进化，适应于各自的特殊环境。

3．生殖隔离机制建立：假如地理隔离屏障消失，两个种群的个体可以再次相遇和接触，但由于建立了生殖隔离机制，基因交流已不可能，因而成为两个种，物种形成过程完成。

（二）物种形成方式一般分为三类

1．异域性物种形成（allopatric speciation） 即地理物种形成。包括两类：一类是通过大范围的地理分割，分开的两个种群各自演化，形成生殖隔离机制。例如猫科、犬科等大型食肉兽，鸟类等，其分布范围很大，食性不专，一般采取 K-对策繁殖，通常要经历很长时间才能形成两个物种。另一类是通过种群中少数个体从原种群分离出去，到达他地并经地理隔离和独立演化而成新种。与母群隔离的种群通常规模不大，是处于半孤立状态的边缘小群。这种新种形成方式多见于啮齿类、灵长类、昆虫等属于 r-繁殖对策的种类。

2．领域性物种形成（parapatric speciation） 出现在地理分布区相邻的两个种群间的物种形成。在一个分布区很广的物种，由于边缘栖息地环境上的区别，使种群内的次群分化、独立，虽然没有出现地理隔离屏障（以此与异域形成Ⅱ型相区别），也能成为基因流动的障碍，在自然选择的作用下，逐渐形成生殖隔离机制而形成新种。邻域形成多见于活动性少的生物，如植物、鼹鼠、无翅昆虫等。邻域形成显然不如异域形成普遍。

3．同域性物种形成（sympatric specation） 在母种群分布区内部，由于生态位的分离，逐渐建立起若干子群，子群间由于逐步建立的和生殖隔离，形成基因库的分离而形成新种。在自然界中同域性物种形成的可能性很少，一般认为寄生生物中最有可能出现同域性物种形成。因为寄生物常具有宿主的特异性，又多在宿主体内交配，所以比较容易形成与母群的生殖隔离。

植物物种形成还有其自身的特点。动物由于行为很发达，所以行为隔离在物种形成过程中起重要作用。植物是固着生活的，其构件数多少变化很大，并且营养体繁殖很普遍，所以单性可以不经交配而长久繁殖。植物还比动物易于形成多倍体，并且新种能通过多倍体而自发地产生。多倍体有两类，同源多倍体和异源多倍体。例如一个二倍体种，具有 AA，BB，CC 和 DD 染色体，其同源四倍体就有 AAAA，BBBB，CCCC 和 DDDD 染色体。通过减数分裂形成的配子，可以有 2 与 2 分离、1 与 3 分离和 4 与 0 等情形。当二倍的配子与正常单倍体的配子结合时，就会出现三倍体杂种。三倍体杂种虽然不能有有性生殖，但可通过营养体繁殖而广布开来。许多栽培植物，如小麦、马铃薯、紫苜蓿等，都是由多倍体产生的。

植物物种形成的另一重要特点是比动物易于产生杂种后代，即杂交能育性高。例如原来由生态或地理隔离产生的两个亚种或种，当屏障打开后由杂交而产生杂种后代，此时常出现一大批各式表现型的杂种个体，可称为杂种群（hybrid swarm）。

岛屿上的物种形成特点是：岛屿由于与大陆隔离，往往易于形成适应于当地的特有种（endemics）。南美大陆以西的 Galapagos 群岛，有 14 种达尔文雀（Darwin’s finch）。大约在 1 亿年前，其祖先由南美大陆迁移而来。由于没有当地的竞争对手和天敌，繁殖很快并分布到各岛，各自适应当地环境，通过生殖隔离，形成独立的物种。有的生活于树上食虫，有的食种子和果实，还有的专门用仙人掌叶针挑剔藏在树孔中的昆虫。像这种由一个共同祖先起源在进化过程中分化成许多类型，适应于各种生活方式的现象，称为适应辐射（adaptive radiation）。当然，适应辐射不仅能在岛屿出现，自古兽类辐射出各种适应于跑、跳、攀爬、游泳和飞翔的后嗣，也是适应辐射的明显例子。

第五节　种群的生活史对策

生物在其漫长的演化过程中，分化出形形色色的生物有机体，从微小的、肉眼见不到的菌类到几吨重大象，从寿命仅有 20 min 的大肠杆菌到生活上千年的松柏，形成极其多样化的生物界。但它们都有出生、生长、分化、繁殖、衰老和死亡的过程。生物在生存斗争中获得生存的对策称为生态对策，又称生活史对策。生物的生活史（life history）是指其从出生到死亡所经历的全部过程。生活史的关键组分包括身体大小（body size）、生长率（growth rate）、繁殖（reproduction）和寿命（longevity）。下面介绍几种重要的生活史对策。

一、能量分配与权衡

描述一个理想的具高度适应性的有机体是不困难的，它在自己出生后立即生殖，它能孵化出大量的个体大的和具抵抗能力的长寿的后代，并给予它们慷慨的爱，它赶走所有竞争者并使后代免遭捕食。但是，这种“达尔文魔鬼”（Darwinian demons）是不存在的，最根本的原因是生物如果提供最大数量的能量用于生殖，它就不可能同时提供最大数量的能量用于生存或保护后代等方面。

就能量分配而言，动物个体将可获得能量分配于维持、生长和繁殖。在总能量恒定的条件下，若在一种生理活动的比率增加，则在其他生理活动分配的能量比率就减少。任何真正的生物的生活史策略，是一种能量协调使用的结果。有所得必有所失。事实上，任何生物做出的任何一种生活史对策，都意味着能量的合理分配，并通过这种能量使用的协调，来促进自身的有效生存和繁殖，这就是 Cody（1966）所称的“能量分配原则”（the principle of allocation）。

二、体型效应

体型大小是生物体最明显的表面性状，是生物的遗传特征，它强烈影响到生物的生活史对策。一般来说，物种个体体型大小与其寿命有很强的正相关关系，并与内禀增长率有同样强的负相关关系。Southwood（1976）提出一种可能的解释，认为随着生物个体减小，每单位重量的生物体代谢率升高，能耗大，所以寿命缩短。反过来生命周期的缩短，必将导致生殖时期的不足，因而只有提高内禀增长率来加以补偿。当然，这种解释不能包括所有情况。有足够的事实提醒我们反对采用一种简单的对不同环境适应策略的描述，来比较大象和蚊子之间生活史。应该承认的只是个体大小及其相关的生理特征对生活史策略会产生影响。

三、休眠和迁移的作用

生物体采用休眠的行为来适应变化的环境，无疑也是一种能量协调使用的生活史策略。休眠使生物在度过极端恶劣的环境时，具有充分的抵抗能力，并使这种抵抗能力与环境变化同步。可以推论，假如休眠带来的好处，即提高生存机会以及随后时期的高生殖率大于休眠带来的问题，那么采用休眠行为的生物体将在进化中保留这一选择。反之，休眠带来的好处不足以补偿不利，那么生物将放弃这种对策，而走向它的反面，即迁移。

迁移同样也是生物为适应环境所采用的一种对策。迁移能使生物避开恶劣的环境，它可能来源于季节性的气候或强烈的种内竞争，还能使生物体开拓新的或潜在的栖息场所。当然也带来了有关能量使用选择以及迁移者的生存和迁移的能量耗费问题。迁移的利弊如同休眠一样决定了进化的选择方向。

四、r-对策和K-对策

1954 年，英国鸟类学家 Lack 在研究鸟类生殖率进化问题时提出：每一种鸟的产卵数，有以保证其幼鸟存活率最大为目标的倾向。成体大小相似的物种，倘若产小卵，其生育力就高，但可利用的资源有限，高生育力的高能量消费必然降低对保护和关怀幼鸟的投资。这就是说，在进化过程中，动物面临着两种相反的，可供选择的进化对策。一种是低生育力的，亲体有良好的育幼行为；另一种是高生育力的，没有亲体关怀的行为。1967 年，MacArthur 和 Wilson 推进了这个思想，他们按栖息环境和进化对策把生物分成 r-对策者和 K-对策者两大类。前者属 r-选择，后者属 K-选择。

K-对策者选择的生物，通常出生率低、寿命长、个体大、具有较完善的保护后代机制，一般扩散能力较弱，但竞争能力较强，即把有限能量资源多投入于提高竞争能力上。

r-对策者相反，通常出生率高、寿命短、个体小，一般缺乏保护后代机制，竞争力弱，但一般具很强的扩散能力，一有机会就入侵新的栖息生境，并通过高 r 值而迅速增殖。它们是机会主义物种，通常栖息于气候不稳定，多难以预测天灾的地方。因为其种群数量变动较大，经受经常的低落、增大、扩展，是高增长率的，所以称为 r-对策者。

K-对策者的种群密度通常处于逻辑斯谛模型的饱和密度 K 值附近，其种群稳定而少变，所以称为 K-对策者。比较狮、虎等大型兽类与小型啮齿类的这些特征，就可清楚地看到这两类进化对策的主要区别：在进化过程中，r-对策者是以提高增殖能力和扩散能力取得生存，而 K-对策者以提高竞争能力获得优胜。

r-对策和 K-对策，在进化过程中各有其优缺点。K-对策者的种群保持在 K 值临近，但不超过，因为超过 K 值有导致生境退化的可能。生育力降低，相应地存活率增加，因此 K-对策者防御和保护幼体的能力较强。因为有亲代关怀，生育力又低，寿命长和个体大，所有这些特征都保证 K-对策者在激烈的生存竞争中取得胜利。但是，K-对策者种群在受到过度死亡或激烈动乱之后，回到平衡水平的能力是有限的。如果确实很低，还有可能灭绝。如果说，K-对策者在生存竞争中是以“质”取胜，则 r-对策者可视为以“量”取胜。所以有的学者将 r-对策者称为“机会主义者（opportunists）”。r-对策者的高死亡率，广运动性和连续地面临新局面，可能使其成为物种形成的丰富的源泉。

五、生殖对策

生殖对策包括两个方面：第一是生殖者存活的问题，也即生殖的代价问题；第二是生殖的效率问题。生物生殖必然带来变化的生理压力和个体危险，因此，也就必然会影响到生物的生存。

生殖的效率也是生殖对策的主要问题。毫无疑问，生物选择的对策，都旨在提高生殖的效率，这一点可从植物的生殖行为中证实。

一年生草本的蚊母草（*Veronica peregrina*）是生长在池塘中的。在春天的池塘中心部分是一种相对稳定的环境，竞争相当激烈。因此蚊母草产生较少的但是较重的种子，以便能迅速的萌发。与此相反，在池塘周围，由于环境较不稳定，他们产生数量较多、重量较轻的种子，以便增加从不良的池塘环境内逃出的机会（Linhart，1974）。

由此可见，生物实际上是通过提高后代的质量（生物量）与投入能量的比值，来达到提高生殖效率的目的。

第六节 种内关系

存在于生物种群内部个体间的相互关系称为种内关系（intraspecific relationship）。同种个体间发生的竞争叫作种内竞争（intraspecific competition）。主要的相互作用是竞争、自相残杀、性别关系、领域性、社会等级等。

一、密度效应

在种内关系方面，动物种群和植物种群的表现有很大区别。动物种群的种内关系主要表现在领域性、等级制、集群和分散等行为上，而植物除了有集群生长的特征外，更主要的是个体间的密度效应（density effect），反映在个体产量和死亡率上。在一定时间内，当种群的个体数目增加时，就必定会出现邻接个体之间的相互影响，称密度效应或邻接效应（the effect of neighbours）。因为植物不像动物那样逃避密集和环境不良的情况，其表现只是良好情况下可能枝繁叶茂，而高密度下可能枝叶少，构件数少。已发现植物的密度效应有两个特殊的规律。

（一）最后产量衡值法则（law of constant final yield）

不管初始播种密度如何，在一定范围内，当条件相同时，植物的最后产量差不多总是一样的。澳大利亚生态学家 Donald（1951）对三叶草（*Trifolium subterraneum*）密度与产量的关系做了一系列研究后，证实了这个法则。

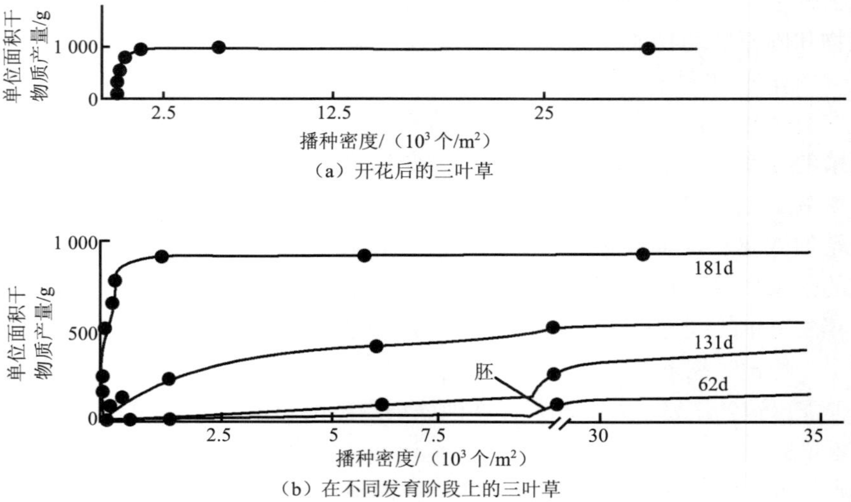

图 3-10　三叶草单位面积干物质产量与播种密度之间关系（仿李博等，2000）

图 3-10 表示是单位面积上三叶草的干物质产量与播种密度的关系。其中由图（a）可以看出在密度很低时干物质产量随播种密度增加，但很快就趋于稳定；由图（b）可以看出，从萌芽初期到 181 天，都呈现出产量随密度恒定的规律。

最后产量衡值法则可用下式表示：

$$Y=W\times d=K_i$$

式中：W 表示植物个体平均重量；d 为密度；Y 为单位面积产量；K_i 是一常数。

最后产量衡值法则的生物学意义为：在稀疏种群中的每一个个体，都很容易获得资源和空间，生长状况良好，构件数多，生物量大；而在密度高的种群中，由于叶子相互重叠，根系在土壤中交错，植株彼此之间对光、水、营养物质等竞争激烈，在有限的资源中，个体生长速度降低，个体变小。

（二）－3/2 自疏法则（The－3/2 thinning law）

如果播种密度进一步提高和随着高密度播种下植株的继续生长，种内对资源的竞争不仅影响到植株生长发育的速度，而且影响到植株的存活率。也就是说，在高密度的样方中，有些植株成为竞争的胜利者，获得足够的资源而继续生长发育；有些植株因不能获得足以维持生长发育的资源而死亡，于是种群开始出现“自疏现象（self-thinning）”。如果种群密度很低，或者是人工稀疏的种群，自疏现象可能不出现。

自疏导致密度与生物个体大小之间的关系在双对数图上具有典型的－3/2 斜率（图 3-11），这种关系叫作 Yoda 氏－3/2 自疏法则，简称－3/2 自疏法则。已在大量的植物和固着性动物如藤壶和贻贝中发现。该法则可用下式表示：

$\omega=C\times d^{-3/2}$ 两边取对数得：$\lg\omega=\lg C-3/2\lg d$

式中：ω表示植物个体平均重量；d 为密度；C 是一常数。

“最后产量衡值法则”和“－3/2 自疏法则”都是经验的法则。对许多种植物进行的密度试验中，证实了－3/2 自疏现象。White 等（1980）曾罗列了 80 余种植物，包括藓类、草本和木本植物，小至单细胞藻类小球藻（*Chlorella*），大至北美红杉（*Sequoia sempervirens*）都具有－3/2 自疏现象。但对“－3/2 自疏法则”尚未有圆满的解释。

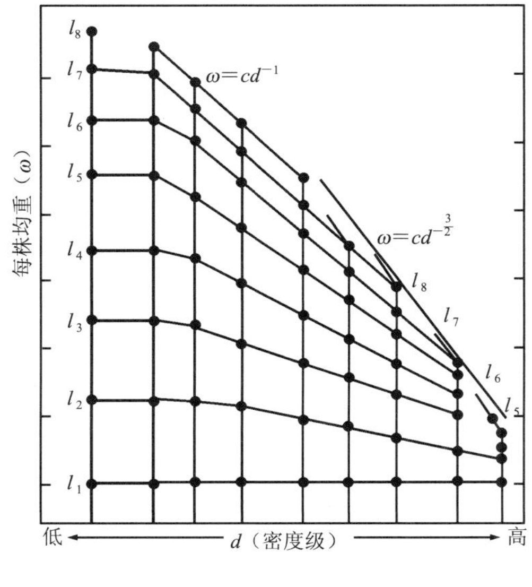

图 3-11　植物密度与大小之间关系，表明 Yoda 氏－3/2 自疏法则（仿李博等，2000）

二、性别生态学

研究物种种群内部性别关系的类型、动态及环境因素是性别生态学（ecology of sex）的内容。因为在营有性繁殖的物种种群内，异性个体构成了最大量、最重要的同种其他成员，所以种内相互作用首先表现在两性个体之间。种群的遗传特征及基因型多样性对于种群数量动态的重要意义，使得性别生态学的研究近年来越来越受到学者重视。

性别生态学与两个重要的生物学问题有关，即两性细胞的结合和亲代投入（parental investment）。两性细胞的结合有自体受精和异体受精两种方式。自体受精指雌雄配子由同一个体产生。兼备产生雌雄配子的动植物是雌雄同体的，但雌雄同体的并不一定都是自体受精的。亲代投入是指花费于生产后代和抚育后代的能量和物质资源。例如有的动物产的卵大，有的卵小；有的一次生产的后代数很多，有的很少；有的精心抚育，有的置之不顾。这些都直接影响亲代投入的强度。

性别生态学研究的一个重要课题是：为什么大多数生物都营有性繁殖？是哪些环境因素决定它们选择有性繁殖，即后代由父母双亲的遗传特征在进化上有什么选择优越性？

营无性繁殖的生物多为植物，尤其是杂草，也包括一些动物。它们很容易入侵新栖息地，往往从一个个体开始，通过迅速增殖，暂时地占领一片空间。无性繁殖是植物对开拓暂时性新栖息地的一种适应方式，在物种进化选择上具有重要优越性。有些植物在没有适宜传粉昆虫存在的局部地方可以形成无性繁殖种群，例如十字花科的 Leavenwortha，这种种群是由有性繁殖演化而来，是对缺乏传粉昆虫的一种反应。无性繁殖的另一更重要优越性在遗传方面：有性繁殖中雌雄配子各带其亲本的一半基因组，而无性繁殖中母体所产的每个无性卵都带有母本的整个基因组。因此，无性繁殖能给下代复制的基因组是有性繁殖的两倍。某些学者把有性繁殖必须进行减数分裂所偿付的代价称为减数分裂价（cost of meiosis）。实际上，有性繁殖比无性繁殖所偿付的代价还包括基因重组价（cost of gene recombination）和交配价（cost of mating）。从这个意义上讲，只有当有性繁殖所获得的好处超过上述三种所偿付的代价时，有性繁殖才是在进化选择上有利的。

有性繁殖在不断变动的环境中的优越性尚不足以解释大多数生物营有性繁殖的事实。另一种可能场合是在稳定而异质的环境中，有性繁殖将同样具有强大的选择优越性。因为有性繁殖能产生具更多变型的后代，一般能在生存竞争中战胜无性繁殖所产生的无性系，除非是高度适应于某种特定生态位的无性系，不过这种特定生态位是比较少的。

一般认为，有性繁殖是对生存在多变和易遭不测的环境的一种适应性。因为雌雄两性配子的融合能产生更多变异类型的后代，在不良环境下至少能保证有少数个体型生存下来，并获得繁殖后代的机会。

关于有性繁殖的优越性及其产生，至今仍是生态学家注意而未圆满解决的课题。美国生态学家 T. H. Hamilton（1980）提出一种假说：营有性繁殖的物种之间的竞争和捕食者-猎物间相互作用是使有性繁殖持续保持的重要因素。例如，病原生物在生存竞争过程中“学会”进攻遗传性上一致的宿主种群并将其淘汰，而只有不断变化的那些基因型的宿主（进行有性繁殖的）能存活下来；宿主的多型又进而使病原体生物同样也进行有性繁殖，这样才能使病原体生物保持有进攻多变型宿主的能力。这就是说，物种间的病原体-宿主相互作用成了性别关系进化的一个重要因素。

（一）植物的性别系统

大多数植物种，其个体具有雌蕊和雄蕊的两性花，所以是雌雄同花的。另一些植物种的个体具有雌雄两类花，雄花产生花粉，雌花产生胚珠，所以是雌雄同株而异花的。至于雌雄异株的植物，其雌花和雄花分别长在不同的植株上，只有这类植物的雌性植株和雄性植株与动物中的雌体和雄体相当。此外，多年生草本三叶南星（Arisaema triphyllum），在个体尚小时不开花，随着个体长大先有雄花，长到更大时才有雌花。当个体由大变小时，还可以出现相反的顺序，先有雌花，后有雄花。植物界中，具雌雄异株的相当稀少，约占有花植物的 5%。雌雄异株多出现在热带具肉质果实的多年生植物。什么环境压力导致植物产生雌雄异株，其选择优越性在哪里？多数生物学家认为雌雄异株能减少同系交配的几率，具有异型杂交的优越性。此外，雌雄异株实际上是回避两性间竞争的对策，增加了两性利用不同资源的能力，也减少了食种子动物的压力。另一个环境压力由脊椎动物传粉造成。例如藤露兜树（*Freycinetia reineckei*），其植株多数是雌雄异株的，只有含单性花的穗状花序，但偶然也出现雌雄同株的植株，具含雌雄两性花的花序，藤露兜树的传粉动物是沙蒙狐蝠（*Pteropus samoensis*）和铜绿辉椋鸟（*Aplonis atrifuscus*），它们在采食有甜味的肉质苞片时，对雄花和两性花的危害比雌花大（由于雌花结构上与雄花不同），雄花序、两性花序和雌花序受破坏的百分数分别为 96%、69%和 6%。当狐蝠在雌雄异体植株上采食时，雄花序虽然受破坏了，但花粉黏着在狐蝠面部，再转到雌花序采食就使后者受粉，同时对雌花序危害不大。相反，当狐蝠在雌雄同株的两性花序上采食时，通常破坏大部或所有雌小花。因为两性花序中的雌小花存活率不高，所以产生两性花序的雌雄同株个体在进化选择上处于劣势，而雌雄异株个体将成为适者而生存下来，藤露兜树沿雌雄异株方向而进化。

藤露兜树的例子说明了植物性别系统的进化选择中环境因素影响的复杂性及其研究的困难。与高等动物相比，植物性别的特点是其多样性和易变性。从种到科、目，往往同一分类单元中，可有一系列的类型。同一属或科的植物种，有的自花授粉，有的异型杂交，而进化中已形成的防止自花授粉的方式也很多。虽然对植物性别系统的研究报道不少，但为学者广为接受的不多。阐明决定植物性别系统的环境因素，至今仍是生态学研究的重要课题。

（二）动物的婚配制度

婚配制度是指种群内婚配的各种类型，婚配包括异性间相互识别，配偶的数目，配偶持续时间，以及对后代的抚育等。

1．婚配制度的类型

婚配制度按配偶数有单配偶制（monogamy）和多配偶制（polygamy），后者又分一雄多雌制（polygyny）和一雌多雄制（polyandry）。

（1）一雄多雌制。是最常见的婚配制度，雄性不参加育幼，但保护领域及其闺房。

（2）一雌多雄制。是很稀见的一种动物婚配制度，据统计，鸟类中只占1%。典型的例子是距翅水雉（*Jacana spinosa*）。由于栖息地有限，种群中每年只有一部分雌鸟繁殖。雌鸟与若干只雄鸟交配，在不同地方产卵。与一雄多雌制相反，伏窝和育雏由雄鸟负担。两性异形也很明显，但雌鸟个体大于雄鸟，还更具进攻性，并协助雄鸟保护领域。有趣的是如果捕食者杀害了窝雏，雌鸟几乎立即能与雄鸟再次交配，几天后就产一窝新卵。实际上距翅水雉的雌鸟已特化成为产卵“机器”，而在伏窝育雏上，与一般的一雄多雌相比较，雌雄职责倒了过来。

（3）单配偶制。动物界内是比较少见的一种婚配制度，出现在一雄与一雌结成配偶对，或者只在生殖季节，或者保持到有一个死亡。单配偶制在鸟类中很常见，如天鹅、丹顶鹤、鸳鸯等，有90%的种是单配偶制的。但哺乳类中单配偶制的不多，狐、鼬与河狸属此类。

2．决定婚配制度类型的环境因素

决定动物婚配制度的主要生态因素可能是资源的分布，主要是食物和营巢地在空间和时间上的分布情况。举例说，如果有一种食虫鸟，占据一片具有高质食物（如昆虫）资源并分布均匀的栖息地，雄鸟在栖息地中各有其良好领域，那么雌鸟寻找没有配偶的雄鸟结成伴侣显然将比找已有配偶的雄鸟有利。这就是说，选择有利于形成一雄一雌制。不仅如此，如果雄鸟也参加抚育雏鸟，单配偶制也将比一雄多雌制有利。因为在一雄多雌制中，雄性要抚育多个雌鸟所产雏鸟，这几乎是不可能的。再者，在一个领域中巢窝数越少、个体密度越低，也将给雏鸟提供更多食物，降低受捕食者攻击的几率。由此可见，高质而分布均匀的资源有利于产生一雄一雌的单配偶制。

相反，如果高质资源是呈斑点状分布的，社群等级中处于高地位的雄鸟将选择并保卫资源最丰富的地方作为领域。在这种情况下，一旦占有资源丰富领域的雄鸟有了配偶以后，未有配偶的孤雌鸟选择配偶的困难增加，占据较多资源的雄性就可能占有较多雌性。在极其严酷的环境下，可能抚育后代的要求比双亲所能给予的更多，在此情况下，一雌多雄制可能是最有效的对策。

三、领域性和社会等级

与性别没有直接关系的社会性相互关系包括领域性、社会等级等，通过这些相互作用使种群内部形成各种组织或结构，称为社会结构（social structure）。

（一）领域性

领域（territory）是指由个体、家庭或其他社群（social group）单位所占据的，并积极保卫不让同种其他成员侵入的空间。保卫领域的方式很多，如以鸣叫、气味标志或特异的姿势向入侵者宣告其领域范围，或以威胁、直接进攻驱赶入侵者等，称为领域行为（territorial behaviour）。具领域性（territoriality）的种类在脊椎动物中最多，尤其是鸟兽。保护领域的目的主要是保证食物资源、营巢地，从而获得配偶和养育后代。对各类动物的领域性研究中，总结出以下几条比较重要的概括性原理：

1. 领域面积随领域占有者的体重而扩大，因为领域大小必须以能保证供应足够的食物资源为前提，动物越大，需要资源越多，领域面积也就越大。

2. 领域面积受食物品质的影响，食肉动物的领域面积较同样体重的食草动物大，并且体重越大，这种差别也越大。其原因是食肉动物获取食物更困难，需要消耗更多的能量，包括追击和捕杀。

3. 领域行为和面积往往随生活史，尤其是繁殖节律而变化，例如鸟类一般在营巢期中领域行为表现最强烈，面积也大。

（二）社会等级

社会等级（social hierarchy）是指动物种群中各个动物的地位具有一定顺序的等级现象。社会等级形成的基础是支配行为，或称支配-从属（dorminant-submissive）关系。

研究支配-从属关系首先是从家鸡开始的。新形成的一群鸡，开始时鸡群中存在彼此啄击、打斗、威吓等现象。经过一段时间后，就会逐渐形成等级，稳定下来后，低级的一般表示妥协和顺从，但有时也通过再次格斗而改变顺序等级。稳定的鸡群往往生长快，产蛋也多，其原因是不稳定鸡群中个体间经常的相互格斗要消耗许多能量。

目前已经从许多动物种群，特别是昆虫中发现了社会行为。具有社会行为比例最高的动物类群是蚂蚁和等翅目昆虫白蚁类，人们已经发现并命名的蚂蚁和白蚁全部是社会性的。社会行为最大的益处是降低被天敌捕食概率，然而自然界中具有社会行为的动物只是很小一部分种类。为什么大多数动物种类并不是社会性的？这是因为社会性能为群体成员带来利益，又会给群体成员带来害处。

这是社会等级制在进化选择中保留下来的合理性的解释。社会等级优越性还包括优势个体在食物、栖所、配偶选择中均有优先权，这样保证了种内强者首先获得交配和产后代的机会，所以从物种种群整体而言，有利于种族的保存和延续。社会等级制在动物界中相当普遍，包括许多鱼类、爬行类、鸟类和兽类。

社群等级和领域性这两类重要的社会性行为，与种群调节有密切联系。Wyhne Edwards 提出的种群行为调节学说的基础就是这种社会性行为与种群数量的关系。当动物数量上升很高时，全部最适的栖息地被优势个体占满。随着密度增高，没有领域或没有配偶的从属个体比例也将增加，它们最易受不良天气和天敌的危害，这部分（称为剩余部分）比例的增加意味着种群死亡率上升，出生率下降，限制了种群的增长。相反，当种群密度下降时，这部分比例上升，种群死亡率降低，出生率上升，促进了种群的增长。

第七节　种间关系

种间关系包括竞争、捕食、互利共生等，是构成生物群落的基础，所以种间相互作用研究是种群生态学与群落生态学之间的界面。种间相互作用研究，主要包括两个方面：①两个或多个物种在种群动态上的相互影响，即相互动态（co-dynamics）；②彼此在进化过程和方向上的相互作用，即协同进化（coevolution）。

一、种间竞争

种间竞争（interspecific competition）是指两物种或更多种生物共同利用同一资源而产生的相互竞争作用。种间竞争的结果常常是不对称的，即一方取得优势，而另一方被抑制甚至被消灭。竞争的能力取决于种的生态习性、生活型和生态幅度等。

（一）竞争类型及其一般特征

竞争可以分为资源利用性竞争（exploitation competition）和相互干涉性竞争（interference competition）两类。资源利用性竞争是指两种生物之间没有因资源总量减少而产生的对竞争对手的存活、生殖和生长的间接作用，没有直接干涉，如大草履虫和双核小草履虫之间竞争就属于此类。相互干涉性竞争是指两种生物之间不是因资源总量减少而产生的对竞争对手的存活、生殖和生长的间接作用，更重要的是具有直接干涉，最明显的例子是动物为了竞争领域或食物进行的打斗。如杂拟谷盗（Tribolium confusum）和锯拟谷盗（T. castaneum）不仅竞争食物，还相互吃卵直接干扰；再如某些植物的他感作用（allelopathy），也属于相互干涉性竞争。

种间竞争的共同特点主要有两个，种间竞争的不对称性和共轭性。不对称性是指竞争各方影响的大小和后果不同，即竞争后果的不等性。竞争杀死失败者是很普遍的。竞争不对称的例子大大超过对称性结果的例子。例如，潮间带生活的藤壶（*Balanus*）与小藤壶（*Chthamalus*）的竞争。藤壶在其生长和增殖的过程中，常覆盖、压挤和窒息小藤壶，从而剥夺了小藤壶的生存；相反，小藤壶的生长对于藤壶的影响很小。但是藤壶对于缺水很敏感，干燥是限制藤壶在潮间带分布上限的主要因素。所以在潮间带上部易于经受干燥缺水的地方，小藤壶能生活得很好。

种间竞争的共轭性是指对一种资源的竞争，能影响对另一种资源的竞争结果。例如植物间的竞争，冠层中占优势的植物，减少了竞争对手进行光合作用所需的阳光辐射。这种对阳光的竞争也影响植物根部吸收营养物质和水分的能力。也就是说，在植物的种间竞争中，根竞争与枝竞争之间有相互作用。

（二）Lotka-Volterra 模型（洛特卡-沃尔泰勒模型）

竞争模型的基础是逻辑斯谛增长模型。假定物种 1 和物种 2 生活在同一空间，利用相同资源，具有竞争关系。设 N_1 和 N_2 分别为两物种的种群数量，K_1、K_2、r_1 和 r_2 分别为这两物种种群的环境容纳量和种群增长率。用 *Logistic* 方程分别描述两个物种的种群增长是：

（物种 1 的逻辑斯谛增长方程）$dN_1/dt=r_1N_1（1-N_1/k_1）$

（物种 2 的逻辑斯谛增长方程）$dN_2/dt=r_2N_2（1-N_2/k_2）$

如果这两个物种是彼此相互作用的，即彼此影响种群增长，那么可以在每个方程式中再增加一项。可以用一个简单的比喻，把物种 1 的环境看作为一个盒子，它能容纳 K_1 个物种 1 的个体。盒子的某些空间同样也能为竞争者物种 2 所占据。同样的资源，对于不同物种能容纳的最大负荷量可能是不同的。在大多数的情况下，一个个体所占据的“空间体积”，对于物种 1 和物种 2 是不会相等的，例如物种 2 可能个体较大，需要更多的物种 1 空间中的食物量。因此，我们必须将物种 2 的个体数折算成为物种 1 的当量，即：

$$N_1=aN_2$$

其中“a”就是转换系数，这个转换系数就是物种 2 对物种 1 的竞争系数，它表示在物种 1 的环境中，每个 N_2 个体所占的空间相当于 a 个 N_1 个体。即每存在一个物种 2 的个体，对物种 1 的种群的效应。当然，这里有一个非常简单的假定，即假定在各种密度下，竞争者之间的竞争系数是保持稳定的。这样，我们就能写出物种 1 的竞争方程：

$$dN_1/dt=r_1N_1（1-N_1/k_1-aN_2/k_1）$$

同样，对物种 2 来说，物种 2 竞争系数是 β，它根据

$$N_2=\beta N_1$$

来估计，物种 2 的竞争方程是：

$$dN_2/dt=r_2N_2（1-N_2/k_2-\beta N_1/k_2）$$

这两个方程就是著名的洛特卡-沃尔泰勒种间竞争模型。

从理论上讲，两个物种竞争的结局可有三种：物种 1 取胜，物种 2 被挤掉；物种 1 被挤掉，物种 2 取胜；两个物种在竞争中获得共存的局面。其竞争结果取决于 K_1、K_2、K_1/α、K_2/β。

（*a*）当 $K_1>K_2/\beta$，$K_1/\alpha>K_2$ 时，N_1 取胜，N_2 被排挤掉。

（*b*）当 $K_2>K_1/\alpha$，$K_1<K_2/\beta$ 时，N_2 取胜，N_1 被排挤掉。

（*c*）当 $K_1>K_2/\beta$，$K_2>K_1/\alpha$ 时，两条对角线相交，出现平衡点，两物种不稳定共存。

（*d*）当 $K_1<K_2/\beta$，$K_2<K_1/\alpha$ 时，两物种稳定共存。

总之 *Lotka-Volterra* 种间竞争模型的稳定性特征是：假如种内竞争比种间竞争强烈，就可能有两物种共存的稳定平衡点；假如种间竞争比种内竞争强烈，那就不可能有稳定的共存；在两物种以同样方式利用资源的特殊情况时，即 $\alpha=\beta=1$ 和 $K_1=K_2$ 时，其结果是两种不可能共存。

（三）种间竞争的典型实例

1．最著名的实验研究是高斯的草履虫实验。他把生态习性和分类非常接近的草履虫（双核小草履虫、尾草履虫）作为竞争对手，以细菌或酵母作为食物，进行竞争实验研究。各种草履虫在单独培养时都表现出典型的“S”型增长曲线。当把大草履虫（*Paramecium caudatum*）和双核小草履虫（*P. aurelia*）一起混合培养时，虽然在初期两种草履虫都有增长，但由于双核小草履虫增长快，最后排挤了大草履虫的生存，双核小草履虫在竞争中获胜（图 3-12）。相反，当把双核小草履虫和袋状草履虫（*P. bursaria*）在一起培养时，形成了两种共存的结局。共存中两种草履虫的密度都低于单独培养，所以这是一种竞争中的共存。仔细观察发现，双核小草履虫多生活于培养试管的中、上部，主要以细菌为食，而袋状草履虫生活于底部，以酵母为食。这说明两个竞争种间出现了食性和栖息环境的分化。

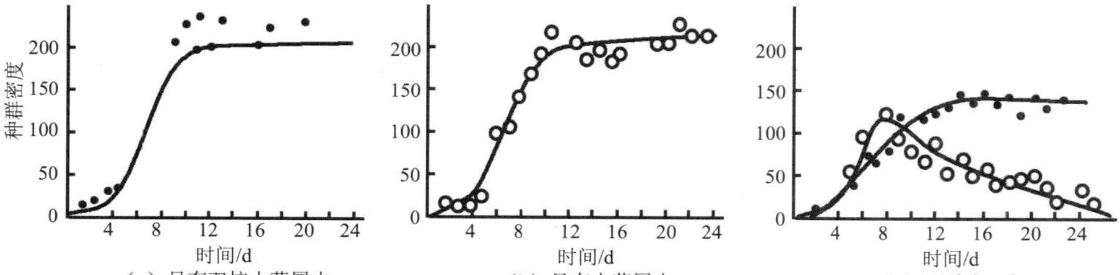

图 3-12　两种草履虫之间的竞争（仿 Mackenzie 等，1998）

2. Tilman 等（1981）研究了两种淡水硅藻 Asterionella formosa 和针杆藻（Synedra ulna）之间的竞争。硅藻是单细胞藻类，需要有硅酸盐作为其细胞壁的原料。实验中同时记录了硅藻密度及其竞争资源（硅）变化。当两种藻分别单独培养时，都能增长到环境容纳量，而硅则保持在一低浓度水平上（在实验中不断地定期加硅于培养液中）。但两种硅藻在消耗硅资源上有区别，Synedra ulna 利用硅较 Asterionella formosa 更多，从而使其保持的硅浓度低于 Asterionella formosa。因此，当把两种硅藻放在一起培养时，由于 Synedra ulna 使硅浓度降到低于 Asterionella formosa 所能生存和增殖的水平以下，竞争的结局是 Synedra ulna 取胜，Asterionella formosa 被排挤掉。

Gause 以草履虫竞争实验为基础提出了高斯假说，后人将其发展为竞争排斥原理。其内容如下：在一个稳定的环境内，两个以上受资源限制的，但具有相同资源利用方式的种，不能长期共存在一起，也即完全的竞争者不能共存。

（四）生态位理论

Gause 于 1934 年研究了两种草履虫的竞争结果后，得出了如下结论：“生态学上接近的两个物种是不能在同一地区生活的，如果在一个同一地区生活，往往在栖息地、食性或活动时间等方面要有分离”，或者说，生物群落中两种生物不可能占有相同的生态位，这就是所谓的竞争排斥原理。可见，生态位概念与竞争排斥原理是紧紧地联系在一起的。

生态位（niche）是指物种在生物群落或生态系统中的地位和角色。对于某一生物种群来说，只能生活在一定环境条件范围内，并利用特定的资源，甚至只能在特殊时间里在该环境中出现（例如，食虫的蝙蝠是夜间活动的，当时鸟类很少在觅食）。生态位主要指在自然生态系统中一个种群在时间、空间上的位置及其与相关种群之间的功能关系。随着有机体发育，它们能改变生态位。例如，蟾蜍（*Bufo bufo*）在变态前占据水体环境，是藻类和碎屑的取食者，当变为成体时它们成为陆生的和食虫的。

生态位理论经历了一个形成与发展的过程。J. Grinnell（1917）最早在生态学中使用生态位的概念，用来表示划分环境的空间单位和一个物种在环境中的地位。他认为生态位是一个种所占有的微环境，强调的是空间生态位（Spatial niche）的概念。C. Elton（1927）埃尔顿将生态位看作是“物种在生物群落或生态系统中的地位与功能作用”。他强调的是物种之间的营养关系，实际上指的是营养生态位（trophic niche）。G. E. Hutchinson（1957）哈奇森认为，在生物群落中，若无任何竞争者存在时，一个物种能够占据的全部空间，即最大空间称为该物种基础生态位；当有竞争存在时，物种仅占据基础生态位的一部分，这部分实际占有的生态位称为实际生态位。竞争越激烈，物种占有的实际生态位就越小。美国学者R. H. Whittaker（1970 惠特克）认为，生态位是每个种在一定生境的群落中都有不同于其他种的自己的时间、空间位置，也包括在生物群落中的功能地位，并指出生态位的概念与生境和分布区的概念是不同的。生境是指生物生存的周围环境，分布区是指种分布的地理范围，生态位则说明在一个生物群落中某个种群的功能地位。

不同物种的生态位宽度不同。生态位宽度是指生物所能利用的各种资源的总和。图 3-13 为三个共存物种的资源利用曲线，比较它们的资源利用曲线，就能分析生态位的重叠和分离状况，探讨竞争与进化的关系。如果物种的资源利用曲线完全分开，那么还有某些未被利用的资源。生态位越接近，重叠越多，种间竞争也就越激烈，按竞争排斥原理，将导致一物种灭亡或生态位分离。总之，种内竞争促使两物种生态位接近；种间竞争又促使两竞争物种生态位分开。

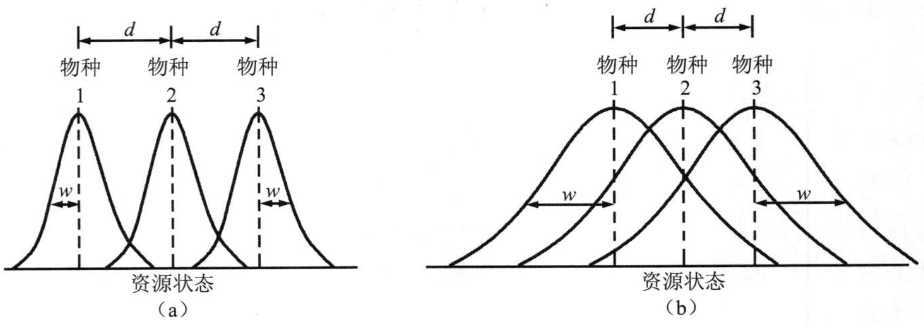

（a）各物种生态位狭，相互重叠少（b）各物种生态位宽，相互重叠多

（*d* 为曲线峰值间的距离，*w* 为曲线的标准差）

图 3-13　3 个共存物种的资源利用曲线（仿如 Begon 等，1986）

两个物种的资源利用曲线不可能完全分开。分开只有在密度很低的情况下才会出现，而那时种间竞争几乎不存在。

二、捕食作用

捕食（predation）可定义为一种生物摄取其他种生物个体的全部或部分为食。前者称为捕食者（predator），后者称为猎物或被食者（prey）。对捕食的理解，有广义和狭义两种，广义的捕食包括四类：①典型捕食，指食肉动物吃食草动物或其他动物，例如狮吃斑马。狭义的捕食就指这一类；②食草（herbivory），指食草动物吃绿色植物，如羊吃草；③寄生（parasitism），指寄生物从宿主获得营养，一般不杀死宿主；④拟寄生者（parasitoid），如寄生蜂，将卵产在昆虫卵内，一般要缓慢地杀死宿主。

（一）捕食者与猎物的协同进化

所谓协同进化，是指一个物种的性状作为对另一物种性状的反应而进化，而后一物种的这一性状本身又作为前一物种性状的反应而进化。捕食者与猎物的相互适应非一朝一夕形成的，而是长期协同进化的结果。捕食者通常具锐利的爪，撕裂用的牙，毒腺或其他武器，以提高捕食效率。相反，猎物常具保护色、警戒色、假死、拟态等适应特征，以逃避被捕食。

蝙蝠的“捕食武器”是十分“先进”的，它能发放超声波，根据回声反射来确定猎物的位置；而一些蛾类能根据其腹基部“双耳”感受的声呐逃避蝙蝠的捕食。实验证明，能接受声呐的夜蛾，被捕率比不能接受声呐的低 40%。不仅如此，某些灯蛾科（Arctidae）种类能发放超声波对付蝙蝠的超声波，并使其堵塞或失灵。更有趣的是，为了对付蛾类这种“先进”的防卫系统，蝙蝠还能通过改变频率，避免发放蛾类最易接受的频率，或者停止回声探测而直接接受蛾所产生的声音以发现猎物。捕食者与猎物的相互适应是进化过程中的一场真实的“军备竞赛”。

在捕食者与猎物相互的协同进化过程中，常常是有害的“副作用”倾向于减弱。捕食者如有更好的捕食能力，它就更易得到后裔，因此自然选择有利于更有效的捕食。但过分有效的捕食可能把猎物种群消灭，然后捕食者也因饥饿而死亡，因此“精明”的捕食者不能对猎物过捕。

Errington 通过对麝鼠（*Ondatra zibethicus*）种群动态多年研究，发现捕食者北美水貂（*Mustela vison*）很少捕食具有繁殖领域的成鼠，而被捕杀者多为没有领域并受气候影响而暴露在外、受伤的、有病的、年老的、无家可归的“游荡者”。他称谓种群中由于其他各种原因（尤其是种内竞争）注定要死的部分，而捕食者则是执刑的“刽子手”。人们对于捕食者（如狼）往往容易产生憎恨，而不易作客观的评价。捕食者确实杀死不少猎物，但它对猎物种群的稳定效应却往往容易被忽视。

美国亚利桑那州曾为保护黑尾鹿（*Odocoielus ne-mionus*）捕打美洲狮和狼等捕食者，不到 20 年，由于鹿数量过高而使草场严重破坏，大批鹿因饥饿和寒冷而死亡，久久不能恢复。挪威为了保护雷鸟，于 19 世纪末奖励捕打食雷鸟的猛禽和兽类，结果球虫病和其他疾病在雷鸟种群中广泛传播，造成 20 世纪初一次又一次的大量死亡。原来捕食者捕食的主要是有疾病的弱鸟。

这些事实说明，捕食者与猎物的相互关系是生态系统长期进化过程中形成的复杂的关系，它们是一对“孪生兄弟”，作为天敌的捕食者有时变成了猎物不可缺少的生存条件。

（二）捕食者和猎物种群的数量动态

假定被食者在没有捕食者条件下按指数增长，而捕食者在没有被食者条件下按指数式减少，则连续型增长模型如下。

对于被食者，可以假定在没有捕食者时，种群按指数式增长：$dN/dt=r_1N$，$dP/dt=-r_2P$。其中 N 和 P 分别为猎物和捕食者密度，r_1 为猎物种群增长率，$-r_2$ 为捕食者死亡率，t 为时间。

当被捕食者与捕食者共存于一个有限空间内，被食者的密度将因捕食者的捕食而降低，其降低程度决定于：被食者与捕食者相遇几率，相遇几率随两者密度的增高而增加；捕食者发现和攻击被食者效率，用平均每一捕食者捕杀猎物的个体数来表示，称作压力常数 ε。因此被食者方程改写为：

$$dN/dt=(r_1-\varepsilon P)N \quad ①$$

模型中的 ε 值越大，表示捕食者对于被食者的压力越大，若 $\varepsilon=0$，则表示被食者完全逃脱了捕食者的捕食。

同样，当被食者与捕食者共存于一个有限空间内，捕食者密度也将依赖于被食者密度而变化，其增长程度取决于：被食者与捕食者的密度；捕食者利用被食者，转变为自身效率，即捕食效率常数 θ。因此，捕食方程可改写为：

$$dP/dt=(-r_2+\theta N)P \quad ②$$

模型中 θ 的值越大，表示捕食效率越大，对于捕食者种群的增长效应也就越大。方程①和②即为 Lotka-Volterra 的捕食者—猎物模型。

Lotka-Volterra 模型预言的捕食者和猎物种群动态是：随着时间的改变，猎物密度逐渐增加，捕食者密度也追随它而增加，但是时间上落后一步（即具时滞）；由于捕食者密度的上升，必将减少猎物的密度，而猎物密度的减少，捕食者也将减少；而后者又造成了猎物增加的条件，于是又重复着以前的过程。如此循环不息。但自然界中的种间捕食情况是多样化的、复杂的，远非用双波动特征可以全部说明。造成理论预测和实际情况的差异的原因主要是两种群相互作用系统太简单了，也是不存在的。

（三）自然界中捕食者对猎物种群大小的影响

自然界中捕食者和猎物种群的相互动态是复杂多样的，不能以 Lotka-Volterra 模型所预测的一种结局来概括。在自然界中，一种捕食者与一种猎物的相互作用，并不像 Lotka-Volterra 模型所假定那样，孤立于其他物种或环境之外。

在同一个自然生态系统内，往往有多种捕食者吃同一种猎物，同一种捕食者也能吃多种猎物。当一种猎物种群数量下降时，就会转而捕食另一猎物种群，并因此对猎物种群起稳定作用。如对吹绵蚧壳虫的生物防治。该虫曾对美国加州柑橘种植业造成严重危害，各种农药都无法防止，但在引进澳大利亚瓢虫后的两年内，就控制了它的危害。

三、食草作用

食草是广义捕食的一种类型。其特点是被食者只有部分机体受损害。

（一）食草动物对植物的危害及植物的补偿作用

植物被"捕食"而受损害的程度随损害部位、植物发育阶段的不同而异。如吃叶、采花和果实、破坏根系等，其后果各不相同。在生长季早期栎叶被损害会大大减少木材量，而在生长季较晚时叶子受损害对木材产量可能影响不大。禾本草类大约是植物界中最能忍受有蹄类采食的，其分生组织位于地面，生长点受基部叶鞘保护，被采食后新叶和新分蘖可不断产生。食草动物啃食可以使植物造成致命伤害，食草动物在吃植物过程中可能传播疾病。

另外，植物并不是完全被动地受损害，而是发展了各种补偿机制。如植物的一些枝叶受损害后其自然落叶会减少，降低对其他叶子遮荫并使整株的光合率可能加强；或者去掉遮荫叶子能改善整株光合作用和呼吸作用间平衡。植物受伤枝可能掉落，也可能将其碳水化合物运输到未受伤枝叶而得到补偿。如果在繁殖期受害，比如大豆，能以增加种子粒重来补偿豆荚的损失。另外，动物啃食也可能刺激单位叶面积光合率的提高。

（二）植物的防卫反应

植物防卫用的化学物，均属植物次生物质，是植物新陈代谢过程副产品。植物主要以两种方式来保护自己免遭捕食：①毒性与差的味道；②防御结构。

在植物中已发现成千上万种有毒次生性化合物，如马利筋中的强心苷，白车轴草中的氰化物、烟草中的尼古丁、卷心菜中的芥末油。一些次生性化合物无毒，但会降低植物的食物价值。如多种木本植物的成熟叶子中所含的单宁，与蛋白质结合，使其难以被捕食者肠道吸收。同样，番茄植物产生蛋白酶抑制因子，可抑制草食者肠道中的蛋白酶。被食草动物脱过叶子的植物，其次生化合物水平会提高。这种防御诱导表明资源分配的最优化——当利益超过花费时，资源仅用在防御上。这样，橡树（*Quercus robur*）树冠25%的脱叶使剩余叶上的采叶蛾幼虫死亡率大大增加。防御结构在各种水平上都存在，从叶表面可陷住昆虫及其他无脊椎动物的微小绒毛（经常带钩或具有黏性分泌液），到大型钩、倒钩和刺，如荨麻（*Urtica dioca*）、犬蔷薇（*Rosa canina*）、冬青树（*Llex aquifolium*）和金合欢属（*Acacia*）植物，这些主要阻止哺乳类草食动物。

植物的这些防卫反应被证明是有效的。例如，当落叶松受到松线小卷蛾（*Zeiraphera diniana*）损害后，小卷蛾由于吃生长延缓、变硬、纤维素含量增加和含氮减少的叶子，其成虫存活率和出生率都明显地降低，这种后果可持续4～5年。同样，荆豆顶枝在受到美洲兔的严重危害后，其枝条中会积累更多的毒素，变成兔所不可食的，这种化学保护可延续2～3年。学者认为，这可能是美洲兔9～10年数量变动周期性的一个重要原因。

（三）植物和食草动物的协同进化

在进化过程中，植物发展了防御机制，如有毒的次生物质，以对付食草动物的进攻。另一方面食草动物亦在进化过程中产生了相应的适应性，如形成特殊的酶进行解毒，或者调整食草时间以避开植物的有毒化学物。于是，在进化过程中，植物和食草动物之间，进行着一场选择竞赛，并出现协同进化。协同进化的研究内容极其广泛，包括竞争物种间的、捕食者-猎物间的、植物-食草动物间的、寄生物-宿主间的互利共生间的协同进化等。

马利筋（*Asclepias curassavica*）和欧洲夹竹桃（*Nerium oleander*）含有苦味的强心苷（*Cardiac glycosides*）。这种次生物质造成脊椎动物的呕吐和心脏病发作，与许多家畜的死亡有关。斑蝶（*Danaus* sp.）的幼虫却能取食马利筋，它对强心苷是免疫的，所以在体内组织中积累强心苷。在这个植物与食草动物的协同进化中，还加进了更高营养级的动物：由于斑蝶体内含有强心苷，一旦被鸟类捕食，就引起呕吐，所以一般鸟类都不吃斑蝶。还有一些蝶类，其体色和体型都很似斑蝶，但没有强心苷的积累，由于拟态效应，也能逃避鸟类的捕食。

蚂蚁和金合欢，金合欢有大而中空的刺，蚂蚁就栖居在其中，并以金合欢嫩叶尖端为食，从中获取蛋白质和脂肪，也从其蜜腺中获取糖。另外，蚂蚁经常地在金合欢的枝叶中巡逻，向那些企图吃枝叶的食草动物发起进攻。蚂蚁还可以咬伤那些缠绕金合欢的其他植物，同时把树下的其他植物清除掉。蚂蚁对金合欢的依赖表现为以它为栖息场所，并以它为食。但蚂蚁又能保护金合欢，减少食草动物对它的危害，还能清除与之竞争的其他植物。倘若没有蚂蚁的保护，金合欢就会被食草动物吃掉，或被其他植物排挤掉。蚂蚁和金合欢系统已经成为两个物种协同进化而发展的互利共生系统的经典例子。简单地说，植物和食草动物之间的协同进化，就是彼此相互适应对方变化的过程。由此可见，植物的防御机制转而为某些动物所利用，从而形成了一个在植物－食草动物－捕食动物之间复杂的生态网络关系。

Ehrlich 和 Reven 认为："植物－食草动物两者之间的界面可能是产生陆生生物相互作用多样性的主要区域"和"植物的次生化学物可能在其中起主导作用"。

四、寄生

寄生是指一个种（寄生物）寄居于另一个种（寄主）的体内或体表，靠寄主体液、组织或已消化物质获取营养而生存。寄生关系以营养和空间关系为基础，寄生者以寄生的身体为生活空间，并靠吸取寄主的营养而生活。

（一）寄生物与寄主的协同进化

由于寄生生物的多样性，其对寄生生活的适应也多种多样。寄生生活关键是转换宿主个体。寄生物具有发达的生殖器官，强大生殖力，许多寄生动物雌雄同体，这些形态、生理特征就是为了保证其寄生生活的顺利进行。寄生物在寄主体内生活，同样会引起寄生的反应，寄主的重要反应之一是免疫反应。免疫反应是将寄生物生活的环境变为寄生物所不能生存的环境。

寄生物与宿主的协同进化，常常使有害的"副作用"减弱，甚至演变成为互利共生关系。寄生物在侵入宿主机体中形成了致病力，如果致病力过强，将宿主种群消灭，那么寄生物也将随之而灭亡。寄生物的致病力还遇到了来自宿主的自卫，如免疫反应。因此，寄生物和宿主的协同进化，导致有害作用逐渐减弱。但当一个新的寄主与寄生物关系刚建立时，情况则完全不同。当一个植物寄生物最近被引入新的分布区或当一种病原体致病力更强的基因型新产生时，就会造成很大的危害。

（二）寄生物和宿主种群动态

在某种程度上与捕食者和猎物的相互作用相似：随着宿主密度的增长，宿主与寄生物的接触势必增加，造成寄生物广泛扩散和传播，宿主种群中的流行病将不可避免。流行病的结果使宿主大量死亡，未死亡而存活下来的宿主往往形成具有免疫力的；密度的下降也减少了与寄生物接触的强度，于是流行病趋向于熄灭。宿主密度因流行病死亡的剧减或停止，成了宿主种群再增长的有利条件，并开始一个寄生物和宿主两个相互作用种群周期性数量变动的新的周期。

流行病学是当今十分吸引生态学家的一个领域。医学上丰富的记录，还有农作物疾病的流行记录，提供了宝贵的素材，是发展生态学理论的基础。

对寄生现象复杂的生态学的全面了解，是控制许多疾病的关键。例如疟疾的病原体是疟原虫（*Plasmodium*），在疟蚊（*Anopheles*）和脊椎动物之间流行和完成生活周期。有四种疟原虫能引起人类的疟疾。人类防治疟疾所采用的有效方法是根据其生态学原理：主要依仗于改变蚊子幼虫（孑孓）生存环境，如沼泽灌水，引进食孑孓的捕食者，填塞各种浅水坑等；改变蚊子成虫的环境，如喷杀虫剂；防止成蚊与人接触，如蚊帐、驱蚊剂；使人体成为疟原虫不宜生存的，如改善营养、使用药物等。

危害林木的寄生植物主要是桑寄生科、菟丝子科和列当科。

桑寄生科植物均具有正常的绿色叶片或绿色茎，可自行进行光合作用制造碳水化合物，但它们缺少正常的根系，所需的水分和无机盐类必须取自寄主。这类植物称之为半寄生植物。桑寄生科植物的浆果靠鸟类繁殖。经鸟吐出或随粪便排出的种子借助它外面的黏稠物质可固定在枝条上，在适宜的温度和湿度下，数日内即可长出胚根。胚根先端与寄主接触处形成吸盘，由其下伸出一初生吸根。吸根分泌一种对树皮有消解作用的酶，并强力钻入皮层，到达木质部。第二年自初生吸根分出侧根，并再生次生吸根钻入木质部，与寄生的导管相连，从中吸收水分和无机盐。

五、互利共生

互利共生是不同种两个体间的一种互惠关系，可增加双方的适合度。世界上大部分的生物量是依赖于互利共生的。草地和森林优势植物的根多与真菌共生形成菌根，多数有花植物依赖昆虫传粉，大部分动物的消化道也包含着微生物群落。菌根、根瘤（固 N 菌和豆科植物等根系的共生）都是互利共生典型例子。

两种生物的互利共生，有的是兼性的，即一种从另一种获得好处，但并未达到离开对方不能生存的地步；另一些是专性的，专性的互利共生也可分单方专性和双方专性。生物界中的互利共生具有各种各样的表现，下面择其主要类型加以介绍。

（一）有花植物和传粉动物的互利共生

大多数依赖动物传粉的植物的花，提供蜜或花粉以吸引传粉动物。形成蜜是一种消耗，但植物由此获得传粉的好处。许多植物在果实上投入相当大的能量，以吸引动物为其传布种子。参加传粉的动物不仅是昆虫，还有蜂鸟、蝙蝠，甚至小型鼠类和有袋类。依赖昆虫传粉的植物的花，有的是泛化种（generalists），对多种多样来采蜜的昆虫都接受，其花蜜很丰富，例如黑莓，其蜜之丰富足够来访者一次饱食。另一些是特化种（specialists），其花的构造很特化，只有少数具有特殊口器的昆虫才能采得到。

（二）高等植物与真菌的互利共生——菌根

真菌利用根的糖类，同时为根提供无机营养和植物生长素。菌根按两者接合紧密的程度分为三类：①菌丝只辐射状深入土壤和根的周围，但不进入根内，称周边营养型菌根（peritrophic mycorrhizae）；②菌丝深入根内，但只到细胞之间，不进入根细胞内，称外营养菌根（ectotrophic m.）；③菌丝穿入根细胞内，称内营养菌根（endotro-phic m.）。

如果没有菌根，许多高等植物不能生长。多数藓类、蕨类、石松、裸子植物和被子植物，其组织多少与真菌的菌丝体紧密地交织一起。全世界各种植被（森林、草地、石南灌丛等）的优势植物都具有明显的菌根。有的是根组织与真菌互利共生在一起的菌根。只有少数像十字花科一样的植物没有菌根，这是例外。

（三）仅表现在行为上的互利共生

鼓虾（*Alpheus*）营穴居生活，丝虎鱼（*Cryptocentrus*）利用其洞穴作为隐蔽场所。鼓虾是盲的，当其离开洞穴时，以其细长的触角保持与鱼的接触，代替眼起报警系统的作用。裂唇鱼（*Labriodes*）专吃一些鱼类口腔和鳃部的寄生物，起着清洁工的作用，而笛鲷则成为清洁站的“顾客”。据统计有 45 种鱼为“清洁工”，它们具有领域，“顾客”游到清洁站让“清洁工”去除其体外寄生物。“清洁工”和“顾客”都有其特征性行为，通过行为彼此相认。显然，这种相互关系是两物种间紧密协同进化的结果。

（四）包括种植和饲养的互利共生

人类与农作物和家畜的关系是一种典型的互利共生。世界人口自渔猎时代过渡到农业社会后的增长本身证明了从这种互利共生所获得的好处。虽然人类不能进行试验，但能意识到，一旦稻麦等作物消失对人类的影响。在生物界中同样有这种类型的互利共生。一些蚂蚁和白蚁以种植真菌为生。例如切叶蚁（*Atta*）在土壤中挖掘容积达 2～3 立升的坑，从附近的植物切下叶子铺在坑上以培植真菌，整群蚁完全以自己培育的真菌为食物，而真菌从共生中得到的好处是由切叶蚁“喂养”和传播。

（五）动物消化道中的互利共生

住在其动物伙伴的肠内或细胞内的共生者普遍存在。鹿、牛、羚羊等反刍动物的瘤胃具有密度很高的细菌和原生动物种群。有许多能分解纤维素、纤维二糖、木糖等动物所不能消化的物质；还可能合成一些维生素。瘤胃中的 pH 值相当稳定，它通过唾液腺分泌的碳酸氢盐和磷酸盐进行调节。胃中食物经过很好的“搅拌”和混匀。常温动物的体温有良好的调节，废弃物得到不断的排出，因此，这个系统与制造啤酒进行连续发酵的系统是完全相似的，是一个真正的微生态系统。

（六）生活在动物组织或细胞内的共生体

例如蟑螂的脂肪体中共生着许多细菌，它们通过母体传递，最初集中在卵母细胞周围，然后进入卵原生质内。因此，这种互利共生是“遗传”的。蚜虫具有特化的菌孢体（mycetomes），内有酵母一样的共生体，也是通过卵传递给下代的。这些共生体的代谢活动尚不清楚，但目前还难以对这种共生体进行单独培养。用抗生素能去除“宿主”体内的这些共生体，但宿主因此而出现症状，因此共生体可能提供某些宿主需要的物质。例如，长红猎蝽（*Rhodnius prolixus*）如果没有这类共生体就出现维生素 B 缺乏症。蟑螂如果没有共生体，共生长率迟缓，通过在食物中加入某些多肽就能恢复。

六、偏利共生

两个不同物种的个体间发生一种对一方有利的关系，称为偏利共生。如附生植物与被附生植物之间的关系就是一种典型的偏利共生。附生植物如地衣、苔藓等借助于被附生植物支撑自己，可获得更多的光照和空间资源。藤壶附生在鲸鱼或螃蟹背上。以其头顶上的吸盘固着在鲨鱼腹部等，都是被认为对一方有利，另一方无害的偏利共生。

本章小结

种群是指在一定空间中同种个体的总和。种群间边界可以是任意的，对于单体生物种群，其种群大小就是一定区域内个体数量。对于构件生物，研究构件的数量与分布状况往往比个体数更为重要。种群的统计特征包括种群密度、出生率、死亡率、迁入、迁出、年龄结构、性比和种群空间结构等。它的内分布型可分为随机型、均匀型和成群型三种。

生命表是描述种群死亡过程的一种有用图表模式。从生命表可获得存活曲线、死亡曲线和生命期望的信息。存活曲线有三种类型。与密度无关的种群增长模型可分为离散型与连续型两种，离散型的种群增长模型为 $N_t=N_0R_0^{\,t}$，连续型种群指数增长模型为 $dN/dt=rN$。逻辑斯谛方程描述的是一个在有限资源空间中的简单种群增长，其模型为：$dN/dt=rN(1-N/K)$。

自然种群数量变动可表现为季节消长、波动、平衡、爆发、衰落和灭亡。种群数量变动的调节因子，基本可分为外源性种群调节理论与内源性种群调节理论两类。与动物种群调节有密切关系的两类重要的社会行为是社会等级和领域性。

生物的生活史是指其从出生到死亡所经历的全部过程。生活史关键组分包括身体大小、生长率、繁殖和寿命。生物在生活斗争中所获得的对策称为生活史对策。r—选择和 k—选择理论可以描述两种明显相对的生活史对策。

种内竞争在固着生长的生物如植物中表现为密度效应，因其不能通过运动逃避竞争。植物的密度效应有两个基本规律，即最后产量衡值法则和－3/2 自疏法则。种间竞争的结果是不对称的，竞争的能力取决于种的生态习性、生活型和生态幅度等，种间相互作用包括竞争、捕食、寄生和偏利共生、互利共生。

复习思考题

1．什么是种群？有哪些重要的群体特征？
2．年龄锥体类型及其特点？
3．有关种群调节理论有哪些学派？各学派所强调的种群调节机制是什么？
4．什么是生活史对策？K-对策和 r-对策各有何特点？
5．密度效应有哪些普遍规律？
6．种内与种间关系有哪些基本类型？
7．试举例说明你对生物领域性和捕食作用的认识。
8．什么是竞争排斥原理？
9．谈谈捕食者对猎物种群数量影响。
10．举例说明植物与食草动物协同进化？

第四章　群落生态学

[学习指南]

本章主要学习群落生态学的基本原理，包括群落的种类组成、结构、动态及其分类，我国主要植被类型及主要陆地生物群落的分布规律。本章内容是生物多样性理论与实践、生态建设与开发、景观规划与设计、森林培育、植被恢复等实践的基础。

第一节　生物群落的概念与特征

一、生物群落的概念

群落（community）：在一定时空条件下各种生物种群的有规律的集合。植物群落学 （也称为地植物学或植被生态学），主要研究植物群落的结构、功能、形成、发展以及与所处环境的相互关系。

1902 年，瑞士学者（C. Schroter）首次提出了群落生态学（synecology）的概念，他认为，群落生态学是研究群落与环境相互关系的科学。1910 年，在比利时布鲁塞尔召开的第三届国际植物学会议上正式决定采纳群落生态学这个科学名称。

群落学的原理大多来自植物群落学的研究。植物群落学（phytocoenology）也叫地植物学（geobotany）或植被生态学（ecology of vegetation），主要研究植物群落的结构、功能、形成、发展以及与所处环境的相关关系。目前对植物群落的研究已经形成比较完整的理论体系。由于动物生活的移动性特征，使得动物群落的研究比植物群落困难，所以动物群落学研究晚于植物群落学。有关生态锥体、营养级间能量传递效率等原理的发现是基于后来动物群落生态学的研究成果；同时，如捕食、竞争、寄生等许多重要生态学原理，多数也由动物生态学研究开始；对近代群落生态学做出重要贡献的一些原理，如中度干扰假说对形成群落结构的意义、竞争压力对物种多样性的影响等都与动物群落学的发展分不开。近代的食物网理论、生态系统的能流与物流等规律，都是对动物、植物以及微生物群落整体研究的结果。

群落的性质如何是有争议的，主要有两种观点：

1．机体论（organismic school）

认为群落是一个同生物个体、种群相似的自然单位，是有生命的系统。群落的演替具有定向特征相当于生物的生活史或生物的发育，具有机体特征。

2．个体论（individualistic school）

认为群落并不是一个自然单位，而是自然界中在空间和时间连续变化系列中的个区段。群落没有边界；自然界没有两个群落是相同的，因为环境变化导致的群落差异是连续的。

机体论学派代表人物是美国生态学家 Clements，他将植物群落比拟为一个生物有机体，看成是一个自然单位。认为任何一个植物群落都要经历一个从先锋阶段到相对稳定的顶级阶段的演替过程。如果时间充足的话，森林区的一片沼泽最终会演替为森林植被。这个演替过程类似于一个有机体的生活史。因此，群落像一个有机体一样，有诞生、生长、成熟和死亡的不同发育阶段，而这些不同的发育阶段，可以解释成一个有机体的不同发育时期。

个体论学派代表人物之一是 Gleason。认为群落的存在依赖于特定的生境与不同物种的组合，但是环境条件在空间与时间上都是不断变化的，故每一个群落都不具有明显的边界。环境的连续变化使人们无法划分出一个个独立的群落实体，群落只是科学家为了研究方便而抽象出来的一个概念。对群落性质的两种观点对立焦点：

（1）生物有机体的死亡必然引起器官死亡，而组成群落的种群不会因植物群落的衰亡而消失；

（2）植物群落的发育过程不像有机体发生在同一体内，它表现在物种的更替与种群数量的消长方面；

（3）与生物有机体不同，植物群落不可能在不同生境条件下繁殖并保持其一致性；

（4）相同物种的个体之间在遗传上密切相关，但是在同一群落类型之间却无遗传上的任何联系。

二、群落的基本特征

生物群落具有下列基本特征：

1．具有一定的种类组成、物种数和个体数。

每个群落都是由一定的植物、动物、微生物种群组成的，因此，种类组成是区别不同群落的首要特征。一个群落中种类成分的多少及每种个体的数量，是度量群落多样性的基础。

2．不同物种之间的相互影响，群落中各物种之间相互联系并取得协调和发展（种群构成群落的两个条件）。

群落中的物种有规律的共处，即在有序状态下生存。生物群落是生物种群的集合体，但一些种的任意组合不能成为一个群落。一个群落的形成和发展必须经过生物对环境的适应和生物种群之间的相互适应。生物群落并非种群的简单集合。哪些种群能够组合在一起构成群落，取决于两个条件：第一，必须共同适应它们所处的无机环境；第二，它们内部的相互关系必须取得协调、平衡。因此，研究群落中不同种群之间的关系是阐明群落形成机制的重要内容。

3．群落具有自己的内部环境，形成群落环境，是定居生物对生活环境的改造结果。

生物群落对其居住环境产生重大影响，并形成群落环境。如森林中的环境与周围裸地就有很大的不同，包括光照、温度、湿度与土壤等都经过了生物群落的改造。即使生物非常稀疏的荒漠群落，对土壤等环境条件也有明显改变。

4．具有一定的结构：形态结构、生态结构、营养结构。

每一个生物群落都具有自己的结构，其结构表现在空间上的成层性（包括地上和地下）、物种之间的营养结构、生态结构以及时间上的季相变化等。群落类型不同，其结构也不同。热带雨林群落的结构最复杂，而北极冻原群落的结构最简单。

5．具有一定的动态特征：季节动态、年际动态、演替与演化。

任何一个生物群落都有它的发生、发展、成熟（即顶极阶段）和衰败与灭亡阶段。因此，生物群落就像一个生物个体一样，表现出动态的特征。其运动形式包括季节动态、年际动态、演替与演化。

6．具有一定的分布范围、分布规律、特定的地段或特定的生境。

每一生物群落都分布在特定的地段或特定生境上，不同群落的生境和分布范围不同。无论从全球范围看还是从区域角度讲，不同生物群落都是按照一定的规律分布的。

7．具有边界特征：或明确或不明确的边界，不同的群落有不同的边界特征。

在自然条件下，如果环境梯度变化较陡，或者环境梯度突然中断（如地势变化较陡的山地的垂直带，断崖上下的植被，陆地环境和水生环境的交界处如池塘、湖泊、岛屿等），那么分布在这样环境条件下的群落就具有明显的边界，可以清楚地加以区分；而处于环境梯度连续缓慢变化（如草甸草原和典型草原的过渡带，典型草原和荒漠草原的过渡带等）地段上的群落，则不具有明显边界。但在多数情况下，不同群落之间都存在过渡带，被称为群落交错区（ecotone），并导致明显的边缘效应。

8．群落中各物种不具有同等的群落学重要性。

在一个群落中，有些物种对群落的结构、功能以及稳定性具有重大的贡献，而有些物种却处于次要的和附属的地位。因此，根据它们在群落中的地位和作用，物种可以被分为建群种、优势种、亚优势种、伴生种以及偶见种或罕见种等。

第二节 群落的种类组成

一、种类组成的性质分析

种类组成是决定群落性质最重要的因素，也是鉴别不同群落类型的基本特征。任何生物群落都是由一定的生物种类组成的，调查群落中的物种组成是研究群落特征的第一步。为了得到一份完整的生物种类名单，通常采用最小面积的方法来统计一个群落或一个地区的生物种类名录。现以植物群落为例来具体阐述。

最小面积，是指基本上能够表现出某群落类型植物种类的最小面积。如果抽样面积太大，会花费很大的财力、人力与时间等；如果抽样面积太小，则不可能完全反映组成群落的物种情况。通常以绘制种—面积曲线来确定最小面积的大小。具体做法是：选择群落中各物种分布较均匀的地方，圈定一定的面积作为样方，登记这一样方中的所有物种，然后逐渐扩大样方面积，登记新增加的种类。开始时，面积扩大，物种随之迅速增加，但逐渐扩大面积后，物种增加的比例减少。当物种增加到一定程度时，种—面积曲线有明显变缓的趋势，通常把曲线陡度开始变缓处所对应的面积称为最小面积。也就是说至少要求这样大的空间，才能包括组成群落的大多数物种。

群落最小面积，可以反映群落结构特征。组成群落的物种越丰富，群落的最小面积越大。通常情况下，热带雨林为 2 500 m^2，北方针叶林为 400 m^2，落叶阔叶林为 100 m^2，草原灌丛为 25～100 m^2，草原为 1～4 m^2（如图 4-1 所示）。

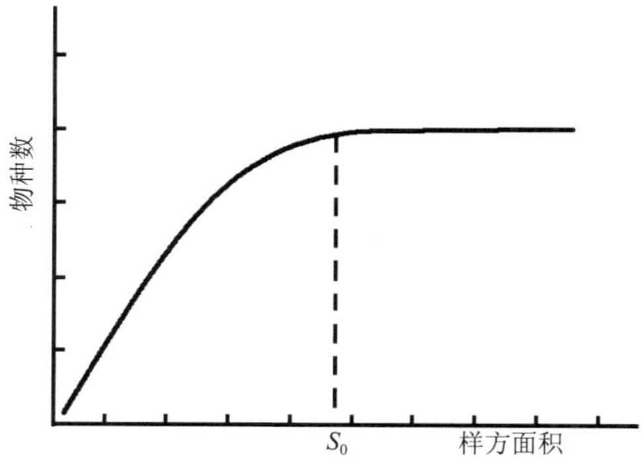

图 4-1 种-面积曲线示意图

植物群落的最小面积比较容易确定，用上述方法即可求得。但动物群落的最小面积较难确定，常采用间接指标（如根据大熊猫的粪便、觅食量等指标）加以统计分析，确定其最小面积。

植物种类不同，群落的类型和结构不同，种群在群落中的地位和作用也不同。因此，可以根据各个种在群落中的作用而划分群落成员型。下面是植物群落研究中常用的群落成员型分类。

（一）优势种和建群种

对群落的结构和群落环境的形成有明显控制作用的植物种称为优势种（dominant species），它们通常是那些个体数量多、投影盖度大、生物量高、体积较大、生活能力较强的植物种类。群落的不同层次可以有各自的优势种，如森林群落中，乔木层、灌木层、草本层和地被层分别存在各自的优势种，其中乔木层的优势种，即优势层的优势种常称为建群种（constructive species）。

如果群落中的建群种只有一个，则称为“单建群种群落”或“单优种群落”；如果具有两个或两个以上同等重要的建群种，就称为“共建种群落”或“共优种群落”。热带森林几乎全是共建种群落，北方森林和草原，则多为单优种群落，但有时也存在共优种，如由贝加尔针茅（Stipa bai-calensis）和羊草（Aneurolepidium chinense）共建的草甸草原群落。

生态学上的优势种对整个群落具有控制性影响，如果把群落中的优势种去除，必然导致群落性质和环境的变化；但若把非优势种去除，只会发生较小的或不显著的变化。因此不仅要保护那些珍稀濒危植物，而且也要保护那些建群植物和优势植物，它们对生态系统的稳定起着举足轻重的作用。

（二）亚优势种（subdominant）

指个体数量与作用都次于优势种，但在决定群落性质和控制群落环境方面仍起着一定作用的植物种。在复层群落中，它通常居于下层，如大针茅草原中的小半灌木冷蒿就是亚优势种。

（三）伴生种（companion species）

伴生种为群落的常见种类，它与优势种相伴存在，但不起主要作用。

（四）偶见种或罕见种（rare species）

偶见种是那些在群落中出现频率很低的种类，多半是由于种群本身数量稀少的缘故。偶见种可能偶然地由人们带入或随着某种条件的改变而侵入群落中，也可能是衰退中的残遗种。有些偶见种的出现具有生态指示意义，有的还可作为地方性特征种来看待。

二、种类组成的数量特征

有了所研究群落的完整的生物名录，只能说明群落中有哪些物种，想进一步说明群落特征，还必须研究不同种的数量关系。对种类组成进行数量分析，是近代群落分析技术的基础。

（一）种的个体数量

1．多度（abundance）

多度是对物种个体数目多少的一种估测指标，多用于群落野外调查。国内多采用 Drude 的七级制多度，即：

Soc.（Sociales） 极多，植物地上部分郁闭

Cop.（Copiosae）

Cop3 数量很多

Cop2 数量多

Cop1 数量尚多

Sp.（Sparsal） 数量不多而分散

Sol.（Solitariae） 数量很少而稀疏

Un.（Unicum） 个别或单株

2．密度（density）

指单位面积或单位空间内的个体数。

相对密度：某一物种的个体数占全部物种个体数的百分比。

密度比：某一物种的密度占群落中密度最高的物种密度的百分比。

一般对乔木、灌木和丛生草本以植株或株丛计数，根茎植物以地上枝条计数。样地内某一物种的个体数占全部物种个体数的百分比称做相对密度（relative density）。某一物种的密度占群落中密度最高的物种密度的百分比称为密度比（density ratio）。

3．盖度（coverage）

指的是植物地上部分垂直投影面积占样地面积的百分比，即投影盖度。后来又出现了“基盖度”的概念，即植物基部的覆盖面积。对于草原群落，常以离地面 1 英寸（2.54 cm）高度的断面计算；对森林群落，则以树木胸高（1.3 m 处）断面积计算。基盖度也称真盖度。乔木的基盖度特称为显著度（dominant）。

盖度可分为种盖度（分盖度）、层盖度（种组盖度）、总盖度（群落盖度）。林业上常用郁闭度来表示林木层的盖度。通常，分盖度或层盖度之和大于总盖度，这是由于植物枝叶互相重叠而造成的。群落中某一物种的分盖度占所有分盖度之和的

百分比，即为该物种的相对盖度。某一物种的盖度占盖度最大物种的盖度的百分比称为盖度比（cover ratio）。

4．频度（frequency）

是指群落中某种植物出现的样方数占整个样方数的百分比，即某个物种在调查范围内出现的频率。频度这个概念，早在 1825 年就有人提出，后来 Raunkiaer 的工作对此影响最大。

丹麦学者 Raunkiaer 在欧洲草地群落中，用 1/10 m^2 的小样圆任意投掷，将小样圆内的所有植物种类加以记载，然后计算每种植物出现的次数与样圆总数之比，得到各个种的频度。Raunkiaer 根据 8 000 多种植物的频度统计（1934）编制了一个标准频度图解（frequency diagram），提出了著名的 Raunkiaer 定律（Law of Frequency）。

凡频度在 1%～20%的植物种归入 A 级，21%～40%者为 B 级，41%～60%者为 C 级，61%～80%者为 D 级，80%～100%者为 E 级。在他统计的 8 000 多种植物中，频度属 A 级的植物种类占 53%，属于 B 级者有 14%，C 级有 9%，D 级有 8%，E 级有 16%。这样按其所占比例的大小，五个频度级的关系是：A＞B＞C≥D＜E。这就是 Raunkiaer 频度定律。这个定律说明：在一个种类分布比较均匀一致的群落中，属于 A 级频度的种类占大多数，B、C 和 D 级频度的种类较少，E 级频度的植物是群落中的优势种和建群种，其数目也较多，因此占有较高的比例。这个规律符合群落中低频度种的数目较高频度种的数目多的事实。

实践证明，上述定律基本上适合于任何稳定性较高而种数分布比较均匀的群落，群落的均匀性与 A 级和 E 级的大小成正比。E 级愈高，群落的均匀性愈大。如若 B、C、D 级的比例增高时，说明群落中种的分布不均匀，暗示着植被分化和演替的趋势。

5．高度（height）

为测量植物体的一个指标。测量时取其自然高度或绝对高度。某种植物高度占最高的种的高度的百分比称为高度比。

6．重量（weight）

用来衡量种群生物量（biomass）或现存量（standing crop）多少的指标。可分鲜重与干重。在草原植被研究中，这一指标特别重要。单位面积或容积内某一物种的重量占全部物种总重的百分比称为相对重量。

7．体积（volume）

是生物所占空间大小的度量。在森林植被研究中，这一指标特别重要。在森林经营中，通过体积的计算可以获得木材生产量（称为材积）。单株乔木的材积由胸高断面积（s）、树高（h）和形数（f）三者的乘积，即 $V=shf$。形数是树干体积与等高同底的圆柱体体积之比。因此在断面积乘树高而获得圆柱体体积之后，必须按不同树种乘以该树种的形数（可由森林调查表中查到），就获得一株乔木的体积。草本植物或小灌木体积的测定，可用排水法进行。

（二）综合数量指标

1．优势度（dominance）

优势度用以表示一个种在群落中的地位与作用，但其具体定义和计算方法各家意见不一。Braun-Blanquet 主张以盖度、所占空间大小或重量来表示优势度，并指出在不同群落中应采用不同指标。苏卡乔夫（1938）提出，多度，体积或所占据的空间、利用和影响环境的特性、物候动态均应作为某个种优势度指标。有的认为盖度和密度为优势度的度量指标。也有的认为优势度即“盖度和多度的总和”或“重量、盖度和多度的乘积”等等。

2．重要值（important value）

也是用来表示某个种在群落中的地位和作用的综合数量指标，因为它简单、明确，所以在近些年来得到普遍采用。重要值是美国的 J. T. Curtis 和 R. P. McIntosh（1951）首先使用的。他们在 Wisconsin 研究森林群落连续体时，用重要值来确定乔木的优势度或显著度（conspicuousness）。计算的公式如下：

重要值（I. V.）=相对密度+相对频度+相对优势度（相对基盖度）

上式用于草原群落时，相对优势度可用相对盖度代替：

重要值=相对密度+相对频度+相对盖度

三、种的多样性

生物多样性（biodiversity）是指生物中的多样化和变异性以及物种生境的生态复杂性，它包括植物、动物和微生物的所有种及其组成的群落和生态系统。生物多样性可以分为遗传多样性、物种多样性和生态系统多样性三个层次。遗传多样性指地球上生物个体中所包含的遗传信息之总和；物种多样性指地球上生物有机体的多样化；生态系统多样性涉及的是生物圈中生物群落、生境与生态过程的多样化。

（一）多样性的定义

R. A. Fisher 等（1943）第一次使用种的多样性名词时，他所指的是群落中物种的数目和每一物种的个体数目。后来人们有时也用别的特性来说明种的多样性，比如生物量、现存量、重要值、盖度等。

自从 MacArther（1957）的论文发表后，近几十年来讨论多样性的文章很多，归纳起来，通常种的多样性具有下面两种含义：

1．种的数目或丰富度（species richness）

指一个群落或生境中物种数目的多寡。Poole（1974）认为只有这个指标才是唯一真正客观的多样性指标。在统计种的数目的时候，需要说明多大的面积，以便比较。在多层次的森林群落中必须说明层次和径级，否则是无法比较的。

2．种的均匀度（species evenness or equitability）

指一个群落或生境中全部物种个体数目的分配状况，它反映的是各物种个体数目分配的均匀程度，例如，甲群落中有 100 个个体，其中 90 个属于种 A，另外 10 个属于种 B。乙群落中也有 100 个个体，但种 A、B 各占一半。那么，甲群落的均匀度就比乙群落低得多。

（二）多样性的测定

测定多样性的公式很多，这里仅我们这里仅选取其中几种有代表性的作一说明。

1．丰富度指数

由于群落中物种的总数与样本含量有关，所以这类指数应跟定为可比较的。生态学上用过的丰富度指数很多，现举几例。

（1）Gleason（1922）指数：

$$D=S/\ln A$$

式中，A 为单位面积，S 为群落中的物种数目。

（2）Margalef（1951，1957，1958）指数：

$$D=(S-1)/\ln N$$

式中，S 为群落中的总种数，N 为观察到的个体总数（随样本大小而增减）。

2．多样性指数

多样性指数是反映丰富度和均匀度的综合指标。应指出的是，应用多样性指数时，具低丰富度和高均匀度的群落与具高丰富度与低均匀度的群落，可能得到相同的多样性指数。下面是两个最著名的计算公式：

（1）辛普森多样性指数（Simpson's diversity index）

设种 i 的个体数占群落中总个体数的比例为 P_i，那么，随机取种 i 两个个体的联合概率就为 P_i^2。如果我们将群落中全部种的概率合起来，就可得到辛普森指数 D，即

$$D=1-\sum_{i=1}^{s}P_i^2=1-\sum_{i=1}^{s}(N_i/N)^2$$

式中，S 为物种数目。

辛普森多样性指数的最低值是 0，最高值是（1－1/s）。前一种情况出现在全部个体均属于一个种的时候，后一种情况出现在每个个体分别属于不同种的时候。

例如，甲群落中 A、B 两个种的个体数分别为 99 和 1，而乙群落中 A、B 两个种的个体数均为 50，按辛普森多样性指数计算，则甲、乙两群落的多样性指数分别为：

$$D_1 = 1 - \sum_{i=1}^{s}(N_i / N)^2 = 1 - \{(99/100)^2 + (1/100)^2\} = 0.0198$$

$$D_2 = 1 - \sum_{i=1}^{s}(N_i / N)^2 = 1 - \{(50/100)^2 + (50/100)^2\} = 0.5000$$

乙群落的多样性高于甲群落。造成这两个群落多样性差异的主要原因是种的不均匀性，从丰富度来看，两个群落是一样的，但均匀度不同。

（2）香农-威纳指数（Shannon-Weiner index）

$$H = -\sum_{i=1}^{s} P_i \log_2 P_i$$

式中，S 为物种数目，P_i 为属于种 i 的个体在全部个体中的比例，H 为物种的多样性指数。公式中对数的底可取 2、e 和 10，但单位不同，分别为 nit、bit 和 dit。若仍以上述甲、乙两群落为例计算，则

$$H_1 = -\sum_{i=1}^{s} P_i \log_2 P_i = -(0.99 \times \log_2 0.99 + 0.01 \times \log_2 0.01) = 0.081\ \text{nit}$$

$$H_2 = -\sum_{i=1}^{s} P_i \log_2 P_i = -(0.50 \times \log_2 0.50 + 0.50 \times \log_2 0.50) = 1.00\ \text{nit}$$

可见，乙群落的多样性更高一些，这与用辛普森指数计算的结果是一致的。香农-威纳指数包含两个因素：其一是种类数目，即丰富度；其二是种类中个体分配上的均匀性（evenness）。种类数目越多，多样性越大；同样，种类之间个体分配的均匀性增加也会使多样性提高。

在不同空间尺度范围内，区分清楚不同的多样性测度指标是十分有用的。通常多样性测度可以分为三个范畴：α-多样性、β-多样性和 γ-多样性。

α-多样性是在栖息地或群落中的物种多样性，其计算方法正如上面所叙述的一样。

β-多样性是度量在地区尺度上物种组成沿着某个梯度方向从一个群落到另一个群落的变化率。它可以定义为沿着某一环境梯度物种替代的程度或速率、物种周转率、生物变化速率等。β-多样性还反映了不同群落间物种组成的差异，不同群落或某环境梯度上不同点之间的共有种越少，β-多样性越大。测度群落 β-多样性的重要意义在于：①它可以反映生境变化的程度或指示生境被物种分割的程度；

②β-多样性的高低可以用来比较不同地点的生境多样性；③β-多样性与 α-多样性一起构成了群落或生态系统总体多样性或一定地段的生物异质性。β-多样性的计算方法也有很多。

γ-多样性反映的是最广阔的地理尺度，指一个地区或许多地区内穿过一系列的群落的物种多样性。

四、物种多样性在空间上的变化规律

（一）多样性随纬度的变化

从热带到两极，随纬度的增加，物种多样性有逐渐减少的趋势。此规律无论在陆地、海洋和淡水环境，都有类似趋势，有充分的数据可以说明这一点。如北半球从南到北，随着纬度的增加，植物群落依次出现为热带雨林、亚热带常绿阔叶林、温带落叶阔叶林、寒温带针叶林、寒带苔原，伴随着植物群落有规律的变化，物种丰富度和多样性逐渐降低。当然也有例外，如企鹅和海豹在极地种类最多，而针叶树和姬蜂在温带物种最丰富。

（二）多样性随海拔的变化

如果在赤道地区登山，随海拔的增高，能见到热带、温带、寒带的环境，同样也能发现物种多样性随海拔增加而逐渐降低。

（三）在海洋或淡水水体，物种多样性有随深度增加而降低的趋势

显然，在大型湖泊中，温度低、含氧少、黑暗的深水层，其水生生物种类明显低于浅水区；同样，海洋中植物分布也仅限于光线能透入的光亮区，一般很少超过 30 m。

我国土地辽阔，南北跨越 30 余个纬度，由东南向西北干旱度逐渐增加，而西南则是高寒的青藏高原。张荣祖（1985）曾对我国陆生哺乳类（除翼手目外）的种数做过统计比较，发现如下规律：①种数与纬度关系。在北纬 40°～45°，平均种数最低，由 40°往更低纬度地区，种数随纬度的降低而增加。②种数与内陆干旱地区的年降水量关系。随着年降水量由 50 mm 上升到 500 mm，平均种数亦随之而增加。③青藏喜马拉雅-横断山脉地区的种数与海拔高度的关系。随着海拔由 850 m 上升到 4 750 m，平均种数随海拔的升高而降低。

五、决定多样性梯度的因素

为什么热带地区生物群落的物种多样性高于温带和极地？这是由什么因素决定的？对此有不同学说，简介如下：

（一）进化时间学说

热带群落比较古老，进化时间较长，并且在地质年代中环境条件稳定，很少遭受灾害性气候变化（如冰期），所以群落的多样性较高。相反，温带和极地群落从地质年代上讲是比较年轻的，遭受灾难性气候变化较多，所以多样性较低。这就是说，所有群落随时间的推移其种数越来越多，比较年轻的群落可能没有足够的时间发展到高多样化的程度。有些事实能为此学说提供证据，如北半球白垩纪的浮游性有孔虫化石，也和现存有孔虫类一样，从热带到极地，物种多样性逐渐降低。

（二）生态时间学说

考虑更短的时间尺度，认为物种分布区的扩大也需要一定时间。根据这个学说，温带地区的群落与热带的相比是未充分饱和的。从热带扩展到温带不仅需要足够时间，有的种还可能被某种障碍所阻挡，另一些种可能已从热带进入温带。例如牛背鹭就是从非洲经南美而扩展到北美的。

（三）空间异质性学说

当人们由寒带经温带到热带旅行时就能得到一个明显的感觉，环境的复杂性随之而增加。物理环境越复杂，或叫空间异质性程度越高，动植物群落的复杂性也越高，物种多样性也越大。空间异质性有不同的尺度，属于宏观尺度的如地形的变化。山区的物种多样性明显地高于平原区，因为山区有更多样的生境，支持更多样的物种生存。岩石、土壤、植被垂直结构的变化是微观的空间异质性，群落中因这些变化使小生境丰富多样，物种多样性亦高。支持这种学说的证据如群落的垂直结构越复杂，那里的鸟类和昆虫的种类就越丰富。

（四）气候稳定学说

气候越稳定，变化越小，动植物的种类就越丰富。在生物进化的地质年代中，地球上唯有热带的气候可能是最稳定的。所以，通过自然选择，那里出现了大量狭生态位和特化的种类。热带有许多狭食性昆虫，有的甚至只吃一种植物。在高纬度地区，自然选择有利于具广适应性的生物。

（五）竞争学说

在物理环境严酷的地区，例如极地和温带，自然选择主要受物理因素控制。但在气候温和而稳定的热带地区，如热带，生物之间的竞争则成为进化和生态位分化的主要动力。由于生态位分化，热带动植物要求的生境条件往往很狭隘，其食性也较特化，物种之间的生态位重叠也比较多。因此，热带动植物较温带的常有更精细的适应性。

（六）捕食学说

因为热带的捕食者比其他地区多，促使 Paine 提出捕食说。他认为，捕食者将被食者的种群数量压到较低水平，从而减轻了被食者的种间竞争。竞争的减弱允许有更多的被食者种的共存。较丰富的种数又支持了更多的捕食者种类。Paine 认为捕食者促进物种多样性的提高，对于每一营养级都适用。Paine 在具岩石底的潮间带去除了顶极捕食动物（海星），使物种多样性由 15 种降为 8 种，实验证实了捕食者在维持群落多样性中的作用。

（七）生产力学说

如果其他条件相等，群落的生产力越高，生产的食物越多，通过食物网的能流量越大，物种多样性就越高。这学说从理论上讲是合理的，但现有实际资料有的不支持此学说。例如对丹麦和印度湖泊的枝角类种数与初级生产关系调查结果说明了相反的关系：初级生产力越高，枝角类多样性越低。

上述七种学说，实际上包括六个因素，即时间、空间、气候、竞争、捕食和生产力。这些因素可能同时影响着群落的物种多样性，并且彼此之间相互作用。各学说之间往往难以截然分开，更可能的是在不同生物群落类型中，各因素及其组合在决定物种多样性中具不同程度的作用。

六、群落多样性与稳定性

多数生态学家认为，群落的多样性是群落稳定性的一个重要尺度，多样性高的群落，物种之间往往形成了比较复杂的相互关系，食物链和食物网更加趋于复杂。当面对来自外界环境的变化或群落内部种群的波动时，群落由于有一个较强大的反馈系统，从而可以得到较大的缓冲。从群落能量学的角度来看，多样性高的群落，能流途径更多一些，当某一条途径受到干扰被堵塞不通时，就会有其他的路线予以补充。

May（1973，1976）等生态学家认为，生物群落的波动是呈非线性的，复杂的自然生物群落常常是脆弱的，如热带雨林这一复杂的生物群落比温带森林更易遭受人类的干扰而不稳定。共栖的多物种群落，某物种的波动往往会牵连到整个群落。他们提出了多样性的产生是由于自然的扰动和演化两者联系的结果，环境的多变的不可测性使物种产生了繁殖与生活型的多样化。

在群落多样性与稳定性的关系上，目前仍未定论。

第三节　群落的结构

群落结构是群落中相互作用的种群在协同进化中形成的，其中生态适应和自然选择起了重要作用，因此，群落结构特征包含了重要的生态内容。前一节介绍的种类组成，也是群落结构的重要特征，这一节着重介绍群落的空间结构（或物理结构）及其生态内涵。

一、群落的结构单元

群落空间结构决定于两个要素，即群落中各物种的生活型及相同生活型的物种所组成的层片（synusia），它们可看作群落的结构单元。

（一）生活型

生活型（life form）是生物对综合环境条件长期适应的外部表现形式，是植物对相同环境条件进行趋同适应的结果。同一生活型的植物表示它们对环境的适应途径和适应方法相同或相似。亲缘关系很近的植物却可属于不同的生活型，这是生物之间趋同适应的结果，深刻地反映了生物和环境之间的关系。

趋同适应：不同种类的植物当生长在相同或相似的环境条件下，往往形成相同或相似的适应方式和途径，叫趋同适应。其结果使不同的植物在外貌上及内部生理及发育上表现出一致性或相似性。

一些学者建立了各种植物生活型分类系统，其中应用最广的是丹麦生态学家 Raunkiaer 的生活型分类系统。他以植物体在度过生活不利时期（冬季严寒、夏季干旱）对恶劣条件的适应方式作为分类的基础。具体的是以休眠或复苏芽所处位置的高低和保护的方式为依据，把陆生植物划分为五类生活型。

1．高位芽植物（phanerophytes）　休眠芽位于距地面 25 cm 以上，又依高度分为四个亚类，即大高位芽植物（高度＞30 m），中高位芽植物（8～30 m），小高位芽植物（2～8 m）与矮高位芽植物（25 cm～2 m）。如乔木、灌木和一些生长在热带潮湿气候条件下的草本等。

2．地上芽植物（chamaephytes）　更新芽位于土壤表面之上，25 cm 之下，多为半灌木或草本植物。受土表的残落物保护，在冬季地表积雪地区也受积雪的保护。

3．地面芽植物（hemicryptophytes）　又称浅地下芽植物或半隐芽植物，更新芽位于近地面土层内，在不利季节，地上部分全枯死，即为多年生草本植物。

4．地下芽植物（cryptophytes）　又称隐芽植物，更新芽位于较深土层中或水中，多为鳞茎类、块茎类和根茎类多年生草本植物或水生植物。

5．一年生植物（therophytes）　是只能在良好季节生长的植物，以种子的形式度过不良季节。

Raunkiaer 生活型被认为是植物在其进化过程中对气候条件适应的结果。因此，它们的组成可作为某地区生物气候的标志。

统计某个地区或某个植物群落内各类生活型的数量对比关系称为生活型谱。通过生活型谱可以分析一定地区或某一植物群落中植物与生境（特别是气候）的关系。

生长型（growth form)：根据植物的可见结构分成的不同类群。生长型反映植物生活的环境条件，相同的环境条件具有相似的生长型，是趋同适应的结果。

生态等值种（ecological equivalents)：由于趋同进化而具有相同形态结构特征（如植物的生长型）的物种。

我国在《中国植被》(1980）一书中即按植物体态划分出下列生长型类群：

Ⅰ．木本植物

1．乔木：具有明显主干，都是高达 3 m 以上的高大木本植物；又分出针叶乔木、阔叶乔木，并进一步分出常绿的、落叶的、簇生叶的、叶退化的。

2．灌木：无明显主干，是较小的木本植物，通常高不及 3 m。也可按上述原则进一步划分。

3．竹类。

4．藤本植物：木本攀缘植物或藤本植物。

5．附生木本植物：地上部分完全依附在其他植物体上。

6．寄生木本植物。

Ⅱ．半木本植物

7．半灌木与小半灌木。

Ⅲ．草本植物：没有多年生的地上木质茎，包括蕨类、禾草类和阔叶草本植物

8．多年生草本植物：又可分出蕨类、芭蕉型、丛生草、根茎草、杂类草、莲座植物、垫状植物、肉质植物、类短命植物等。

9．一年生植物：又分冬性的、春性的与短命植物。

10．寄生草本植物。

11．腐生草本植物。

12．水生草本植物：又分挺水的、浮叶的、漂浮的、沉水的。

Ⅳ．叶状体植物

13．苔藓及地衣。

14．藻菌植物：包括地衣、苔藓等低等植物。

生长型也反映植物生活的环境条件，相同的环境条件具有相似的生长型。

世界各大洲环境相似地区，如草原或荒漠，由于趋同进化而具有相同生长型的植物，属于生态等值种。例如生活于非洲、北美、澳大利亚和亚洲的许多荒漠植物，都发展了叶子细小等特征，虽然它们可能属于不同的科。细叶是一种减少热负荷和蒸腾失水量的适应。Shimper 在 1903 年发现了这一植物地理规律，即在世界不同地区的相似环境区域重复地出现相似的生长型植物。

由于叶子是进行光合作用的最重要器官，所以叶子在进化过程中经受强烈的选择压力。植物生态学家据此建立了叶子大小与水分条件关系的模型，以预测最佳叶子大小。因为大叶比小叶更能阻碍空气的对流和热的散失，所以在太阳光照射的条件下，大叶比小叶的叶温高、蒸腾量大。相反，在荫蔽的条件下，大叶的叶温降低也较快，叶温影响光合速率，所以叶子大小与光合收益的效果有密切联系。蒸腾量大小要以植物的根从土壤吸收水分为代价。最佳叶子大小就是根据经济学上收益 - 成本分析方法，以平衡蒸腾失水的植物根吸水量作为成本，以光合收益高低作为收益，从这两个参量随叶子增大而变化的相互关系中求得收益与成本相差最大时的叶子大小。蒸腾耗水随叶子增大而上升，而光合收益随叶子增大而上升的曲线有一高峰值，超过此限，光合收益反而减低（这是受气体交换所限制的）。

由此可见，根据气候条件，主要是温度、降水和辐射，对植物生长型、进而陆地植物群落类型的预测是有根据的。

动物生态学家也研究动物的生活型，例如兽类中有飞行的（如蝙蝠）、滑翔的（如鼯鼠）、游泳的（如水鼩、鲸、海豹）、地下穴居的（如鼹）、地面奔跑的（如鹿、马）等，它们各有各的形态、生理、行为和生态特征，适应于各种生活方式。但动物生活型并不能决定陆地群落的外貌和结构。

至于水生群落，由于浮游生物个体小，分散，在显微镜下才能见到，一般不形成大的结构。只有海底的群落，其外貌才有明显区别，如珊瑚礁、星状、羽状、扇状的腔肠动物、棘皮动物等。

（二）生态型

生态型（ecotype）：同种植物的不同种群分布和生长在不同的环境中，由于长期受到不同环境条件的影响，在植物的生态适应过程中，就发生了不同个体群之间的变异和分化，形成了一些生态学上互有差异的、异地性的个体群，它们具有稳定的形态、生理和生态特征，并且这些变异在遗传上被固定下来，这样就在一个种内分化成为不同的个体群类型，这种不同的个体群，就是生态型（ecotype）。所以，生态型是同一植物对不同环境条件趋异适应的结果，是种内分化定型过程（Turesson，1922：“一个种对某一特定生境发生基因型反应的产物”）。

生态型的形成可以由于气候因素、地理因素、生物因素、人为因素等分为气候生态型、土壤生态型、生物生态型和人为生态型。

生态型的分化与种的生态幅成正比，即广幅种生态型多，窄幅种生态型少。

趋异适应：同一植物的不同种群，由于分布区的间隔，长期接受不同环境条件的综合影响，于是在不同种群之间产生相应的生态变异，称其为同种植物对不同综合环境条件的趋异适应。

（三）层片（synusia）

层片一词系瑞典植物学家 H. Gams（1918）首创。他将层片划分为三级：第一级层片是同种个体的组合；第二级层片是同一生活型的不同植物的组合；第三级层片是不同生活型的不同种类植物的组合。很明显，H. Gams 的第一级层片指的是种群，第三级层片指的是植物群落。现在群落学研究中一般使用的层片概念，相当于 H. Gams 的第二级层片，即每一个层片均由同一生活型的植物所构成。

层片作为群落的结构单元，是在群落产生和发展过程中逐步形成的。前苏联著名植物群落学家 B. H. 苏卡乔夫（1957）指出："层片具有一定的种类组成，这些种具有一定的生态生物学一致性，而且特别重要的是它具有一定的小环境，这种小环境构成植物群落环境的一部分"。

层片具有下述特征：

1．属于同一层片的植物是同一个生活型类别。但同一生活型的植物种只有其个体数量相当多，而且相互之间存在着一定的联系时才能组成层片。

2．每一个层片在群落中都具有一定的小环境，不同层片小环境相互作用的结果构成了群落环境。

3．每一个层片在群落中都占据着一定的空间和时间，而且层片的时空变化形成了植物群落不同的结构特征。

4．在群落中，每一个层片都具有自己的相对独立性，而且可以按其作用和功能的不同划分为优势层片、伴生层片、偶见层片等。

层片是群落的三维生态结构，它与层有相同之处，但又有质的区别。例如，森林群落的乔木层，在北方可能属一个层片，但热带森林中可能属于若干不同层片。一般层片比层的范围要窄，因为一个层的类型可由若干生活型的植物所组成。例如常绿夏绿阔叶混交林及针阔混交林中的乔木层都含有两种生活型。再如草原群落中，羊草、大针茅和防风（*Saposhnikovia divaricata*）属于同一层次，但羊草是根茎禾草层片，大针茅是丛生禾草层片，而防风则是轴根杂类草层片。

二、群落的垂直结构

群落的垂直结构，主要指群落分层现象。陆地群落的分层，与光的利用有关。层（layer）的分化主要决定于植物的生活型，因生活型决定了该种处于地面以上不同的高度和地面以下不同的深度。换句话说，陆生群落的成层结构是不同高度的植物或不同生活型的植物在空间上垂直排列的结果，水生群落则在水面以下不同深度分层排列。森林群落的林冠层吸收了大部分光辐射，往下光照强度渐减，并依次发展为林冠层、下木层、灌木层、草本层和地被层等层次。

成层性是植物群落结构的基本特征之一，也是野外调查植被时首先观察到的特征。成层现象不仅表现在地上而且也表现在地下。一般讲，温带夏绿阔叶林的地上成层现象最为明显，寒温带针叶林的成层结构简单，而热带森林的成层结构最为复杂。草本植物群落的结构就更为简单了。乔木的地上成层结构在林业上称为林相。从林相来看，森林可分为单层林和复层林。植株上的苔藓、地衣等附生植物、藤本植物等，由于很难将它们划分到某一层次中，因此通常将其称为层间植物或层外植物。

对群落地下分层的研究，一般多在草本植物间进行。主要是研究植物根系分布的深度和幅度。地下成层性通常分为浅层、中层和深层，研究草原时重视根系的研究。一般说来草原根系的特点是：地下部分较密集，根系多分布在 5～10 cm 处；气候干旱，根系也随着加深；从生禾草根系的总长度较长，而杂草类的根较重，并有耐牧性。

在层次划分时，将不同高度的乔木幼苗划入实际所逗留的层中。其他生活型的植物也是如此。另外，生活在乔木不同部位的地衣、藻类、藤本及攀缘植物等层间植物（也叫层外植物）通常也归入相应的层中。

成层现象是群落中各种群之间以及种群与环境之间相互竞争和相互选择的结果。它不仅缓解了植物之间争夺阳光、空间、水分和矿质营养（地下成层）的矛盾，而且由于植物在空间上的成层排列，扩大了植物利用环境的范围，提高了同化功能的强度和效率。成层现象越复杂，即群落结构越复杂，植物对环境利用越充分，提供的有机物质也就越多。群落成层性的复杂程度，也是对生态环境的一种良好的指示。一般在良好的生态条件下，成层构造复杂，而在极端的生态条件下，成层结构简单，如极地的苔原群落就十分简单。

在发育成熟的森林中，上层乔木可以充分利用阳光，而林冠下为那些能有效地利用弱光的下木所占据。穿过乔木层的光，有时仅占到达树冠的全光照的十分之一，但林下灌木层却能利用这些微弱的并且光谱组成已被改变了的光。在灌木层下的草本层能够利用更微弱的光，草本层往下还有更耐阴的苔藓层。

生物群落中动物的分层现象也很普遍。动物之所以有分层现象，主要与食物有关，因为群落的不同层次提供不同的食物；其次还与不同层次的微气候条件有关。如在欧亚大陆北方针叶林区，在地被层和草本层中，栖息着两栖类、爬行类、鸟类（丘鹬、榛鸡）、兽类（黄鼬）和各种鼠形啮齿类；在森林的灌木层和幼树层中，栖息着莺、苇莺和花鼠等；在森林的中层栖息着山雀、啄木鸟、松鼠和貂等；而在树冠层则栖息着柳莺、交嘴和戴菊等。但应指出，许多动物可同时利用几个不同层次，但总有一个最喜好的层次。

水域中，某些水生动物也有分层现象。比如湖泊和海洋的浮游动物即表现出明显的垂直分层现象。影响浮游动物垂直分布的原因主要决定于阳光、温度、食物和含氧量等。多数浮游动物一般是趋向弱光的，因此，它们白天多分布在较深的水层，而在夜间则上升到表层活动。此外，在不同季节也会因光照条件的不同而引起垂直分布的变化。

三、群落的水平结构

群落的水平结构是指群落的配置状况或水平格局，有人称之为群落的二维结构。植物群落水平结构的主要特征就是它的镶嵌性（mosaic）。镶嵌性是植物个体在水平方向上分布不均匀造成的，从而形成了许多小群落（microcoense）。小群落的形成是由于环境因子的不均匀性，如小地形和微地形的变化，土壤湿度和盐渍化程度的差异，群落内部环境的不一致，动物活动以及人类的影响等。分布的不均匀性也受到植物种的生物学特性、种间的相互关系以及群落环境的差异等因素制约。

四、群落的时间结构

如果说植物种类组成在空间上的配置构成了群落的垂直结构和水平结构的话，那么不同植物种类的生命活动在时间上的差异，就导致了结构部分在时间上的相互配置，形成了群落的时间结构。在某一时期，某些植物种类在群落生命活动中起主要作用；而在另一时期，则是另一些植物种类在群落生命活动中起主要作用。

如在早春开花的植物，在早春来临时开始萌发、开花、结实，到了夏季其生活周期已经结束，而另一些植物种类则达到生命活动的高峰。所以在一个复杂的群落中，植物生长、发育的异时性会很明显地反映在群落结构的变化上。因此，周期性就是植物群落在不同季节和不同年份内其外貌按一定顺序变化的过程，它是植物群落特征的另一种表现。植物群落的外貌在不同季节是不同的，随着气候季节性交替，群落呈现不同的外貌，称之为季相。如北方的落叶阔叶林，在春季开始抽出新叶，夏季形成茂密的绿色林冠，秋季树叶一片枯黄，到了冬季则树叶全部落地，呈现出明显的四个季相。植物生长期的长短，复杂的物候现象是植物在自然选择过程中适应周期性变化着的生态环境的结果，它是生态 - 生物学特性的具体体现。

温热地区四季分明，群落的季相变化十分显著，如在温带草原群落中，一年可有四或五个季相。早春，气温回升，植物开始发芽、生长，草原出现春季返青季相。盛夏秋初，水热充沛，植物繁茂生长，色彩丰富，出现华丽的夏季季相。秋末，植物开始干枯休眠，呈红黄相间的秋季季相。冬季季相则是一片枯黄。

草原群落中动物的季节性变化也十分明显。例如，大多数典型的草原鸟类，在冬季都向南方迁移；高鼻羚羊等有蹄类在这时也向南方迁移，到雪被较少、食物比较充足的地区去；旱獭、黄鼠、大跳鼠、仓鼠等典型的草原啮齿类到冬季则进入冬眠。有些种类在炎热的夏季进入夏眠。此外，动物贮藏食物的现象也很普遍，如生活在内蒙古草原上的达乌尔鼠兔，冬季在洞口附近积藏着成堆的干草，所有这一切，都是草原动物季节性活动的显著特征，也是它们对于环境的良好适应。

五、群落交错区与边缘效应

群落交错区（ecotone）又称生态交错区或生态过渡带，是两个或多个群落之间（或生态地带之间）的过渡区域。如森林和草原之间有一森林草原地带，软海底与硬海底的两个海洋群落之间也存在过渡带，两个不同森林类型之间或两个草本群落之间也都存在交错区。此外，像城乡交接带、干湿交替带、水陆交接带、农牧交错带、沙漠边缘带等也都属于生态过渡带。群落交错区的形状与大小各不相同。过渡带有的宽，有的窄；有的是逐渐过渡的，有的变化突然。群落的边缘有的是持久性的，有的在不断变化。

群落交错区是一个交叉地带或种群竞争的紧张地带，发育完好的群落交错区，可包含相邻两个群落共有的物种以及群落交错区特有的物种。在这里，群落中物种的数目及一些种群的密度往往比相邻的群落大。群落交错区种的数目及一些种的密度有增大的趋势，这种现象称为边缘效应（Edge effect）。这是因为群落交错区的环境条件比较复杂，能为不同生态类型的植物定居提供条件，从而为更多的动物提供食物、营巢和隐蔽条件。如我国大兴安岭森林边缘，具有呈狭带状分布的林缘草甸，每平方米的植物种数达 30 种以上，明显高于其内侧的森林群落与外侧的草原群落。美国伊利诺伊州森林内部的鸟仅登记 14 种，但在林缘地带达 22 种。一块草甸在耕作前 100 英亩面积上有 48 对鸟，而在草甸中进行条带状耕作后增加到 93 对（Good 等，1943）。W.J.Beecher（1942）曾用一定面积的鸟巢数来说明边缘效应。还有人利用增加群落交错区数量或边缘长度以增加边缘效应，提高野生动物产量。但值得注意的是，群落交错区物种的密度的增加并非是个普遍的规律。事实上，许多物种的出现恰恰相反，例如在森林边缘交错区，树木的密度明显的比群落里要小。

1987 年 1 月，在巴黎召开的一次国际会议上对群落交错区的定义是："相邻生态系统之间的过渡带，其特征是由相邻生态系统之间相互作用的空间、时间及强度所决定的"。

目前，人类活动正在大范围地改变着自然环境，形成许多交错带，如城市的发展、工矿的建设、土地的开发均使原有景观的界面发生变化。这些新的交错带可看作半渗透界面，它可以控制不同系统之间能量、物质与信息的流通。因此，有人提出要重点研究生态系统边界对生物多样性、能流、物质流及信息流的影响，生态交错带对全球性气候、土地利用、污染物的反应及敏感性，以及在变化的环境中怎样对生态交错带加以管理。联合国环境问题科学委员会（SCOPE）甚至制定了一项专门研究生态交错带的研究计划。

第四节　影响群落结构的因素

一、生物因素

群落结构总体上是对环境条件的生态适应，但在其形成过程中，生物因素起着重要作用，其中作用最大的是竞争与捕食。

（一）竞争对群落结构的影响

由于竞争导致生态位的分化，因此，竞争在生物群落结构的形成中起着重要作用。例如 Mac Arthur 在研究北美针叶林中五种林莺（Dendroica）的分布时，发现它们在树的不同部位取食，这是一种资源分隔现象，可以解释为因竞争而产生的共存。Pyke（1982）研究了美国 Colorado 的熊蜂（Bombus）吻长（是对被采蜜花大小的适应性特征），发现每一被调查地点，熊蜂群落的优势种包括一个长吻种、一个短吻种和一个中长吻种。他还进行了去除试验，当移去某一种，其余种很快就扩大资源利用范围，在原来不“喜好”的但由于去除种放空的花上采蜜。由此可见，物种之间的竞争，对群落的物种组成与分布有很大影响，进而影响群落的结构。

群落中的种间竞争出现在生态位比较接近的种类之间，通常将群落中以同一方式利用共同资源的物种集团称为同资源种团（guild）。同资源种团内的种间竞争十分激烈，它们占有同一功能地位，是等价种。如果一个种由于某种原因从群落中消失，别的种就可能取而代之，这对竞争和群落结构进行实验研究是有利的。另一方面，同资源种团作为群落的亚结构单位，比只从营养级划分更为深入，所以一些学者认为同资源种团的研究是群落生态学研究中一个吸引人而有希望的研究方向。

关键种（Keystone species）对群落具有重要的和不相称的影响。关键种被移除时，会引起其他物种的灭绝和多度的大变化。关键种不一定是食物链最顶端的物种。传粉的昆虫在维持群落结构中扮演着关键性的作用，因而传粉昆虫可以被认为是关键种。只要关键种从群落中消失，就能对群落结构造成重大影响。

目前，生态学家们不会怀疑竞争在影响群落结构形成中的作用，同样也不会认为群落中所有物种都是由种间竞争而联结起来的，但是在影响群落结构特点的因素中，竞争起多大作用？在什么条件下其作用大？在什么条件下其作用小？对这些问题最直接的回答可能是在自然群落中进行引种或去除试验，观察其他种的反应。例如，在 Arizona 荒漠中有一种更格卢鼠和三种囊鼠共存，其栖息的小生境和食性上彼此有区别。当去除一种，另三种中每种的小生境就有明显扩大。Schoener 和 Connell 等曾分别总结过文献中报道的这类试验（分别达 164 和 72 例研究），平均有 90%例证证明有种间竞争，表明自然群落中种间竞争是相当普遍的。分析结果还表明，海洋生物间有种间竞争的例数较陆地生物多，大型生物间较小型生物多；而植食性昆虫之间的种间竞争比例甚少（41%），其原因是绿色植物到处都较为丰富。

（二）捕食对群落结构的影响

捕食对形成群落结构的作用，视捕食者是泛化种还是特化种而异。

具选择性的捕食者对群落结构的影响与泛化捕食者不同。如果被选择的喜食种属于优势种，则捕食能提高多样性。例如潮间带常见的滨螺（*Littorina littorea*）是捕食者，吃很多藻类，尤其喜食小型绿藻如浒苔，随着滨螺捕食压力的增加，藻类种数也增加，捕食作用提高了物种多样性，其原因是藻类把竞争力强的浒苔的生物量大大压低了。这就是说，如果没有滨螺，浒苔占了优势，藻类多样性就会降低。但是，如果捕食者喜食的是竞争上占劣势的种类，则结果相反，捕食降低了多样性。

实验研究证明，随着泛化捕食者（兔）食草压力的加强，草地上的植物种数有所增加。因兔把有竞争力的植物种吃掉，可以使竞争力弱的种生存，所以多样性提高。但是吃食压力过高时，植物种数又随之降低，因为兔不得不吃适口性低的植物。因此，植物多样性与兔捕食强度的关系呈单峰曲线。另一方面，即使是完全泛化的捕食者，像割草机一样，对不同种植物也有不同影响，这决定于被食植物本身恢复的能力。

至于特化的捕食者，尤其是单食性的（多见于食草昆虫或吸血寄生物），它们多少与群落的其他部分在食物联系上是隔离的，所以很易控制被食物种，因此它们是进行生物防治的可供选择的理想对象。当其被食者成为群落中的优势种时，引进这种特化捕食者能获得非常有效的生物防治效果。例如仙人掌（Opuntia）被引入澳大利亚后成为一大危害，大量有用土地被仙人掌所覆盖。在 1925 年引入其特化的捕食蛾（*Cactoblastic cactorum*）后才使危害得到控制。

寄生物和疾病对于群落结构的影响通常在它们大发生或猖獗时可以显示出来。例如，由于疟疾、禽痘等对鸟类致病的病原体被偶然带入夏威夷群岛，使当地接近一半的鸟类区系灭亡。北美的驼鹿（*Alces alces*）近期分布区的变化是与寄生性线虫（*Pneumostrongylus tenuis*）有关。

二、干扰对群落结构的影响

干扰（disturbance）是自然界的普遍现象，就其字面含义而言，是指平静的中断，正常过程的打扰或妨碍。

生物群落不断经受着各种随机变化的事件，正如 Clement 指出的：“即使是最稳定的群丛也不完全处于平衡状态，凡是发生次生演替的地方都受到干扰的影响”。他们当时把干扰视为扰乱了顶极群落的稳定性，使演替离开了正常轨道。近代多数生态学家认为干扰是一种有意义的生态现象，它引起群落的非平衡特性，强调了干扰在形成群落结构和动态中的作用。同时，自然界到处都存在人类活动，诸如农业、林业、狩猎、施肥、污染等，这些活动对于自然群落的结构发生重大影响。

（一）干扰与群落的断层

连续的群落中出现断层（gaps）是非常普遍的现象，而断层经常是由干扰造成。森林中的断层可能由大风、雷电、砍伐、火烧等引起，从而形成斑块大小不一的林窗；草地群落的干扰包括放牧、动物挖掘、践踏等。

干扰造成群落的断层以后，有的在没有继续干扰的条件下会逐渐地恢复，但断层也可能被周围群落的任何一个种侵入和占有，并发展为优势者，哪一种是优胜者完全取决于随机因素，这可称为对断层的抽彩式竞争。

（二）断层的抽彩式竞争

抽彩式竞争（competive lottery）出现在这样的条件下：①群落中具有许多入侵断层能力相等和耐受断层中物理环境能力相等的物种；②这些物种中任何一种在其生活史过程中能阻止后入侵的其他物种再入侵。在这两个条件下，对断层的种间竞争结果完全取决于随机因素，即先入侵的种取胜，至少在其一生之中为胜利者。当断层的占领者死亡时，断层再次成为空白，哪一种入侵和占有又是随机的。当群落由于各种原因不断地形成新的断层，时而这一种“中彩”，时而那一种“中彩”，那么群落整体就有更多的物种可以共存，群落的多样性将明显提高。

例如澳大利亚的大堡礁，其珊瑚礁中鱼类特别丰富，南部有 900 种，北部达 1 500 种，而礁中每一直径 3 米左右的礁块中，可生活 50 种鱼以上。对如此高的鱼类多样性，只以食物资源分隔是难以解释得通的，实际上许多鱼的食性是很接近的。在这样的群落中，具有空的生活空间成为关键因素。据一个观察所得，由三种热带鱼（*Eupomacentrus apicalis*，*Plectroglyphidodon lacrymatus* 和 *Pomacentrus wardi*）个体所占据的 120 个小空间（珊瑚礁中的空隙地）里，在原有领主死亡后再被取代的领主种完全是随机的，没有具规律性的领主演替。由此可见，在此群落中高多样性的维持主要取决于生存空间的供给，并且占有的领主是不可预测的，任何一种都可能在某时和某一空间中取胜。高多样性决定于对断层的抽彩式竞争。

Grubb（1977）曾对英国白垩土草地（chalk grassland）进行研究，发现每一小断层一出现，很快即被一籽苗所占。哪一种成功都是随机的，因为大部分植物种的种子需要相同的发芽条件。

（三）断层与小演替

有些群落所形成的断层，其物种更替是可预测的，有规律性的。新打开的断层常常被扩散能力强的一个或几个先锋种所入侵。由于它们的活动，改变了条件，促进了演替中期种入侵，最后为顶极种所替代。在这种情况下，多样性开始较低，到演替中期增加，但到顶极期往往稍有降低。与抽彩式竞争不同的另一点是，参加小演替各阶段的一般都有许多种，而抽彩式竞争只有一个种建群。

（四）断层形成的频率

断层形成的频率影响物种多样性，据此 Connell 等提出了中度干扰假说（intermediate disturbance hypothesis），即中等程度的干扰水平能维持高多样性。其理由是：①在一次干扰后少数先锋种入侵断层，如果干扰频繁，则先锋种不能发展到演替中期，使多样性较低；②如果干扰间隔期很长，使演替过程能发展到顶极期，多样性也不很高；③只有中等干扰程度使多样性维持最高水平，它允许更多的物种入侵和定居。

在底质为砾石的潮间带，Sousa 曾进行实验研究，对中度干扰假说加以证明。潮间带经常受波浪干扰，较小的砾石受到的波浪干扰而移动的频率明显地比较大的砾石频繁，因此砾石的大小可以作为受干扰频率的指标。Sousa 通过刮掉砾石表面的生物，为海藻的再殖提供了空的基底。结果发现，较小的砾石只能支持群落演替早期出现的绿藻 Ulva 和藤壶，平均每块砾石 1.7 种；大砾石的优势藻类是演替后期的红藻（*Gigartina canaliculata*）（平均 2.5 种）；中等大小的砾石则支持最多样的藻类群落，包括几种红藻（平均 3.7 种）；结果证明中度干扰下多样性最高。Sousa 进一步把砾石以水泥黏合，从而波浪不能推动它们，结果表明藻类多样性不是砾石大小的函数，而纯粹决定于波浪干扰下砾石移动的频率。

草地在经受动物挖掘活动后也出现断层，对其干扰频率与断层演替关系的研究，同样证明了中度干扰假说的预测。

以上例子充分表明干扰对于群落结构形成过程的重大影响。

（五）干扰理论与生态管理

干扰理论对应用领域有重要价值。如要保护自然界生物的多样性，就不要简单地排除干扰，因为中度干扰能增加多样性。实际上，干扰可能是产生多样性的最有力手段之一。冰河期的反复多次“干扰”，大陆的多次断开和岛屿的形成，看来都是物种形成和多样性增加的重要动力。同样，群落中不断出现断层，新的演替，斑块状的镶嵌等等，都可能是产生和维持生态多样性的有力手段。这样的思想应在自然保护、农业、林业和野生动物管理等方面起重要作用。

例如，斑块状的森林砍伐可能增加物种多样性，但斑块的最佳大小要进一步研究决定；农业实践本身就包括人类的反复干扰。各种除草剂的应用对控制杂草多样性起何种作用？不同强度和频率的森林火灾对森林的生物多样性保护起什么作用？它比森林中引进鹿类如何？用什么方法来测度各类干扰的“创造力”？看来人类已进入全面了解多数群落都存在的偶然事件和“危险”事件作用的时候了。

三、空间异质性与群落结构

群落的环境不是均匀一致的，空间异质性（spacial heterogeneity）的程度越高，意味着有更加多样的小生境，所以能允许更多的物种共存。

（一）非生物环境的空间异质性

Harman 研究了淡水软体动物与空间异质性的相关性。他以水体底质的类型数作为空间异质性的指标，得到了正的相关关系：底质类型越多，淡水软体动物种数越多。植物群落研究中大量资料说明，在土壤和地形变化频繁的地段，群落含有更多的植物种，而平坦同质土壤的群落多样性低。

（二）植物空间异质性

MacArthur 等曾研究鸟类多样性与植物的物种多样性和取食高度多样性之间的关系。取食高度多样性是对植物垂直分布中分层和均匀性的测度。层次多，各层次具更茂密的枝叶表示取食高度多样性高。结果发现：鸟类多样性与植物种数的相关，不如与取食高度多样性相关紧密。因此，根据森林层次和各层枝叶茂盛度来预测鸟类多样性是有可能的。对于鸟类生活，植被的分层结构比物种组成更为重要。

在草地和灌丛群落中，垂直结构对鸟类多样性就不如森林群落重要，而水平结构，即镶嵌性或斑块性（patchiness）就可能起决定作用。

四、岛屿与群落结构

岛屿通常是指历史上地质运动形成，被海水包围和分隔开来的小块陆地。许多自然生境，例如溪流、山洞以及其他边界明显的生态系统都可看作是大小、形状和隔离程度不同的岛屿。有些陆地生境也可看成是岛屿，例如，林中的沼泽、被沙漠围绕的高山、间断的高山草甸、片段化的森林和保护区等。由于人类活动的影响，自然景观的片段化（fragmentation），也是产生生境岛屿的重要原因。由于物种在岛屿之间的迁移扩散很少，对生物来讲岛屿就意味着栖息地的片段化和隔离。岛屿由于与大陆隔离，生物学家常把岛屿作为研究进化论和生态学问题的天然实验室或微宇宙。例如达尔文对 Galapagos 群岛的研究及 MacArthur 对岛屿生态学研究等。

（一）海岛的种数－面积关系

岛屿上物种数目（或一个地区中）会随着岛屿面积的增加而增加。最初增加十分迅速，当物种接近该生境所能承受的最大数量时，增加将逐渐停止。物种数目的对数与面积对数的坐标图显示的是一个线性关系。对于海洋岛屿和生境岛屿来说，这些双对数坐标图直线的斜率，大多在 0.24～0.34。对于连续生境内的亚区域，斜率接近 0.1。随着面积增加，物种多样性增加的效果在岛屿上要比连续生境内明显。

海岛的物种数－面积关系，可用下述方程描述：

$$S=CA^{z}$$

或取对数

$$\lg S=\lg C+Z(\lg A)$$

其中：S 为种数，A 为面积，Z 和 C 为两个常数，Z 表示种数－面积关系中回归的斜率，C 是表示单位面积种数的常数。下图所示 Galapagos 群岛的关系式为：

$$S=28.6A^{0.32}$$

广义而言，湖泊受陆地包围，也就是陆“海”中的岛，热带地区山的顶部是低纬度的岛，成片岩石、一类植被或土壤中的另一类土壤和植被斑块、封闭林冠中由于倒木形成的“断层”，都可被视为“岛”。根据研究，这类“岛”中的种数－面积关系同样可以用上述方程进行描述。

岛屿面积越大种数越多，称为岛屿效应。因为岛屿处于隔离状态，其迁入和迁出的强度低于周围连续的大陆。Lack 还认为，大岛具有较多物种数是含有较多的生境的简单反映，即生境多样性导致物种多样性。

岛屿效应说明岛屿对形成群落结构过程的重要影响。

（二）MacArthur 的平衡说

岛屿上的种数决定于物种迁入和灭亡的平衡，并且这是一种动态平衡，不断地有物种灭亡，也不断地由同种或别种的迁入而替代补偿灭亡的物种。

当岛上无留居种时，任何迁入个体都是新的，因而迁入率高。随着留居种数加大，种的迁入率就下降。当种源库（即大陆上的种）所有种在岛上都有时，迁入率为零。灭亡率则相反，留居种数越多，灭亡率也越高。当迁入物种的数目增加时，到达岛屿的迁入来的物种数目会随着时间的推移而减少。相反，当物种之间的竞争变强时，灭绝的速率会增加。当灭绝和迁入的速率达到相等时，物种的数目就处于平衡稳定状态。迁入率多大还取决于岛的远近和大小，近而大的岛，其迁入率高，远而小的岛，迁入率低。同样，灭亡率也受岛的大小的影响。

将迁入率曲线和灭亡曲线叠在一起，其交叉点上的种数（S*），即为该岛上预测的物种数。岛屿面积越大且距离大陆越近的岛屿，其留居物种的数目最多；而岛屿面积越小且距离大陆越远的岛屿，其留居物种的数目最少。因此，根据平衡说，可预测下列四点：①岛屿上的物种数不随时间而变化；②这是一种动态平衡，即灭亡种不断地被新迁入的种所代替；③大岛比小岛能“供养”更多的种；④随岛距大陆的距离由近到远，平衡点的种数逐渐降低。

（三）岛屿和集合种群

由于人类活动的影响，自然生境正日益片断化。集合种群（metapopulation）理论现在被普遍用来解释片断化生境的种群动态。一个集合种群是由含有通过迁入和迁出交换个体的许多种群组成。这种研究途径要比完全隔离的岛屿模型更为现实，因为种群的维持依靠的是个体在斑块之间的移动，而不是来自一个大的单一的种子库源的移植。与岛屿不同，生境斑块是镶嵌在景观板块之中的。周围的景观能够影响斑块的特性和阻止生物个体在斑块之间的移动。当斑块之间的景观变得日益不友好和片断化增加时，边缘物种（edge species）的数目将以牺牲内部物种（interior species）群为代价而增加。如果有一个大的迁入者源且它又接近数量丰富的该种群的话，内部物种在片断中可以生存下去，或者如果景观具有廊道（corridor）或绿色通道（greenways）的话，集合种群之间的物种移动将会很便利。

（四）岛屿群落的进化

岛屿与大陆是隔离的，根据物种形成学说，隔离是形成新物种的重要机制之一。因此，如 Williamson 所言，岛屿的物种进化较迁入快，而在大陆，迁入较进化快。不过有一点需要说明，生物的迁移和扩散能力是不同的，所以对于某一分类群是岛屿，而对另一类群，相当于大陆。实际上，大陆也是四面围海的“岛”。

离大陆遥远的岛屿上，特有种（即只见于该地的种）可能比较多，尤其是扩散能力弱的分类单元更有可能。岛屿群落有可能是物种未饱和的，其原因可能是进化的历史较短，不足以发展到群落饱和的阶段。

（五）岛屿生态与自然保护

自然保护区在某种意义上讲，是受其周围生境“海洋”所包围的岛屿，因此岛屿生态理论对自然保护区的设计具有指导意义。

一般说来，保护区面积越大，越能支持或“供养”更多的物种数；面积小，支持的种数也少，但有两点需要说明：①建立保护区意味着出现了边缘生境（如森林开发为农田后建立的森林保护区），适应于边缘生境的种类受到额外的支持；②对于某些种类而言，小保护区比大保护区可能生活得更好。

在同样面积下，一个大保护区好还是若干小保护区好，这取决于：①若每一小保护区支持的都是相同的一些种，那么大保护区能支持更多种；②从传播流行病而言，隔离的小保护区有更好的防止传播作用；③如果在一个相当异质的区域中建立保护区，多个小保护区能提高空间异质性，有利于保护物种多样性；④对密度低、增长率慢的大型动物，为了保护其遗传特性，较大的保护区是必需的。保护区过小，种群数量过低，可能由于近交使遗传特征退化，也易于因遗传漂移而丢失优良特征。

在各个小保护区之间的“通道”或走廊，对于保护是很有帮助的，因为它能减少被保护物种灭亡的风险，而且细长的保护区，有利于物种的迁入。但在设计和建立保护区中，最重要的是深入掌握被保护物种的生态学特性。

五、平衡说和非平衡说

对群落结构形成的看法，有两种对立的观点，即平衡说（eqilibrium theory）和非平衡说（non-equilibrium theory）。

平衡说认为，共同生活在同一群落中的物种处于一种稳定状态。其中心思想是：共同生活的种群通过竞争、捕食和互利共生等种间相互作用而形成相互牵制的整体，导致生物群落具有全局稳定性特点；在稳定状态下群落的物种组成和各种群数量都变化不大；群落实际上出现的变化是由环境的变化，即所谓的干扰所引起的。总之，平衡说把生物群落视为存在于不断变化着的物理环境中的稳定实体。

平衡说提出较早，可追溯到 Elton（1927）。他认为群落中种群的数量不断变化，但其原因是环境的变动，如严冬和旋风；并可由一种种群传给另一种种群，如被食者的种群变动导致捕食者种群变动。如果环境停止变动，群落将停在稳定状态。MacArthur 在研究岛屿生物地理学中提出的平衡说认为，群落的物种数是一常数，这是迁入和灭绝之间的平衡所取得的；因此构成群落的物种是在不断变化之中，而种数则保持稳定。

非平衡说认为，组成群落的物种始终处在不断的变化之中，自然界中的群落不存在全局稳定性，有的只是群落的抵抗性（群落抵抗外界干扰的能力）和恢复性（群落在受干扰后恢复到原来状态的能力）。非平衡说的重要依据就是中度干扰理论。

Huston（1979）的干扰对竞争结局的研究可以说明非平衡说。Lotka-Volterra 的竞争排斥律可以被证明，但必须在稳定而均匀的环境中，并且有足够时间，才能使一物种挤掉另一物种，或通过生态位分化而共存。但在现实中环境是不断变化的，种间竞争强度和条件有利于哪一种都在变化之中，这可能就是自然群落中竞争排斥直接证据有限的原因。

平衡说和非平衡说除对干扰的作用强调不同以外，一个根本区别是：平衡说的注意焦点是系统处于平衡点时的性质，而对于时间和变异性注意不足；而非平衡说则把注意焦点放在离平衡点时系统的行为变化过程，特别强调时间和变异性。当然，认为现实自然群落有一个精确调节的平衡点这种看法是幼稚的，这也不是平衡说学派所认为的。平衡说学派认为，群落系统有向平衡点发展的趋势，但有或大或小的波动。因此，平衡说与非平衡说的区别在于干扰对群落重要作用认识上的区别。

另一重要区别是把群落视为封闭系统还是开放系统。Lotka-Volterra 的竞争模型把两物种竞争视为封闭系统，结局是一种使另一种灭绝。开放系统的模型包括一组小室（模拟群落中的斑块性，斑块间可以有迁移存在），相互竞争中可能有一种灭绝，也可能由一小室迁入另一小室。模型研究证明：当系统被分为小室以后，哪怕是少数简单的小室，由于小室间高水平的连通性（con-nectedness），使达到平衡的时间大为延长。

通过以上介绍可以看到，早期的群落结构研究是描述性的，而近代的群落生态学焦点在研究形成群落结构的机制、研究方法上强调了实验和模型研究，正如 Schoener 所指出的是群落生态学的机理性研究途径（mechanistic approach of community ecology）。群落生态学中最令人感兴趣的问题是群落中为什么有这么多物种，为什么它们像现在这样分布着，以及它们是怎样发生相互作用的。整体论者强调群落整体性，平衡性。个体论强调群落性质决定于个体，非平衡性，这是多年来的争论。较有说服力的观点是把现实群落看作连续体中种间相互作用和紧密结合程度不同的各种可能阶段。

第五节　群落的动态

动态（dynamics）一词包含的意义十分广泛，按我们的理解，生物群落的动态至少应包括三方面的内容：①群落的内部动态（包括季节变化与年际间变化）；②群落的演替；③地球上生物群落的进化。这里着重谈前两个问题。

一、生物群落的季节动态

生物群落的季节变化受环境条件（特别是气候）周期性变化的制约，并与生物种的生活周期相关联。群落的季节动态是群落本身内部的变化，并不影响整个群落的性质，有人称此为群落的内部动态。在中纬度及高纬度地区，气候的四季分明，群落的季节变化也最明显。我国北方草原生物量的季节变化就是一个例子，如羊草草原 5 月初植物萌动返青，7 月份开花结实，8 月中旬地上生物量达到高峰值，9 月下旬植物地上部分枯黄并停止生长。

二、生物群落的年变化

在不同年度之间，生物群落常有明显的变动。这种变动也限于群落内部的变化，不产生群落的更替现象，一般称为波动（fluctuation）。群落的波动多数是由群落所在地区气候条件的不规则变动引起的，其特点是群落区系成分的相对稳定性、群落数量特征变化的不定性以及变化的可逆性。在波动中，群落在生产量、各成分的数量比例、优势种的重要值以及物质和能量的平衡方面，也会发生相应的变化。

根据群落变化的形式，可将波动划分为以下三种类型：

（一）不明显波动

其特点是群落各成员的数量关系变化很小，群落外貌和结构基本保持不变。这种波动可能出现在不同年份的气象、水文状况差不多一致的情况下。

（二）摆动性波动

其特点是群落成分在个体数量和生产量方面的短期变动（1～5 年），它与群落优势种的逐年交替有关。例如在乌克兰草原上，遇干旱年份旱生植物（针茅、草及羊茅等）占优势，草原旅鼠（*Lagurus lagurus*）和社会田鼠（*Microtus socialis*）也繁盛起来；而在气温较高且降水较丰富的年份，群落以中生植物占优势，同时喜湿性动物如普通田鼠与林姬鼠增多。

（三）偏途性波动

这是气候和水分条件的长期偏离而引起一个或几个优势种明显变更的结果。通过群落的自我调节作用，群落还可回复到接近于原来的状态。这种波动的时期可能较长（5～10 年）。例如草原看麦娘占优势的群落可能在缺水时转变为匐枝毛莨占优势的群落，以后又会回复到草原看麦娘群落占优势的状态。

不同的生物群落具有不同的波动性特点。一般说来，木本植物占优势的群落较草本植物稳定一些，常绿木本群落要比夏绿木本群落稳定一些。在一个群落内部，许多定性特征（如种类组成、种间关系、分层现象等）较定量特征（如密度、盖度、生物量等）稳定一些，成熟的群落较之发育中的群落稳定。

不同的气候带内，群落的波动性不同，环境条件越是严酷，群落的波动性越大。如我国北方较湿润的草甸草原地上产量的年度波动为 20%，典型草原达 40%，干旱的荒漠草原则达 50%。不但产量存在年际波动，而且种类组成也存在年际变化。

这里需要指出的是，虽然群落波动具有可逆性，但这种可逆是不完全的。一个生物群落经过波动之后的复原，通常不是完全地恢复到原来的状态，而只是向平衡状态靠近。群落中各种生物生命活动的产物总是有一个积累过程，土壤就是这些产物的一个主要积累场所。这种量上的积累到一定程度就会发生质的变化，从而引起群落的演替，即群落基本性质的改变。

三、生物群落的演替

（一）演替的概念

生物群落演替（succession），就是指某一地段上一种生物群落被另一种生物群落所取代的过程；是群落发展变化过程中，由低级到高级，由简单到复杂，一个阶段接着一个阶段，一个群落代替另一个群落的自然演变现象；随时间推移，优势种发生明显改变引起整个群落组成的变化过程。

研究群落演替的意义：揭示生态系统发展变化过程的模式、原因、速度等等；由生态系统的现状推测过去，预见未来，使环境与资源的经营符合自然发展规律。

（二）控制演替的几种主要因素

生物群落的演替是群落内部关系（包括种内和种间关系）与外界环境中各种生态因子综合作用的结果。到目前为止，人们对于演替的机制了解得还不够。要搞清演替过程中每一步发生的原因以及有效地预测演替的方向和速度，还有大量的工作要做。因此，下面列出的仅是部分原因。

1．植物繁殖体的迁移、散布和动物的活动性

植物繁殖体的迁移和散布普遍而经常地发生着。因此，任何一块地段，都有可能接受这些扩散来的繁殖体。当植物繁殖体到达一个新环境时，植物的定居过程就开始了。植物的定居包括植物的发芽、生长和繁殖三个方面。我们经常可以观察到这样的情况：植物繁殖体虽到达了新的地点，但不能发芽；或是发芽了，但不能生长；或是生长到成熟，但不能繁殖后代。只有当一个种的个体在新的地点上能繁殖时，定居才算成功。任何一块裸地上生物群落的形成和发展，或是任何一个旧的群落为新的群落所取代，都必然包含有植物的定居过程。因此，植物繁殖体的迁移和散布是群落演替的先决条件。

对于动物来说，植物群落成为它们取食、营巢、繁殖的场所。当然，不同动物对这种场所的需求是不同的。当植物群落环境变得不适宜它们生存的时候，它们便迁移出去另找新的合适生境；与此同时，又会有一些动物从别的群落迁来找新栖居地。因此，每当植物群落的性质发生变化的时候，居住在其中的动物区系实际上也在作适当的调整，使得整个生物群落内部的动物和植物又以新的联系方式统一起来。

2．群落内部环境的变化

这种变化是由群落本身的生命活动造成的，与外界环境条件的改变没有直接的关系；有些情况下，是群落内物种生命活动的结果，为自己创造了不良的居住环境，使原来的群落解体，为其他植物的生存提供了有利条件，从而引起演替。比如，据

E. L. Rice 研究，在美国 Oklahoma 州的草原弃耕地恢复的第一阶段中，向日葵的分泌物对自身的幼苗具有很强的抑制作用，但对第二阶段的优势种 *Aristida oligantha* 的幼苗却不产生任何抑制作用。于是向日葵占优势的先锋群落很快为 *Aristida oligantha* 群落所取代。

由于群落中植物种群特别是优势种的发育而导致群落内光照、温度、水分状况的改变，也可为演替创造条件。例如，在云杉林采伐后的林间空旷地段，首先出现的是喜光草本植物。但当喜光的阔叶树种定居下来并在草本层以上形成郁闭树冠时，喜光草本便被耐阴草本所取代。以后当云杉伸于群落上层并郁闭时，原来发育很好的喜光阔叶树种便不能更新。这样，随着群落内光照由强到弱及温度变化由不稳定到较稳定，依次发生了喜光草本植物阶段、阔叶树种阶段和云杉阶段的更替过程，也就是演替的过程。

3．种内和种间关系的改变

组成一个群落的物种在其内部以及物种之间都存在特定的相互关系。这种关系随着外部环境条件和群落内环境的改变而不断地进行调整。当密度增加时，不但种群内部的关系紧张化了，而且竞争能力强的种群得以充分发展，而竞争能力弱的种群则逐步缩小自己的地盘，甚至被排挤到群落之外。这种情形常见于尚未发育成熟的群落。

处于成熟、稳定状态的群落在接受外界条件刺激的情况下也可能发生种间数量关系重新调整的现象，进而使群落特性或多或少地改变。

4．外界环境条件的变化

虽然决定群落演替的根本原因存在于群落内部，但群落之外的环境条件诸如气候、地貌、土壤和火等常可成为引起演替的重要条件。气候决定着群落的外貌和群落的分布，也影响到群落的结构和生产力，气候的变化，无论是长期的还是短暂的，都会成为演替的诱发因素。地表形态（地貌）的改变会使水分、热量等生态因子重新分配，转过来又影响到群落本身。大规模的地壳运动（冰川、地震、火山活动等）可使地球表面的生物部分完全毁灭，从而使演替从头开始。小范围的地表形态变化（如滑坡、洪水冲刷）也可以改造一个生物群落。土壤的理化特性对于置身于其中的植物、土壤动物和微生物的生活有密切的关系，土壤性质的改变势必导致群落内部物种关系的重新调整。火也是一个重要的诱发演替的因子，火烧可以造成大面积的次生裸地，演替可以从裸地上重新开始；火也是群落发育的一种刺激因素，它可使耐火的种类更旺盛地发育，而使不耐火的种类受到抑制。当然，影响演替的外部环境条件并不限于上述几种。凡是与群落发育有关的直接或间接的生态因子都可成为演替的外部因素。

5．人类的活动

人对生物群落演替的影响远远超过其他所有的自然因子，因为人类社会活动通常是有意识、有目的地进行的，可以对自然环境中的生态关系起着促进、抑制、改造和建设的作用。放火烧山、砍伐森林、开垦土地等，都可使生物群落改变面貌。人还可以经营、抚育森林，管理草原，治理沙漠，使群落演替按照不同于自然发展的道路进行。人甚至还可以建立人工群落，将演替的方向和速度置于人为控制之下。

（三）演替的基本类型

演替类型的划分可以按照不同的原则进行。

1．按照演替发生的时间进程（L. G. Ramensky，1938）

（1）世纪演替　延续时间相当长久，一般以地质年代计算。常伴随气候的历史变迁或地貌的大规模改造而发生。

（2）长期演替　延续达几十年，有时达几百年，云杉林被采伐后的恢复演替可作为长期演替的实例。

（3）快速演替　延续几年或十几年。草原弃耕地的恢复演替可以作为快速演替的例子，但要以撂荒面积不大和种子传播来源就近为条件，否则弃耕地的恢复过程就可能延续达几十年。

2．按演替发生的起始条件划分

（1）原生演替（primary succession）　开始于原生裸地或原生芜原（完全没有植被并且也没有任何植物繁殖体存在的裸露地段）上的群落演替。原生裸地是指以前完全没有植物的地段，或原来存在过植被，但被彻底消灭，甚至植被下的土壤条件也不复存在。火山熔岩或冰川运动都形成了典型的原生裸地。

（2）次生演替（secondary succession）　开始于次生裸地或次生芜原（不存在植被，但在土壤或基质中保留有植物繁殖体的裸地）上的群落演替。

3．按基质的性质划分（C. F. Cooper，1913）

（1）水生演替（hydrorarch succession）　演替开始于水生环境中，但一般都发展到陆地群落。如淡水湖或池塘中水生群落向中生群落的转变过程。

（2）旱生演替（xerarch succession）　演替从干旱缺水的基质上开始。如裸露的岩石表面上生物群落的形成过程。旱生演替系列以岩石风化开始，经过地衣阶段、苔藓阶段、旱生草本阶段、木本植物阶段，形成森林。

4．按控制演替的主导因素划分

（1）内因性演替　这类演替的一个显著特点是，群落中生物生命活动的结果首先使它的生境得到改造，然后被改造了的生境又反作用于群落本身，如此相互促进，使演替不断向前发展。一切源于外因的演替最终都是通过内因生态演替来实现，因此可以说，内因生态演替是群落演替的最基本和最普遍的形式。

（2）外因性演替　这种演替是由于外界环境因素的作用所引起的群落变化。其中包括气候发生演替（由气候的变动所导致）、地貌发生演替（由地貌变化所引起）、土壤发生演替（起因于土壤的演变）、火成演替（由火的发生作为先导原因）和人为发生演替（由人类的生产及其他活动所导致）。

5．按群落代谢特征来划分有自养性演替和异养性演替

自养性演替中，光合作用所固定的生物量积累越来越多，例如由裸岩→地衣→苔藓→草本→灌木→乔木的演替过程。异养性演替如出现在有机污染的水体，由于细菌和真菌分解作用特别强，有机物质是随演替而减少的。

多数群落的演替具有一定的方向性，但也有一些群落有周期性的变化，即由一个类型转变为另一个类型，然后又回到原有类型，称为周期性演替。例如石楠群落，其优势植物是石楠，在逐渐老化以后为石蕊（一种地衣）所入侵，石蕊死亡后出现裸露的土壤，于是熊果入侵，以后石楠又重新取而代之，如此循环往复。

（四）演替的实例

这里我们举三个实例，说明群落演替过程中优势植物的取代和动物种类组成的相应变化。

第一个实例是美国密执安湖（Lake Michigan）沙丘上群落的演替。这是一种原生演替。沙丘是湖水退却后逐渐暴露出来的。因此沙丘上的基质条件是原生裸地性质的，从未被任何生物群落占据过。湖水退却过程中不同时期形成的陆生群落沿湖边向外围的方向上形成一个演替系列。在这里，著名的植物群落学家 H. C. Cowles（1899）进行了最早的植物演替研究，动物群落学家 Shelford（1913）进行了动物演替研究。以后 Olson（1958）重新研究了沙丘演替系列，并提供了有关演替过程和速度的有用数据。

沙丘上的先锋群落由一些先锋植物（包括 Ammophila，Agropyron，沙柳等）和无脊椎动物（如虎甲、穴蛛和蝗虫等）构成。随着沙丘暴露时间的加长，它上面的先锋群落依次为桧柏松林、黑栎林、栎－山核桃林所取代，最后发展为稳定的山毛榉－槭树林群落。群落演替开始于极端干燥的沙丘之上，最后形成次冷湿的群落环境，形成富有深厚腐殖质的土壤，土壤中出现了蜗牛和蚯蚓。在此发展过程中，不同演替阶段上群落中的动物种群是不一样的。少数动物可以跨越两个或三个演替阶段，更多的则是只存留一个阶段便消失了。

整个演替过程进行得十分缓慢。据 Olson（1958）估计，从裸露的沙丘到稳定的森林群落（山毛榉－槭树林），大约经历了 1 000 年的历史。

第二个实例是美国东南部农田弃耕后恢复演替，这是一种次生演替。

演替开始于一块次生裸地，土壤中还残留着农作物及农田杂草的种子和其他繁殖体。弃耕后的第一年内，首先出现的是飞蓬占优势的先锋群落；第二年，飞蓬的优势让位于紫菀，并且群落中出现的相当数量的须芒草个体；第三年，须芒草即取代了紫菀而在群落中占据优势地位。此后随着时间的推移，出现了牧草和灌木共占

优势的群落，并维持到大约弃耕后 20 年的时间。接着是针叶树侵入到群落中并逐步占据优势，形成松林群落。这一阶段将延续到弃耕后的 100 年左右。后来是栎－山核桃群落取代松林群落，这便是当地成熟、稳定的群落类型。

在这个演替过程中，繁殖鸟类的变化和优势植物的取代顺序相平行。鸟类种群数量最急剧的变化发生在优势植物的生活型改变的时候（从草本、灌木、针叶树到阔叶树）。没有哪一种植物或动物能在演替开始到末尾始终存在于群落中，各个物种的繁盛期都不相同。虽然植物是引起变化的最重要生物，但是群落中的鸟类也不是完全被动的。灌木和阔叶树阶段的主要优势植物，借助于鸟类和其他动物将种子传播到新的地区。

第三个实例是珊瑚礁演替，这是海洋中定居动物演替的报道。珊瑚群体由小逐渐增大，形成圆顶状直径约 1 m 的帽状物，因为其边缘生长快，逐步变成了帽檐状的边饰，而饰下被波浪侵蚀，出现许多小室，其他生物入侵，由单种珊瑚群体发展为镶嵌状的珊瑚礁。当珊瑚礁继续增大，直到直径达数米，由于上部悬浮过重，加上波浪冲击，礁体部分或全部崩塌，其他更多种珊瑚蔓生，形成更为复杂的珊瑚礁。在此演替过程中，珊瑚礁中鱼类多样性也随着礁体复杂多样和提供更多的生态位而增加。部分崩塌增加了礁体内空间异质性，一般也提高物种多样性，但完全崩塌则减低多样性。

（五）演替顶极

演替的顶极学说（climax theory）是英美学派提出的。演替顶极（climax）是指每一个演替系列都是由先锋阶段开始，经过不同的演替阶段，到达中生状态的最终演替阶段。近几十年来，演替的顶极学说得到不断的修正、补充和发展。有关演替顶极理论主要有三种：单元顶极论、多元顶极论和顶极－格局假说。

1．单元顶极论（monoclimax hypothesis）　在上世纪末、本世纪初就已经基本形成。这个学说的首创人是 H. C. Cowles 和 F. E. Clements（1916）。

Clements 认为，在任何一个地区内，一般的演替系列的终点取决于该地区的气候性质，主要表现在顶极群落的优势种，能够很好地适应于地区的气候条件，这样的群落称之为气候顶极群落。到达稳定阶段的植被，就是和当地气候条件保持协调和平衡的植被。

Clements 认为，在同一气候区内，无论演替初期的条件多么不同，植被总是趋向于减轻极端情况而朝向顶极方向发展，从而使得生境适合于更多的生物生长。于是，旱生的生境逐渐变得中生一些，而水生的生境逐渐变得干燥一些。演替可以从千差万别的地境上开始，先锋群落可能极不相同，但在演替过程中植物群落间的差异会逐渐缩小，逐渐趋向一致。因而，无论水生型的生境，还是旱生型的生境，最终都趋向于中生型的生境，并均会发展成为一个相对稳定的气候顶极（climatic climax）。

在一个气候区内，除了气候顶极之外，还会出现一些由于地形，土壤或人为等因素所决定的稳定群落。

关于演替的方向，Clements 认为：在自然状态下，演替总是向前发展的，即进展演替（pro-gressive succession），而不可能是后退的逆行演替（regressive 或 retrogressive succession）。

单元顶极论提出以来，在世界各国特别是英美等国引起了强烈反响，得到了不少学者的支持。但也有人提出了批评意见甚至持否定态度。他们认为，只有在排水良好、地形平缓，人为影响较小的地带性生境上才能出现气候顶极。另外，从地质年代来看，气候也并非永远不变的，有时极端性的气候影响很大，例如 1930 年美国大平原大旱，引起群落的变更，直到现在还未完全恢复原来真正草原植被的面目。此外，植物群落的变化往往落后于气候的变化，残遗群落的存在即可说明这一事实，例如内蒙古毛乌素沙区的黑格兰（Rhamnus erythroxylon） 灌丛就是由晚更新世早期的森林植被残遗下来的。

2．多元顶极论（polyclimax theory） 由英国的 A.G.Tansley（1954）提出。这个学说认为：如果一个群落在某种生境中基本稳定，能自行繁殖并结束它的演替过程，就可看作顶极群落。在一个气候区域内，群落演替的最终结果，不一定都汇集于一个共同的气候顶极终点。除了气候顶极之外，还可有土壤顶极（edaphic climax）、地形顶极（topographic climax）、火烧顶极（firelcimax）、动物顶极（zootic climax）；同时还可存在一些复合型的顶极，如地形－土壤顶极（topo-edaphic climax）和火烧-动物顶极（fire-zootic climax）等等。一般在地带性生境上是气候顶极，在别的生境上可能是其他类型的顶极。这样一来，一个植物群落只要在某一种或几种环境因子的作用下在较长时间内保持稳定状态，都可认为是顶极群落，它和环境之间达到了较好的协调。

由此可见，不论是单元顶极论还是多元顶极论，都承认顶极群落是经过单向变化而达到稳定状态的群落；而顶极群落在时间上的变化和空间上的分布，都是和生境相适应的。两者的不同点在于：①单元顶极论认为，只有气候才是演替的决定因素，其他因素都是第二位的，但可以阻止群落向气候顶极发展；多元顶极论则认为，除气候以外的其他因素，也可以决定顶极的形成。②单元顶极论认为，在一个气候区域内，所有群落都有趋同性的发展，最终形成气候顶极；而多元顶极论不认为所有群落最后都会趋于一个顶极。

3．顶极-格局假说（climax-pattern hypothesis） 由 Whittaker（1953）提出，实际是多元顶极的一个变型，也称种群格局顶极理论（population pattern climax theory）。他认为，在任何一个区域内，环境因子都是连续不断地变化的。随着环境梯度的变化，各种类型的顶极群落，如气候顶极、土壤顶极、地形顶极、火烧顶极等，不是截然呈离散状态，而是连续变化的，因而形成连续的顶极类型（continuouity climax types)，构成一个顶极群落连续变化的格局。在这个格局中，分布最广泛且通常位于格局中心的顶极群落，叫作优势顶极（prevailing climax），它是最能反映该地区气候特征的顶极群落，相当于单元顶极论的气候顶极。

（六）两种不同的演替观

在群落演替研究过程中，存在两种不同的观点。一是经典的演替观，二是个体论演替观。

经典的演替观有两个基本点：①每一演替阶段的群落明显不同于下一阶段的群落；②前一阶段群落中物种的活动促进了下一阶段物种的建立。但是在一些对自然群落演替研究中并未证实这两个基本点。例如在 Hubbard Brook 生态研究站森林砍伐后演替研究表明：全部演替阶段中的繁殖体（包括种子、籽苗和活根等），在演替开始时都已经存在于该地，而演替过程仅仅是这些初始植物组成的展开（生活史）。演替过程中，各阶段的优势种虽有变化，各物种相对重要性也在改变，但绝大多数参加演替过程的物种都在未砍伐的森林中是存在着的，或者是活动状态或者是休眠状态。大量埋在土中的种子，许多可存活百年以上。导致对经典演替观批评的另一原因是有许多演替早期物种抑制后来物种的发展。例如弃耕田的早期植物改变了土壤的化学环境，抑制后来物种的生长发育，一些森林中去掉先锋树种促进了演替后期树种的出现和生长。同样，认为杂草的生长毁灭了其自身繁荣而使演替向前推进的看法是明显错误的。每一物种所表现的生存特征是自然选择的结果，指向于保留更多的后裔。

个体论演替观的提倡者 Egler 在 1952 年就提出过初始物种组成是决定群落演替后来优势种的假说。20 世纪 70 年代以来，由于很多实验和观察证据，才使个体论演替观再度兴旺起来。当代的演替观强调个体生活史特征，物种对策，以种群为中心，和各种干扰对演替的作用。究竟演替的途径是单向性的，还是多途径的？初始物种组成对后来物种的作用如何？演替的机制如何？这些是当代演替观的活跃领域。

Connell 和 Slatyer 在 1977 年总结演替理论中，认为机会种对开始建立群落有重要作用，并提出了三种可能的和可检验的模型：促进模型、抑制模型和忍耐模型。

1．促进模型　相当于 Clements 的经典演替观，物种替代是由于先来物种改变了环境条件，使它不利于自身生存，而促进了后来其他物种的繁荣。因此物种替代有顺序性，可预测和具方向性。

2．抑制模型　先来物种抑制后来的物种，使后来者难以入侵和繁荣；因而物种替代没有固定的顺序，各种可能都有，其结果在很大程度上取决于哪一物种先到（机会种）；演替在更大程度上决定于个体生活史和物种对策，结局也就难以预测。

这个模型中，没有一个物种可以被认为是竞争的优胜者，而决定于是否先来该地，所以演替往往从短命物种到长命物种，而不是有规律的物种替代。

3．忍耐模型　介于促进模型和抑制模型之间，认为物种替代决定于物种的竞争能力。先来的机会种在决定演替途径上并不重要，任何物种都可能开始演替，但有一些物种在竞争能力上优于其他种，因而它最后能在顶极群落中成为优势种。至于演替的推进是取决于后来入侵还是初始物种组成的逐渐减少，这可能与开始的情况有关。

三类模型的共同点是，演替中的先锋物种最先出现，它们具有生长快，种子产量大，有较高的扩散能力等特点。这类易扩散和移植的物种一般对相互遮荫和根间竞争的环境是不易适应的，所以在三种模型中，早期进入物种都是比较易于被挤掉的。

三种模型的区别表明，重要的是演替的机制，即物种替代的机制。是促进，是抑制，还是现存物种对替代影响不大，而演替机制决定于物种间的竞争能力。

近来还应用数学模型定量地描述演替过程，并预测演替结果。其基本方法是马尔科夫的概率转移矩阵，以某一物种在某特定时间中被本种和其他物种替代的概率为出发点来预测演替结局。例如 Horn（1975）曾对 Priceton 附近的森林演替进行过研究，他调查了各种森林林冠下的各种幼树出现的概率（假定就是未来的林冠树种），编制了替代概率表。例如，灰桦被本种替代概率为 0.5，被多花紫树替代概率为 0.36 等。由此可根据马尔可夫转移矩阵估计出演替所预测的树种组成，其结果与实际森林相符。这个模型对于成年树对其幼树存活有强烈影响的森林是有价值的。

显然，此模型有一个假定，即替代概率是不随时间而改变的。那就是说，演替过程中没有出现对演替产生影响的干扰，这是此模型的主要弱点。

第六节　群落的分类与排序

一、群落分类

所谓分类，就是对实体（或属性）集合按其属性（或实体）数据所反映的相似关系把他们分成组，使同组内的成员尽量相似，而不同组的成员尽量相异。不同的分类方法只是进行此项工作的不同实现过程。

对生物群落的认识及其分类方法，存在两条途径。早期的一批植物生态学家，如俄国的 B. H. CукачеB（1910），法国的 Braun-Blanquet（1913）和美国的 F. E. Clements（1916，1920）认为群落类型是自然单位，它们和有机体一样具有明确的边界，而且与其他群落是间断的，可分的，因此可以像物种那样进行分类。这一途径被称为群丛单位理论（association unit theory）或机体论。

另外一种观点被称为个体论，认为群落是连续的，没有明确的边界，它不过是不同种群的组合，而种群是独立的。早在本世纪初，Л.Г.РаМеНсКДП 就提出这样的观点。1926 年，H. A. Glea-son 发表了《植物群丛的个体概念》。这一观点的影响迅速扩大，并受到 Whittaker（1956，1960）与 McIntosh（1967）等人的支持。他们认为早期的群落分类都是选择了有代表性的典型样地，如果不是取样典型，将会发现大多数群落之间（边界）是模糊不清和有过渡的。不连续的极端情况也有，它们是发生在不连续的生境上，如地形、母质、土壤条件的突然改变，或人为的砍伐、火烧等的影响。在通常情况下，生境与群落都是连续的。因此他们认为应采取生境梯度分析的方法，即排序（ordination）来研究连续群落变化，而不采取分类的方法。

实践证明，生物群落的存在既有连续性的一面，又有间断性的一面。虽然排序适于揭示群落的连续性，分类适于揭示群落的间断性，但是如果排序的结果构成若干点集的话，也可达到分类的目的，同时如果分类允许重叠的话，也可以反映群落的连续性。因此两种方法都同样能反映群落的连续性或间断性，只不过是各自有所侧重。如果能将二者结合使用，也许效果更好。

生物群落分类是生态学研究领域中争论最多的问题之一。由于不同国家或不同地区的研究对象、研究方法和对群落实体的看法不同，其分类原则和分类系统有很大差别，甚至成为不同学派的重要特色。由于陆地植物群落的分类研究最丰富、以下着重介绍陆地植物群落的分类。

植物群落的分类工作早已开始，一般可区分为人为的和自然的分类。人为分类是依据一种或几种事物的特性而进行的，或依据事物对人类的实用价值进行分类。这种方法在科学上普遍应用，特别是应用科学，如将森林划分为用材林、防护林、水土保持林等，将草原划分为割草场和放牧场等。自然分类是依据亲缘关系，反映事物内部关系的分类。但是，完整反映群落内在关系的自然分类，直到目前还没有诞生，这主要由于植物群落学中的许多问题还没有弄清，分类的原则、方法和系统还没有统一。但是，生态学研究追求的是自然分类。在已问世的各家自然分类系统中，有的以植物区系组成为其分类的基础，有的以生态外貌为基础，还有的以动态特征为基础。因为有时它们是交织在一起的，所以不易把它们截然分开。但不管哪种分类，都承认要以植物群落本身的特征作为分类依据，并十分注意群落的生态关系，因为按研究对象本身特征的分类要比任何其他分类更自然。

（一）植物群落分类的单位

植物群落分类的基本单位是群丛（association），这一概念最初由洪堡德于 1806 年提出。此外，群系（formation）和植被型（vegetation type）也是植物群落分类的单位。但是，由于到目前为止还没有一个完整的令人满意的植物群落分类系统，各学派都拥有自己的系统，它们在原则上是显然不同的。因此导致各派在植物群落分类单位的理解和侧重点上有所差异。英美学派的分类原则是采用优势种原则，把群系作为分类的最大单位。法瑞学派的分类系统原则是建立在群落植物区系的亲缘关系基础上，并考虑到植物群落其他方面的特征。北欧学派的分类系统是以基群丛作为基本单位，基群丛是指"至少每层中具有恒有的优势种（恒有种）真正一致的种类组成的稳定的植物群落"。前苏联学派的分类系统是以群丛、群系、植被型为主要单位，并在各单位之间采用了一些辅助单位，如群丛组、群丛纲、群系组、群系纲等。中国植被分类系统受前苏联学派的影响较大，以植被型、群系、群丛为基本分类单位。在各基本分类单位之上，各设一辅助单位，在其下也各设亚级辅助单位。

下面着重介绍中国植被的分类原则、系统和单位。

我国地域辽阔，植被复杂，从森林、草原到荒漠，从热带雨林到寒温带针叶林和山地苔原，以及青藏高原这样世界独一无二的大面积的高寒植被。因此除赤道雨林外，地球上绝大多数的植被类型在我国均可以找到，这是任何其他国家所不能比拟的。所以从这一点上说，完成如此复杂的中国植被的分类工作本身，就是对世界植被研究的重要贡献。

我国的植物群落分类体现在《中国植被》（1980）一书中，参照国外一些地植物学派的分类原则和方法，采用了"群落生态"原则，即以群落本身的综合特征作为分类依据。群落的种类组成、外貌和结构、地理分布、动态演替等特征及其生态环境在不同的等级中均做了相应的反映。

主要分类单位分三级：植被型（高级单位）、群系（中级单位）和群丛（基本单位）。每一等级之上和之下又各设一个辅助单位和补充单位。高级单位的分类依据侧重于外貌、结构和生态地理特征，中级和中级以下的单位则侧重于种类组成。其系统如下：

植被型组（*vegetation type group*）
- 植被型（*vegetation type*）
  - 植被亚型（*vegetation subtype*）
    - 群系组（*formation group*）
      - 群系（*formation*）
        - 亚群系（*subformation*）
          - 群丛组（*association group*）
            - 群丛（*association*）
              - 亚群丛（*subassociation*）

植被型组：凡建群种生活型相近而且群落外貌相似的植物群落联合为植被型组。这里的生活型是指较高级的生活型。如针叶林、阔叶林、草地、荒漠等。

植被型：在植被型组内，把建群种生活型（一级或二级）相同或相似，同时对水热条件的生态关系一致的植物群落联合为植被型。如寒温性针叶林、夏绿阔叶林、温带草原、热带荒漠等。

植被亚型：是植被型的辅助单位。在植被型内根据优势层片或指示层片的差异来划分亚型。这种层片结构的差异一般是由于气候亚带的差异或一定的地貌、基质条件的差异而引起。例如温带草原可分为三个亚型：草甸草原（半湿润）、典型草原（半干旱）和荒漠草原（干旱）。

群系组：在植被型或亚型范围内，根据建群种亲缘关系近似（同属或相近属）、生活型（三级和四级）近似或生境相近而划分的。如草甸草原亚型可分出：丛生禾草草甸草原，根茎禾草草甸草原和杂类草草甸草原。

群系：凡是建群种或共建种相同的植物群落联合为群系。例如，凡是以大针茅为建群种的任何群落都可归为大针茅群系。以此类推，如兴安落叶松（*Larix gmclini*）群系，羊草群系、红沙（*Reaumuria soongorica*）荒漠群系等。如果群落具共建种，则称共建种群系，如落叶松、白桦（*Betula platyphylla*）混交林。

亚群系：在生态幅度比较广的群系内，根据次优势层片及其反映的生境条件的差异而划分亚群系。如羊草草原群系可划出：羊草+中生杂类草草原（也叫羊草草甸草原），生长于森林草原带的显域生境或典型草原带的沟谷，黑钙土和暗栗钙土；羊草+旱生丛生禾草草原（也叫羊草典型草原），生于典型草原带的显域生境，栗钙土；羊草+盐中生杂类草草原（也叫羊草盐湿草原），生于轻度盐渍化湿地，碱化栗钙土、碱化草甸土、柱状碱土。

对于大多数群系来讲，不需要划分亚群系。

群丛组：凡是层片结构相似，而且优势层片与次优势层片的优势种或共优种相同的植物群落联合为群丛组。如在羊草+丛生禾草亚群系中，羊草+大针茅草原和羊草+丛生小禾草（糙隐子草、草）就是两个不同的群丛组。

群丛：是植物群落分类的基本单位，相当于植物分类中的种。凡是层片结构相同，各层片的优势种或共优种相同的植物群落联合为群丛。如羊草+大针茅这一群丛组内，羊草+大针茅+黄囊苔（*Carex korshinskyi*）草原和羊草+大针茅+柴胡（*Bupleurum scorzoneri-folium*）草原都是不同的群丛。

亚群丛：在群丛范围内，由于生态条件的某些差异，或因发育年龄上的差异往往不可避免地在区系成分、层片配置、动态变化等方面出现若干细微的变化。亚群丛就是用来反映这种群丛内部的分化和差异的，是群丛内部的生态一动态变型。根据上述系统，中国植被分为 11 个植被型组、29 个植被型、560 多个群系，群丛则不计其数。10 个植被型组为：针叶林、阔叶林、灌草和灌草丛、草原和稀树杆草原、荒漠（包括肉质刺灌丛）、冻原、高山稀树植被、草甸、沼泽、水生植被。29 个植被型为：寒温性针叶林、温性针叶林、温性针阔叶混交林、暖温性针叶林、落叶阔叶林、常绿落叶阔叶混交林、常绿阔叶林、硬叶常绿阔叶林、季雨林、雨林、珊瑚岛常绿林、红树林、竹林、常绿针叶灌丛、常绿草叶灌丛、落叶阔叶灌丛、灌草丛、草原、稀树干草原、荒漠、肉质刺灌丛、高山冻原、高山垫状植被、高山流石滩稀疏植被、草甸、沼泽、水生植被。

（二）植物群落的命名

植物群落的命名，就是给表征每个群落分类单位的群落定以名称。精确的名称是非常重要和有意义的。

群丛的命名方法：凡是已确定的群丛应正式命名，我国习惯于采用联名法，即将各个层中的建群种或优势种和生态指示种的学名按顺序排列。在前面冠以 Ass.（Association 的缩写），不同层之间的优势种以“－”相连。如 Ass.*Larix gmelini-Rhododendron dahurica-Phyrola incarnata*（即兴安落叶松-杜鹃-红花鹿蹄草群丛）。从该名称可知，该群丛乔木层、灌木层和草本层的优势种分别是兴安落叶松、杜鹃和红花鹿蹄草。

如果某一层具共优种，这时用“+”相连。如 Ass.*Larix gmelini-Rhododendron dahurica-Phyrola incarnata+Carex* sp。

当最上层的植物不是群落的建群种，而是伴生种或景观植物，这时用“＜”来表示层间关系（或用“‖”或“()”）。如 Ass.*Caragana microphylla*＜（或‖）*Stipa grandis-Cleistogenes squarrasa-Artemisia frigida* 或 Ass.(*Caragana microphylla*)-*Stipa grandis-Cieistogenes squarrasa*。

在对草本植物群落的命名时，我们习惯上用“+”来连接各亚层的优势种，而不用“－”。如 Ass.*Caragana micropghlla*＜*Stipa grandis+Cleistogenes squarrasa+Artemisia frigida*。

（三）法瑞学派和英美学派的群落分类简介

法瑞学派的代表人物是 Braun-Blanquet，他于 1928 年提出了一个植物区系-结构分类系统（floristic-structural classification），被称为群落分类中的归并法（agglomerative method）。这是一个影响比较大而且在西欧等许多国家被广泛承认和采用的系统。该系统的特点是以植物区系为基础，从基本分类单位到最高级单位，都是以群落的种类组成为依据。

该学派的分类过程是通过排列群丛表（association table）来实现的。首先在野外做大量的样方，样方数据一般只取多度-盖度级和群集度。然后通过排表，找出特征种、区别种，从而达到分类的目的。

英美学派是根据群落动态发生演替原则的概念来进行群落分类的。代表人物是 Clements 和 Tansley。有人将该系统称为动态分类系统（dynamic classification）。他们对演替的顶极群落和未达到顶极的演替系列群落，在分类时处理的方法是不同的，因此他们建立了两个平行的分类系统（顶极群落和演替系列群落），因而称该系统为双轨制分类系统。

（四）群落的数量分类

20 世纪自然科学中的许多学科（如数学、物理、化学等）都向生物学渗透，各种边缘学科相继兴起，脱颖而出。由于 20 世纪 40 年代电子计算机的产生，用数学的方法解决生态学中复杂的分类问题成为可能。生态学数量分类的研究是从 20 世纪 50 年代开始的，由于计算工作量大，等到 60 年代电子计算机普遍应用之后，它才迅速地发展起来。许多具有不同观点的传统学派，如法瑞学派、英美学派等，都进行数量分类的研究，并用它去验证原来传统分类的结果。目前，在国外生态学研究中已广泛采用数量分类的方法，每年都发表大量的文章，出了不少专著，并不断涌现新的方法。近年来国内也开展了这方面的研究，并取得了一定的成绩。

数量分类的方法在很多书上均有介绍，一般过程是首先将生物概念数量化，包括分类运算单位的确定，属性的编码（code），原始数据的标准化等，然后以数学方法实现分类运算。如相似系数计算（包括距离系数，信息系数），聚类分析，信息分类，模糊分类等，其共同点是把相似的单位归在一起，而把性质不同的群落分开。

二、群落的排序

（一）排序的概念

排序一词最早由 Ramansky 于 1930 年提出，他当时用的德文 ordnung 一词。后经澳大利亚学者 Goodall（1954）把它译为英文 ordination。所谓排序，就是把一个地区内所调查的群落样地，按照相似度（similarity）来排定各样地的位序，从而分析各样地之间及其与生境之间的相互关系。

排序基本上是一个几何问题，即把实体作为点在以属性为坐标轴的 P 维空间中（P 个属性）按其相似关系把它们排列出来。简单地说要按属性去排序实体，这叫正分析（normal analysis）或叫 Q 分析（Q analysis）。排序也可有逆分析（inverse analysis）或叫 R 分析（R analysis），即按实体去排序属性。

为了简化数据，排序时首先要降低空间的维数，即减少坐标轴的数目。如果可以用一个轴（即一维）的坐标来描述实体，则实体点就排在一条直线上；用两个轴（二维）的坐标描述实体，点就排在平面上，都是很直观的。如果用三个轴（三维）的坐标，也可勉强表现在平面的图形上，一旦超过三维就无法表示成直观的图形。因此，排序总是力图用二、三维的图形去表示实体，以便于直观地了解实体点的排列。

通过排序可以显示出实体在属性空间中位置的相对关系和变化的趋势。如果它们构成分离的若干点集，也可达到分类的目的；结合其他生态学知识，还可以用来研究演替过程，找出演替的客观数量指标。如果我们既用物种组成的数据，又用环境因素的数据去排序同一实体集合，以两者的变化趋势容易揭示出植物种与环境因素的关系，从而提出生态解释的假设。特别是，可以同时用这两类不同性质的属性（种类组成及环境）一起去排序实体，更能找出两者的关系。

（二）排序的类型

排序方法可分为两类。利用环境因素的排序称为直接排序（direct ordination），又称为直接梯度分析（direct gradiant analysis）或者梯度分析（gradiant analysis），即以群落生境或其中某一生态因子的变化，排定样地生境的位序。另一类排序是群落排序，是用植物群落本身属性（如种的出现与否，种的频度、盖度等等），排定群落样地的位序，称为间接排序（indirect ordination），又称间接梯度分析（indirect gradiant analysis）或者组成分析（compositional analysis）。

1．间接梯度分析

迄今为止，已经产生了许多排序方法，最早使用的是极点排序法。之后，主分量（或主成分）分析（principal components analysis）（简称 PCA 法）问世，它具有严格的数学基础，是所有近代排序方法中用得最多的一种。目前所用的排序方法大约有 20 几种，由于篇幅限制，我们不能详细介绍。极点排序法（polar ordination）是 20 世纪 50 年代中期由美国 Wisconsin 学派创立的，以其作者姓氏而称为 Bray-Curtis 方法（也简称 BC 法）。这一方法在 20 世纪 50 年代后期曾得到广泛的应用，到了 20 世纪 60 年代，在数学上较严格的主分量分析等排序方法建立后，它被现代化的方法所代替。但一些研究结果认为，它人为地选择坐标轴更能适合非线性数据的情况，加之计算简单，所以不少人仍在用这种方法。具体方法可参考阳含熙等著《植物群落的数量分类》。

主分量（或主成分）分析（principal components analysis），简称 PCA 法，是近代排序方法中用得最多的一种方法。一般讲，排序的实体所表现的性状很多，相应的数值矩阵很大，在众多属性的情况下，分析事物内在的联系，这是一件复杂的问题。如果将众多性状相互比较，会看出各个属性所处的地位和所起的作用不同。从许多性状中找到一、两个主要方面，而使一个多性状的复杂问题转化为比较简单的问题，从而使损失的信息量最少（即发生最小的畸变），这正是主分量分析数学方法的精神实质。所谓主要方面，在客观实际问题中，往往并不是简单地归结于某一个、两个性状，主要方面是许多相互独立的性状综合产生的效果，最简单的综合就是线性组合。其数学方法是基于线性代数中矩阵和二次型等有关知识。具体地说就是将一个综合考虑许多性状（例如 P 个）的问题（P 个属性就是 P 维空间），在尽量少损失原有信息的前提下，找出 1～3 个主分量，然后将各个实体在一个 2～3 维的空间中表示出来，从而达到直观明了地排序实体的目的。

大量的应用证明 PCA 法是一种非常有效的排序方法，它既适用于数量数据，也可用于二元数据，在许多应用中，往往只取前二、三个主分量就可以反映原数据离差的 40%～90%。但是，它也存在以下两方面的不足。

第一、PCA 只适于原数据构成线性点集的情况。对于分离的点集，PCA 的结果还有助于形象地分类样方点。但对非线性的点集，诸如马蹄形的，PCA 却无能为力。此时可以先缩小数据范围，使数据在小范围内大致是线性的，或者进行平方根变换或其他变换使数据转换成线性的。很多人发现 PCA 对非线性数据的适应力是很弱的。

第二、如果原始数据对各性状的方差大致相等，而且性状的相关又很小，就找不到明显的主分量。此时取少数主分量所占的信息比例较低。

2．直接梯度分析

直接梯度分析也有许多方法。这里首先介绍的是 Whittaker 于 1956 年创造的一种较简单的排序方法。它适用于植被变化明显地决定于生境因素的情况。

Whittaker 沿坡向垂直方向设置一系列的 50 m×20 m 的样带作为研究样地，将坡向从深谷到南坡分为 5 级，称为湿度梯度。实际上这是一个综合指标，不仅土壤水分不同，其他生境因素也有变化。然后他将每一样带中的树种按对土壤湿度的适应性而分为 4 等，对每一等级依次指定一个数字，它们是中生 0，亚中生 1，亚旱生 2，和旱生 3。例如糖槭为中生，铁杉为亚中生，红栎为亚旱生，松为旱生等等。假若在某一林带内有 10 株糖槭，15 株铁杉，20 株红栎，55 株松树，则此林带的一个土壤湿度的数量指标，是各数字等级的加权平均，为：

$$(10\times0+15\times1+20\times2+55\times3)/100=2.2$$

他用这种湿度指标为横坐标，再用样带的海拔高度为纵坐标，将各个样带排序在一个二维图形中。

20 世纪 50 年代，对分类与排序的优劣问题，曾进行过激烈的争论。当时有一种看法：排序（当时主要是极点排序）以差异最大的林分为坐标轴的端点，夸大了植被的连续性；而分类则引向群落的明显间断。因此认为对间断群落宜用分类，而对连续群落宜用排序。20 多年的发展，现在普遍认为，排序不仅可以反映植被的连续性，也能分划成明显间断的单位；同时分类如允许重叠的话，也一样可以反映植被的连续性；可以说二者都同样能反映数据本身所固有的连续或间断的性质，只不过各有侧重而已。在排序的基础上再行分类也许效果会更好。

最后还应指出一点：所有数量方法都是启发性的，它们只能告诉我们如何分类或排序，并不能证明应该如何分类。换言之，它们只能提出假设，而不能检验和证实假说。因而对于数量分类的结果不能认定它准是结论，而还须用其他证据来验证。最重要的是用生态学专业知识去进行解释和判断。因此我们不能认为数量分类将完全取代传统分类。有人指出数量分类与传统分类结合研究，效果最佳，两者是互相补充互相促进的。传统分类积累了丰富的经验，数量分类方法借助电子计算机，以数学方法处理大量数据是有很大优越性的，有利于揭示其中的规律，并由此提出一些解释性的假说。因此，数量分类与传统分类很好地结合，在完成生态学的目标过程中，能够起到更好的作用。

第七节　植被类型与我国植被区域划分

一、植被概述

植被就是覆盖地表的植物群落的总称。植被对植物个体来说，它是一个整体、全面的概念。

我国的植被研究工作开始于 20 世纪 30 年代。植被分类标准主要以建群植物的外貌（即生活型）为主，同时还要考虑空间层次（即空间层片）和时间层次（即时间层片，主要是指栽培群落），以外还要考虑土壤基质和生境。

在植被分区方面，不仅要考虑天然原生植被，同时还要考虑天然次坐植被和栽培植被。在植被与环境条件的联系方面，不仅要考虑大气候环境，同时还要注意基质（即地质和土壤）条件。

植物的生长，或者植被的发育，是受生态因子（即自然条件）控制的。地区性变化较大，而且有一定分布规律。植被的分布主要与气候和土壤有关系。人类对植被的改造利用，同样不能脱离一定的气候和土壤条件。

1．植被与气候带

我国位于北半球欧亚大陆的东部，东面面临太平洋，西部深入大陆腹地。最北到达北纬 53°，即漠河，南到北纬 4°，即曾母暗沙，即寒温带、温带、亚热带、热带。在植被上的表现主要就是：寒温带落叶针叶林、温带针叶－落叶阔叶混交林和落叶阔叶林、亚热带常绿阔叶林、热带季雨林和雨林等。当然，热量带还可以进一步划分，如把温带划分成温带和暖温带，将亚热带划分成过渡亚热带和典型亚热带，将热带分成过渡热带和热带等等。

2．植被与降水

我国的水分状况，或者说湿度状况，由东南向西北逐渐趋向干燥。我国的降水主要来自东南季风，因而自东西向西北年降水量逐渐减少，湿度则由湿润逐渐变得干燥，这样大致可分为湿润地区、半湿润地区、半干旱地区、极端干旱地区等五个地区。在植被分布上的表现就是：森林地带、草甸草原（或森林草原）地带、草原地带、荒漠地带、裸露荒漠地带等。

3．植被与地形

我国的地形条件复杂多样。我国山地和高原占国土面积的 80%以上。青藏高原是世界上最高大的高原，平均海拔高度在 4 000 m 以上，形成了独特的高寒草甸、高寒草原和高寒荒漠植被。其他还有云贵高原、黄土高原等，海拔多在 1 000～2 000 m 以上，对植被也有一定的影响。

4．植被与山地

我国有许多超过海拔 2 000 m 和 3 000 m 的山地，在高原面上的山地有很多超过 5 000 m 和 6 000 m。山地气候和山地植被的特点是垂直变化很明显。而且高大的山脉对气候和植被的区域分异也有影响。例如，川西山地、太行山地、大兴安岭等，大致呈东北－西南走向，恰与夏季东南季风方向垂直，因而这些山地东侧较西侧湿润，成为植被上东西分区的界线。而东西走向的山地，则是不同温度带的界线，如秦岭，是亚热带与温带的界线，天山是温带与暖温带的界线等等。另外，我国西部山地有许多冰川、雪山，为荒漠绿洲提供了丰富的水源，对发展干旱地区的农业、畜牧业有重要意义，这是世界上其他国家所少有的。我国干旱地区的绿洲农业，是没有旱灾的。如西南亚、北非、澳大利亚、美洲等，都很少具备这种条件。当然，山地对人类有不利的一面，但我们要利用其有利的方面，扬长避短地利用山地。

5．植被与土壤

我国土壤的复杂性一方面与地带性气候和植被型有关，如寒温带和温带针叶林地区的灰化森林土，温带落叶阔叶林的棕色森林土，草甸草原的黑钙土，典型草原的栗钙土，荒漠地区的棕钙土、灰钙土，亚热带的红壤、黄壤，热带的砖红壤等，此外，还有山地土壤的垂直变化等。另一方面，我国土壤的复杂性也与我国复杂的地质条件有关。往往在一个地区，或甚至在很小范围内，土壤就有很大变化。对植被的发育和分布有极其重要的影响。

6．植被与地理条件

我国所处的地理位置和复杂的自然条件，决定了我国植被的地理分布规律。在我国，植被的分布是水、热状况综合作用的结果。植被带的走向大致呈东北－西南方向，即所谓华夏式走向，递变的方向是东南－西北向，与东南季风的方向一致。

二、中国植被类型简介

植被资源基本上是属于现状植被信息。在西北和青藏高原部分地区因人口稀少，植被受人类活动的影响比较轻微，那里的植被与自然环境大都处于相对平衡状况中，从而图上所表现的多为自然植被，且多属原始性自然植被。然而在中国东半部人口密集，人民生产活动频繁，现存植被主要为农业植被和一些次生植被。那里残留的地带性自然植被只限于交通不便之处或特殊环境中。

（一）植被型的一般特征

全国可分为：针叶林、阔叶林、灌丛、荒漠和旱生灌丛、草原、草甸、草本沼泽等 7 个植被型组。（《中国植被》1980）

（二）全国植被宏观分布规律

我国的植被分布规律既不能说以纬向变化为主，也不能说以经向变化为主。我国东半部的森林植被，南北方向上的变化很明显。但就全国来说，是从东南向西北递变的，依次出现森林、草原、荒漠和裸露荒漠。青藏高原上的植被，也不是像从前有些人所想像的“寒原一块”，其植被分布有明显的地带性分异，大致是东部和南部高原边缘为森林地带，向西北依次为高寒草甸、高寒草原和高寒荒漠。

（三）中国八大植被区域的划分

1．大兴安岭北部寒温带落叶针叶林区域

我国大兴安岭北部的落叶针叶林是欧亚大陆北方针叶林的一部分，属于东西伯利亚南部落叶针叶林沿山地向南的延续部分。

2．东北、华北温带落叶阔叶林区域

本区域包括东北东部山地，华北山地，山东、辽东丘陵山地，黄土高原东南部，华北平原和关中平原等地。

由于南北热量条件的差异，可分为以下两个植被带：

（1）温带针叶—落叶阔叶混交林带：

包括沈阳以北的长白山、张广才岭、小兴安岭和三江平原等地。这里山地植被的垂直分带以长白山地最明显。

（2）暖温带落叶阔叶林带：

包括沈阳以南的华北地区和辽东、山东半岛，南到淮河和秦岭、伏牛山北坡。地形以中原和丘陵优势，山地多在 2 000 m 以下。这里是我国人口最密集的地区之一，原始植被几乎破坏殆尽，目前多为天然次生植被和栽培植被所占据。

3．华中、西南常绿阔叶林区域

本区域包括淮河、秦岭到南岭之间的广大亚热带地区，向西直到青藏高原边缘的山地。我国亚热带是世界上南北两半球同纬度地区，唯一的面积最广大的湿润亚热带，这是我国的宝贵财富。

植被主要是常绿阔叶林、常绿针叶林和竹林，在山地上部和石灰岩山地为落叶阔叶—常绿阔叶混交林。

本区域可分为东部和西部两个亚区域，大致以松潘、泸定、水城、百色一线为界。

（1）西部常绿阔叶林亚区域：

地处云贵高原西部，北部海拔高度近 3 000 m，向南逐渐降至 1 000 m 左右，山地与谷地相对高差常达 400～1 000 m。

（2）东部常绿阔叶林亚区域：

东部区域是世界上面积最大、气候条件最优越的湿润亚热带地区。按照气温条件的不同所联系的植被的差异，本亚区域可分为三个植被地带。

①过渡热带落叶阔叶—常绿阔叶混交林带：大致位于长江沿岸及以北的地区。

②中亚热带常绿阔叶林带：处于长江与南岭之间，酸性岩地区的地带性植被是常绿阔叶林。

③南亚热带常绿阔叶林带：位于南岭到北回归线附近，绝对最低气温在零度以上，特大寒潮时可接近零度。土壤为砖红壤性红壤。典型植被为雨林性常绿阔叶林，也叫作季风常绿阔叶林。

4．华南、西南热带雨林、季雨林区域

这一区域包括北回归线以南的云南、广东、广西、台湾四省、区的南部以及西藏东南缘山地和南海诸岛。

它是我国热量最充足的地区，全年积温为 7 500～9 000 ℃或更高，年平均气温为 21～25.5℃，一月平均气温为 12～20℃，年降雨量为 1 200～2 200 mm。这里的代表性植被是常绿阔叶雨林和季雨林。树木有老茎生花、板状根、气根、滴水叶尖等热带植物形态特征以及大量的藤本植物、绞杀植物、附生植物等热带植物生活型特征。

按照热量条件和植被特点，本区域可分为两个植被带。

（1）北部热带季雨林带位于雷州半岛以北的大陆地区和台湾中北部，又叫过渡性热带。

（2）热带雨林、季雨林带包括雷州半岛、海南岛、云南南部和南海诸岛等地。

5．内蒙古、东北温带草原区域

包括东北平原、内蒙古高原和黄土高原的一部分。

本区域可以划分为草甸草原、典型草原、荒漠化草原等：

（1）东北、内蒙古东部草甸草原带；（2）内蒙古中部典型草原带；（3）内蒙古西部荒漠化草原；（4）黄土高原森林草原带。

6．西北温带荒漠区域

我国荒漠地区年降水量大部在 200 mm 以下，很多地方不到 100 mm，甚至不到 10 mm，属于温带干旱气候和极端干旱气候。这里的植物普遍具有旱生特征，其旱生形态有：叶片缩小，叶子退化成刺，叶片完全退化，茎、叶被有密集的绒毛，或出现肉质茎和肉质叶等，以便减少水分蒸发或贮集水分。同时这里植物的根系特别发达，有的深达几十米，有的根系重量是地上部分的 8～10 倍，这样便能从土层的深度和广度吸收水分。这是在干旱生态环境下植物长期适应演化的结果。

我国荒漠区域大致可分为三个带或区：

（1）温带灌木、半灌木荒漠带：包括阿拉善高原、河西走廊和柴达木盆地。

（2）北疆温带半灌木、小乔木荒漠带；

（3）南疆暖温带灌木、半灌木荒漠带；

7. 青藏高原高寒草甸、草原区域

本区域包括青海和西藏东南半部的大部分地区，并包括川西和云南西北部部分地区，可分两个植被带。

（1）高寒草甸带：包括青海东部和东南部，四川西北部，西藏东南部，年降水量约 400～500 mm。

（2）高寒草原带：包括青海中部、西藏中部，是一个西南—东北延伸的带状地区。海拔高度在 4 000 m 以上，山地超过 5 500 m，年降水量为 150～300 mm。

8. 高寒荒漠区域

海拔高度在 4 500～5 000 m 以上。

年降水量在 100 mm 以下，有的地方不到 20 mm。气候特点是寒冷而干燥。

植被是以垫状驼绒藜、藏亚菊、蒿类为主的高寒荒漠，即垫状小半灌木荒漠，出现在最干旱的内陆山原的核心——青藏高原的西北部与荒漠山地内部，也是古地中海区系的年轻的高山植被类型，是由小半灌木荒漠演化形成的。

第八节　陆地主要生物群落的分布规律

一、概念

地球表面的热量是随着所在纬度的位置而变化的，水分则随着距离海洋的远近，以及大气环流和洋流等的变化而变化。水热结合导致植被呈地带性分布，一方面沿纬度方向成带状发生有规律的更替，称为纬度地带性；另一方面从沿海向内陆方向成带状发生有规律的更替，称为经度地带性。此外，随着海拔高度的增加，气候、土壤和动植物群落也发生有规律的更替，称为垂直地带性。

二、水平分布规律

（一）纬度地带性分布规律

1. 世界植被纬度地带性分布规律

北半球自北到南依次出现：寒带苔原→寒温带针叶林→温带落叶阔叶林→亚热带常绿阔叶林→热带雨林。

欧亚大陆中部和北美中部，自北向南依次出现：苔原→针叶林→落叶阔叶林→草原→荒漠。

2. 我国植被纬度地带性分布规律

东部湿润森林区，自北向南依次为：寒温带针叶林→温带落叶阔叶林→北亚热带常绿落叶阔叶混交林→中亚热带常绿阔叶林→南亚热带季风常绿阔叶林→热带雨林、季雨林。

西部内陆腹地，受强烈的大陆性气候的影响，由于青藏高原的隆起，从北至南出现的一系列东西走向的巨大山系，打破了原有的纬度地带性，因此自北向南的变化如下：

温带荒漠、半荒漠带→暖温带荒漠带→高寒荒漠带→高寒草原带→高寒山地灌丛草原带。

（二）经度地带性分布规律

1．世界植被经度地带性分布规律

北美的中部，东面是大西洋，西面是太平洋，但被经向的落基山脉所阻隔，植被从东向西依次更替为：

（东）森林→草原→半荒漠→荒漠→森林（西）

2．我国植被经度地带性分布规律

在我国温带地区表现较为明显，从东南至西北其变化规律如下：

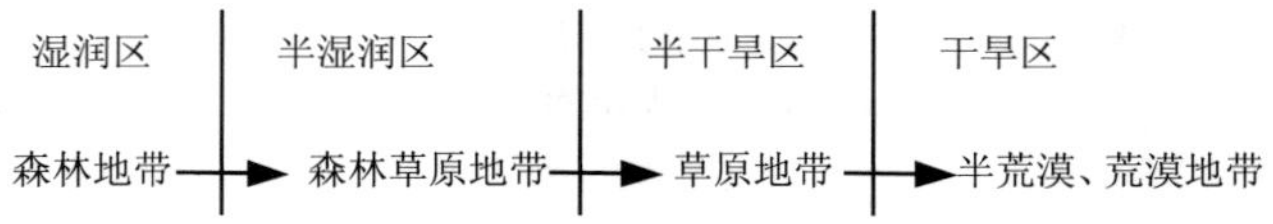

三、垂直分布规律

山体的植被垂直带，是反映山体所处的一定纬度和一定经度的水平地带性的特征，植被垂直地带性是从属于水平地带性的特征。在水平地带性和垂直地带性的相互关系中，水平地带性是基础，它决定着山地垂直地带的系统。

1．某一山体植被垂直带分布，与山体所处的纬度开始到极地为止的水平植被带分布顺序相对应。

例如，黄山位于中亚热带地区，其山体植被垂直带的变化，与山体所处纬度开始自南向北植被的纬度地带性变化规律相对应。黄山植被垂直带谱如下：

（1）500～1 100 m 常绿阔叶林

（2）900～1 250 m 常绿落叶阔叶混交林

（3）1 200～1 500 m 落叶阔叶林

（4）1 400～1 750 m 山地矮林和山地灌丛

（5）1 600～1 840 m 山地草甸

（6）800 m 以下，马尾松林

（7）800 m 以上，台湾松林

2．体现经度地带性的山体垂直带的组成情况，还与该经度地带所处的纬度有一定的相关性。经度起点的植被垂直带，向上首先变为同纬度的海洋性植被（即近海洋处同高度的植被类型），而后，随着海拔的升高，出现与纬度地带性相应的植被带。如果高山是处于热带的荒漠地区，则山麓平地的地带性的植被类型为干荒漠。随着山地的上升，依次的理想分布为干草原（或稀树草原）→疏林灌丛→常绿阔叶林→夏绿林→亚高山针叶林→高山灌丛→高山草地→高山冻原→冰雪带。

像天山北坡山地的植被垂直分布大致如下：

（1）500～1 000 m 荒漠带

（2）1 000～1 700 m 山地荒漠草原和山地草原带

（3）1 700～2 700 m 山地针叶林带

（4）2 700～3 000 m 亚高山草甸带

（5）3 000～3 800 m 高山草甸、高山垫状植被和终年冰雪带

本章小结

生物群落是指同一时空条件下各种生物种群的有机集合。时空条件是构成群落的首要因素。生物群落作为种群和生态系统之间的一个生物集合体，具有一定的种类组成、群落中各物种之间是相互联系的、群落有自己的内部环境、有一定的结构和动态特征、有一定的分布范围和边界特征等。对于群落性质的认识，有两种对立的观点：机体论学派和个体论学派。

组成群落的种类不同，群落的类型和结构也不同，种群在群落中的作用和地位也不相同。据此，将各个种在群落中的作用而划分群落成员型，如优势种、建群种、亚优势种、伴生种等。群落种类组成的数量特征是近代群落分析技术的基础。数量特征有：多度、盖度、频度等。生物多样性是指生物中的多样性和变异性及物种生境的生态复杂性，它包括动植物和微生物的所有种及其组成的群落和生态系统。生物多样性又分成三个层次：遗传多样性、物种多样性和生态系统多样性。物种多样性有种含义：种的数目或丰富度和均匀度。多样性指数是反映丰富度和均匀度的综合指标。多样性在空间上变化有一定规律，通常随纬度与海拔的增高而逐渐降低。

群落中各物种的生活型及相同生活型的物种所组成的层片，可看作是群落的结构单元。植物群落的结构特征，不仅表现在垂直方向上的分层现象，也表现在水平方向上和不同植物种类的生命活动在时间上的差异。群落交错区是两个或多个群落之间的过渡区域。生物群落结构在总体上是对环境条件的生态适应，但在其形成过程中，生物因素起着重要作用。中等程度的干扰能维持高的物种多样性。群落的环境不是均匀一致的，空间异质性的程度越高，小生境的多样性指数越大，能为更多的物种提供生存的环境条件和资源条件。岛屿上的物种数取决于物种迁入和灭亡的平衡。

生物群落的演替是在群落发展变化过程中，由低级到高级、由简单到复杂、一

个阶段接着另一个阶段、一个群落代替另一个群落的自然演变现象。没有植物生长的地段为裸地（或称荒原），裸地分为原生裸地和次生裸地两类，发生在原生裸地上演替叫原生演替，发生在次生裸地上的演替叫次生演替。演替过程形成的系列叫演替系列。

中国植被主要分类单位为三级：植被型、群系和群丛。排序分为两类，直接排序和间接排序。

植被就是覆盖地表的植物群落的总称。植被有一定分布规律，植被的分布主要与气候、土壤、地形等生态因子有关。中国植被划分出八大植被区域。水热结合导致植被呈地带性分布，一方面沿纬度方向成带状发生有规律的更替，称为纬度地带性；另一方面从沿海向内陆方向成带状发生有规律的更替，称为经度地带性。此外，随着海拔高度的增加，气候、土壤和动植物群落也发生有规律的更替，称为垂直地带性。

复习思考题

1．什么是生物群落？它有哪些主要特征?
2．什么是群落交错区？它的主要特征有哪些?
3．何谓生活型？如何编制一地区的生活型谱?
4．影响群落结构的因素有哪些?
5．Raunkiaer 频度定律说明了什么问题?
6．层次与层片有何异同?
7．群落结构的时空格局及其生态意义是什么?
8．多样性随哪些条件而变化？为什么热带地区生物群落的多样性高于温带和极地?
9．原生裸地与次生裸地有什么不同?
10．举例说明，水生演替与旱生演替的系列过程。
11．什么是顶极演替？比较单元演替顶极理论与多元演替顶极理论的区别。
12．我国群落分类的原则、单位与系统。
13．什么是植被型和群系？《中国植被》将中国植被分为哪些植被型组与植被型?
14．什么是群落的排序？排序方法分为几类？各有什么特点?
15．群落分类和排序有何异同?
16．什么是植被？植被的分布与哪些因素有关?
17．简述我国的八大植被区。
18．简述陆地生物群落的分布规律。
19．比较趋同适应与趋异适应。
20．比较并区别生活型和生态型。

第五章 生态系统生态学

[学习指南]

本章讨论生态系统的一般特征、生态系统的主要过程、生态系统的服务功能以及生态系统的平衡与调控等方面的基本概念、基本原理和基本规律。通过本章学习，要求掌握如下内容：生态系统的概念、组成与结构，物种流的概念及其对生态系统的影响，能量流动的渠道及其一般规律，初级生产和次级生产，水循环、碳循环、氮循环、磷循环的一般过程及人类对其影响，生态系统服务功能，生态系统的反馈调节与生态平衡等。

第一节 生态系统的一般特征

一、生态系统的基本概念

生态系统（ecosystem）一词是英国植物生态学家 A. G. Tansley 于 1936 年首先提出来的。后来苏联地植物学家 V. N. Sucachev 又从地植物学的研究出发，提出了生物地理群落（biogeocoenosis）的概念。这两个概念都把生物及其非生物环境看成是互相影响，彼此依存的统一体。所以从 1965 年在丹麦哥本哈根会议上决定生态系统和生物地理群落是同义语，此后生态系统一词便得到了广泛的使用。

生态系统是指在一定的空间内生物的成分和非生物的成分通过物质的循环和能量的流动互相作用、互相依存而构成的一个生态学功能单位。任何一个生态系统，都是由生物和环境系统共同组成，这就是它的结构特征。它所具有的物质循环、能量流动和信息联系，是生态系统整体的基本功能。

在自然界只要在一定空间内存在生物和非生物两种成分，并能互相作用达到某种功能上的稳定性，哪怕是短暂的，这个整体就可以视为一个生态系统。因此在我们居住的这个地球上有许多大大小小的生态系统，大至生物圈、海洋、陆地，小至森林、草原、湖泊和小池塘。除了自然生态系统以外，还有很多人工生态系统如农田、果园、城市、自给自足的宇宙飞船和用于验证生态学原理的各种封闭的微宇宙

（亦称微生态系统）。可见，生态系统的空间范围的大小是模糊的，往往是根据人们研究的需要而确定的。

生态系统是一个控制论系统，通过反馈调节，维持系统的稳定状态。生态系统概念的提出为生态学的研究和发展奠定了新的基础，极大地推动了生态学的发展。当前，人口增长、自然资源的合理开发和利用以及维护地球的生态环境已成为生态学研究的重大课题。所有这些问题的解决都有赖于对生态系统的结构和功能、生态系统的演替、生态系统的多样性和稳定性以及生态系统受干扰后的恢复能力和自我调控能力等问题进行深入的研究。目前在生态学中，生态系统是最受人们重视和最活跃的一个研究领域。

二、生态系统的组成与结构

（一）生态系统的组成成分

任何一个生态系统都是由生物成分和非生物成分两部分组成的。

- 生态系统
  - 非生物成分
    - 无机物：氧、氮、二氧化碳、水和各种无机盐等
    - 有机物：蛋白质、糖类、脂类和腐殖质等
    - 气候因素：温度、湿度、风、雨、雪和辐射等
  - 生物成分
    - 生产者：绿色植物、光合细菌和其他自养生物
    - 消费者：植食动物、肉食动物、杂食动物和寄生动物等
    - 分解者：微生物、原生动物和食腐动物等

非生物成分包括：①无机物质：包括处于物质循环中的各种无机物，如氧、氮、二氧化碳、水和各种无机盐等。②有机化合物：包括蛋白质、糖类、脂类和腐殖质等。③气候因素：如温度、湿度、风和雨雪等。它们共同组成了生物成分的物质基础和生存环境。

生物成分包括了生态系统中的所有生物种，但为了研究的方便，生态系统中的所有生物按其在生态系统中的作用划分为三大功能类群，即生产者、消费者和分解者。

生产者指能利用简单的无机物质制造食物的自养生物，主要是各种绿色植物，也包括蓝绿藻和一些能进行光合作用的细菌。这些生物可以通过光合作用把水和二氧化碳等无机物合成为碳水化合物，进一步合成蛋白质和脂肪等有机化合物，并把太阳辐射能转化为化学能，贮存在合成有机物的分子键中。生产者通过光合作用不仅为本身的生存、生长和繁殖提供营养物质和能量，而且它所制造的有机物质也是消费者和分解者唯一的能量来源。生态系统中的消费者和分解者是直接或间接依赖

生产者为生的，没有生产者也就不会有消费者和分解者。可见，生产者是生态系统中最基本和最关键的生物成分，太阳能只有通过生产者的光合作用才能源源不断地输入生态系统，然后再被其他生物所利用。

消费者属于异养生物，主要指依靠活的动植物为食的动物，它们归根结底都是依靠植物为食（直接取食植物或取食以植物为食的动物）。直接吃植物的动物叫植食动物，又叫一级消费者（如蝗虫、兔、马等）；以植食动物为食的动物叫肉食动物，也叫二级消费者，如食野兔的狐和猎捕羚羊的猎豹等；以此类推，还有三级消费者（或二级肉食动物），四级消费者（或叫三级肉食动物），直到顶位肉食动物。消费者也包括那些既吃植物也吃动物的杂食动物，还包括寄生生物。消费者在生态系统中的作用，一是物质与能量的传递作用，如在草原生态系统中野兔就起着把青草中的有机物和贮存在有机物中的能量传递给肉食动物的作用；二是物质的再生产，如草食动物牛、羊可以把植物性蛋白质通过再生产转变成动物性蛋白质。

分解者也属于异养生物，分解者在生态系统中的基本功能是把动植物死亡后的残体、粪便和各种复杂的有机化合物分解为比较简单的化合物，最终分解为最简单的无机物并把它们释放到环境中去，供生产者重新吸收和利用。由于分解过程对于物质循环和能量流动具有非常重要的意义，所以分解者在任何生态系统中也是不可缺少的组成成分。如果生态系统中没有分解者，动植物尸体将会堆积起来，物质不能再循环，生态系统中的各种营养物质很快就会发生短缺并导致整个生态系统的瓦解和崩溃。由于有机物质的分解过程是一个复杂的逐步降解的过程，因此除了细菌和真菌两类主要的分解者之外，其他大大小小以动植物残体和腐殖质为食的各种动物在物质分解的总过程中都在不同程度上发挥着作用。如专吃兽尸的兀鹫，食朽木、粪便和腐烂物质的甲虫、白蚁、皮蠹、粪金龟子、蚯蚓和软体动物等。有人则把这些动物称为大分解者，而把细菌和真菌称为小分解者。

生态系统中的非生物成分和生物成分是密切交织在一起、彼此相互作用的。虽然不同类型的生态系统生物种类差异很大，例如水生生态系统中的生产者主要是藻类和其他维管束生物，消费者主要是鱼类和其他动物，而在陆地生态系统中的生产者主要是高大的乔、灌木及草本、苔藓、地衣等，消费者主要是鸟、兽和昆虫等，但它们在功能运转方面是相似的。

（二）生态系统的食物链、食物网与营养级

1．食物链

生态系统的能量和物质是通过食物链而传递。所谓食物链，就是一种生物以另一种生物为食，彼此形成一个以食物连接起来的链锁关系。在生态系统中，食物链主要有以下三种类型：①捕食食物链：指以绿色植物为起点到植食动物，进而到肉食动物的食物链。例如，草→蝗虫→百灵鸟→沙狐。②碎屑食物链：指死的有机物

质（如枯枝落叶、动物残体）被食腐屑生物如小型土壤动物、真菌、细菌等所取食，然后到它们的捕食者的食物链。例如，植物残体→蚯蚓→线虫类→节肢动物等。③寄生食物链：以活的动植物有机体为起点，经过某些专门过寄生生活的动植物的特殊类型的食物链。例如，黄鼠→跳蚤→鼠疫细菌。

2．食物网

在生态系统中生物之间实际的取食和被取食关系并不像食物链所表达的那么简单。食虫鸟不仅捕食瓢虫，还捕食蝶蛾等多种无脊椎动物，而且食虫鸟本身也不仅被鹰隼捕食，而且也是猫头鹰的捕食对象，甚至鸟卵也常常成为鼠类或其他动物的食物。可见，在生态系统中的生物成分之间通过能量传递关系存在着一种错综复杂的普遍联系，这种联系像是一张无形的网把所有生物都包括在内，使它们彼此之间都有着某种直接或间接的关系，这就是食物网的概念（图 5-1）。

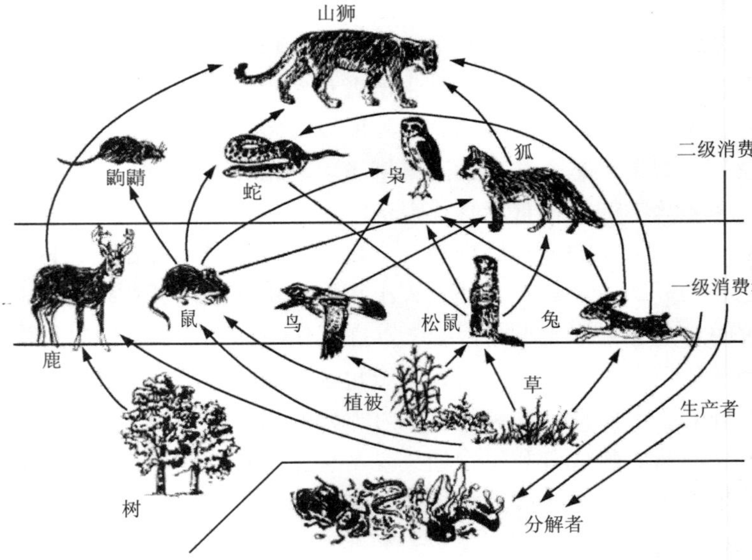

图 5-1　一个简化的陆地生态系统食物网（孙儒泳，1993）

3．营养级

自然界中的食物链和食物网是物种和物种之间的营养关系，这种关系是错综复杂的。至今生态学家已经绘出了许多复杂的食物网，但是还没有一种食物网能够如实地反映出自然界食物网的复杂性。实际上，这种千丝万缕的复杂关系是根本无法在有限图纸上用图解的方法完全表示出来的。为了使生物之间复杂的营养关系变得更加简明和便于进行定量的能流分析和物质循环的研究，于是生态学家又在食物链和食物网概念的基础上提出了营养级的概念。

一个营养级是指处于食物链某一环节上的所有生物种的总和。因此，营养级之间的关系已经不是指一种生物和另一种生物之间的营养关系，而是指处于某营养层次的一类生物和处在不同营养层次上另一类生物之间的关系。例如，作为生产者的绿色植物和所有自养生物都位于食物链的起点，即食物链的第一环节，它们构成了第一个营养级。所有以生产者（主要是绿色拉物）为食的动物都属于第二个营养级，即植食动物营养级。第三个营养级包括所有以植食动物为食的肉食动物。以此类推，还可以有第四个营养级（即二级肉食动物营养级）和第五个营养级等。

一般说来，离基本能源（即第一营养级中的绿色植物）越远的动物就越有可能对两个或更多的营养级中的生物捕食。离基本能源越近的营养级，其中的生物受到取食和捕食的压力也越大，因而这些生物的种类和数量也就越多，生殖能力也越强，这样可以补偿因遭强度捕食而受到的损失。

第二节　生态系统的主要过程

一、生态系统的物种流动

自然界中众多生物是在不同生境中生存和发展起来的，通过物种流动扩大和加强了不同生态系统间的交流和联系，产生复杂而深远的影响。

（一）物种流的概念与意义

1．物种流的概念

生态系统的物种流是指生物物种及其种群在生态系统内或生态系统之间时空变化与流动。物种流主要有三层含义：

（1）生物有机体与环境之间相互作用所产生的时间、空间变化的过程；

（2）物种种群在生态系统内或系统之间格局和数量的动态，反映了物种关系的状态，如寄生、捕食、共生等；

（3）生物群落中物种组成、配置，营养结构变化，外来种和本地种的相互作用，生态系统对物种增加和空缺的反应等。

2．物种流的意义

物种流是生态系统一个重要过程，它扩大和加强了不同生态系统间的交流和联系。提高了生态系统的服务功能。自然界中众多的物种在不同生境中发展，通过流动汇集成一个个生物群落，赋予生态系统以新的面貌。每个生态系统都有各自的生物区系。物种既是遗传单元，又是适应变异的单元。同一物种个体可自由交配，共享共有的基因库，一个物种具有一个独特的基因库。所以，生态系统的物种流也就意味着是生态系统的基因流。

物种的流动与扩散是生物对环境适应的结果。通过流动，扩大了生物的分布区域，扩大了新资源的利用；改变了营养结构；促进了种群间基因物质的交流，形成异质种群又称复合种群或超种群；生态系统中的物种经过扩散和选择把最适合的那些个体保留下来。一个多样化的基因库更有利于物种的发展。尽管如此，种群在流动扩散中并不能保证每个个体都有好处，即使当环境极度恶化，代价很大，但通过扩散仍然增大了保留后代的概率。

（二）物种流的一些特点

1．规律性和非规律性

物种的空间变动可概括为：有规律的迁移和无规律的生物入侵两大类。有规律的迁移多指动物主动和依靠自身力量进行扩散和移动的行为，一般都是固有的习性和行为的表现，有一定的途径和线路，跨越不同的生态系统。而生物入侵是指生物由原发地侵入到另一个新的生态系统的过程，入侵成功与否决定于多方面的因素。

2．有序性

种群的个体迁移有季节、时间和先后；有年幼、成熟个体的先后等。

3．连续性

种群在生态系统内运动常是连续不断的，有时加速、有时减速，日夜兼程地进行。

4．连锁性

种群向外扩展常是成群的。例如东亚飞蝗先是少数个体起飞，在空中盘旋，地面的蝗虫在刺激之下不断起飞，然后形成巨大的蝗群迁飞。据报道，1889 年非洲沙漠蝗的一次飞越红海的迁飞约有蝗虫 2 500 亿只。

（三）物种流对生态系统的影响

1．物种的增加和去除对生态系统的影响

物种的增加极可能造成生态系统内原有物种的大量绝灭。如山羊对伽拿帕哥斯群岛和圣地亚哥岛的物种的影响。山羊被引入岛屿后变成了野生物种。在伽拿帕哥斯岛群岛上的 22%的特有植物种，因为外来草食动物——山羊的引进而灭绝。除了没有草本植物的地方、水淹的地方、不能到达的悬崖外，圣地亚哥岛没有其他的地方不受山羊的侵扰。从前覆盖在岛上的大部分树木，包括很多灌木，它们的繁殖能力都已经降低了，许多地方变成了不毛之地。在圣地亚哥岛的干旱季节，山羊与本地鬣蜥（*Conolophus subcristatus*）和一种巨龟（*Geochelone elephantopus darwini*）直接争夺食物。前者在圣地亚哥岛上灭亡了；后者只剩少部分了，在山羊存在的情况下也几乎没有使种群扩大的可能了。

去除生态系统中的物种可能造成系统内物种的猛增。Brown 等（1990）通过 12 年的实验研究证实，把生态条件相似的三种更格卢鼠（*Dipodomys spectabilis*，*D.ordii* 和 *D. merriami*）去除后，其生态系统从沙漠灌木变成了干旱草原，多年生草本植物 *Firagrostris lehmannian* 增加了 20 多倍，一年生植物 *Aristida adscensions* 增加了大约 3 倍。另外两种矮小一年生草本植物 *Boutelous aristidoides* 和 *B.barbata* 也有增加。采食种子的鸟类有所减少；6 种典型干旱草原啮齿类的数量增加。

罗亚尔岛是北美的一个小岛，岛上以北方植物为主。驼鹿（Alces alces）喜食落叶灌木和嫩枝芽。每头成年驼鹿一年中取食量为 3 000～5 000kg 的干物质。有人预言一旦驼鹿引入便会产生巨大影响。该岛于 1948 年建立了实验场地和围栏。试验表明，驼鹿的存在引起了生态系统一系列变化（Pastor et al. 1993）。驼鹿喜食先长出嫩枝芽的三种植物：白杨、小香油树和白桦树（而不食云杉和香油松）。这样的取食造成了森林的树种减少而下层灌木和草本植物发达。经过一段时间，这种取食方式造成物种组成的迅速变化，从硬木林变成了云杉林，出现森林中云杉占优势的局面。云杉生长慢，林地的落叶的质和量都降低，叶分解慢，营养物质少。结果，驼鹿啃食的地方矿质营养物的有效性和微生物的活动均有所减弱。

2．入侵物种通过资源利用改变了生态过程

有的入侵物种改变资源的利用或资源更新，从而改变了资源的利用率。大西洋加那利群岛上生长的一种固氮植物称为火树（*Myrica faya*）侵入了夏威夷，占据了岛上大部分湿地和干树林。早在 1800 年夏威夷火山周围的灰质壤，缺乏氮肥，这里的植物群落就没有固氮植物。火树入侵后，这些树每年给土壤所固定的氮是本地植物所固定氮的 4 倍，土壤含氮量大增，提高了生产力，促进了矿质营养的循环，改变了其他植物和土壤生物群落的结构，从而向非本地种占优势的方向发展，为新的入侵物种提供了沃土。

3．物种丧失、空缺所造成分解作用及其速率的影响

印度洋马里恩岛上缺乏食草性哺乳动物，生态系统中的食碎屑动物就占有重要位置，有象鼻虫、蜗牛和蚯蚓的无脊椎动物。特有本地种是马里恩无翅蛾（*Pringleophaga marioni*）成为处理有机物的主要物种。Crafford（1990）估算，无翅蛾每年分解处理的落叶为 1 500kg/hm^2 ，占该岛最大初级生产量的 50%。这种无翅蛾幼虫在有落叶的微环境中，能使氮和磷的矿化作用得到加强，氮提高到 10 倍，而磷提高到 3 倍。这表明无翅蛾是岛上营养物质矿化作用中的最主要角色。

1818 年猎海豹的海轮把小家鼠（*Mus musculus*）偶尔带到了岛上。小家鼠以多种食碎屑的无脊椎动物为食，每年取食无翅蛾占食物总量的 50%～75%，造成至少 1 000kg/hm^2 落叶不能分解。如果没有小家鼠，蛾类幼虫处理落叶应是 2 500kg/（hm^2·a）。显然小家鼠的进入，使得无翅蛾等幼虫和其他无脊椎动物空缺，强烈地改变了马里恩岛生态系统物质循环过程。

4．对生态系统间接的影响

外来种侵入后改变原有生态系统的干扰机制，从而改变了生态过程。热带一些岛屿普遍受到火的干扰。例如，在大洋洲岛屿上引入外来草种，通过增加落叶层积累燃料，增加了火的发生频率，而原先本地种几乎没有同火相接触的机会。因此，区域内火燃烧后本地种的多度和数量都会急剧下降。外来的草本植物入侵了夏威夷季节性干旱的林地，使火灾发生更加频繁，面积不断扩大。本地植物物种的多度和盖度沿着外来种分布成带状下降，从而使本地的优势树种和林下优势灌木消失。不仅使本地种数量明显下降，而且使地面上氮流失加大并改变了系统内氮库的分布状况。

总之，一个外来种一旦入侵成功对生态系统的影响是多方面的：①改变原有生态系统内的成员和数量；②改变了生态系统内营养结构；③改变了干扰、胁迫的机制；④获取和利用资源上不同于本地物种。只要具备其中的一条，许多入侵的外来种就能够直接或间接地改变生态系统过程。

二、生态系统的能量流动

（一）生态系统中能量存在的形式

能量在生态系统中以多种形式存在，主要有以下五种类型：

（1）辐射能，来自光源的光量子以波状运动形式传播的能量，在植物光化学反应中起着重要的作用；

（2）化学能，化合物中贮存的能量，它是生命活动中基本的能量形式；

（3）机械能，运动着的物质所含有的能量。动物能够独立活动就是基于其肌肉所释放的机械能；

（4）电能，电子沿导体流动时产生的能量。电子运动对生命有机体的能量转化是非常重要的；

（5）生物能，凡参与生命活动的任何形式的能量均称为生物能。

此外，热能是众所周知的能量形式。热能在同一温度下是不能做功的。不同温度下，由高热区向低热区流动，称为热流。以上所述各种形式的能，最终都要转化为热能这一形式。

（二）生态系统中的能源

进入生态系统的能量，根据其来源途径不同，可分为太阳辐射能和辅助能两大类型。

太阳辐射能是生态系统中的能量的最主要来源。从世界范围看，到达绿色自养层的太阳辐射量，大部分地区平均都在 420～3 400 J/（cm^2 • d），其中温带多在 1 300～1 700 J/（cm^2 • d），相当于 4.6×10^9～6.3×10^9 J/（m^2 • a）。太阳能既是能源，又是重要的环境因子。因此，太阳能的数量和分布，对任何地区生态系统的结构和功能，都是基本的决定因素。

除太阳辐射以外，对生态系统发生作用的一切其他形式的能量统称为辅助能。辅助能不能够直接转换为生物化学潜能，但可以促进辐射能的转化，对生态系统中光合产物的形成、物质循环、生物的生存和繁殖起着极大的辅助作用。根据辅助能来源的不同可分为自然辅助能和人工辅助能两种类型。自然辅助能是指在自然过程中产生的除太阳辐射能以外的其他形式的能量，如潮汐作用、风力作用、降水和蒸发作用等。人工辅助能是指人们在从事生产活动过程中有意识地投入的各种形式的能量，主要是为了改善生产条件、加快产品流通、提高生产力，如农田耕作、灌溉、施肥、防治病虫害、作物育种以及产品收获、贮运、加工等。

（三）生态系统中能流路径

生态系统中的能量流动是借助于食物链和食物网来实现的。因此，食物链和食物网便是生态系统中能流的渠道。

生态系统中能量流动的主要路径为，能量以太阳能的形式进入生态系统，被生产者——绿色植物吸收和固定，并将光能转化为化学能，这个过程就是通常所说的光合作用。在光合作用过程中，绿色植物（生产者）在光能的作用下，把吸收的二氧化碳和水合成碳水化合物，这称之为光合产物；同时，也把吸收的光能固定在光合产物的化学键上。这种贮藏起来的化学能，一方面满足植物自身生理活动的需求，另一方面也供给其他异养生物生活的需要。以植物物质形式贮存起来的能量，沿着食物链和食物网流动通过生态系统，从绿色植物（生产者）转移到植食动物（一级消费者），再由植食动物转移到肉食动物（二级消费者）……。以动物、植物物质中的化学潜能形式贮存在系统中的能量，或作为产品输出，离开生态系统，或经消费者和分解者生物有机体呼吸释放的热能自系统中丢失。生态系统是开放的系统，某些物质还可通过系统的边界输入，如动物迁移，水流的携带，人为的补充等。

在大多数陆地生态系统和浅水生生态系统中，生物量的大部分不是被取食，而是死后被微生物所分解，因此能流是以通过碎屑食物链为主。例如，在潮间带的盐沼生态系统中，活植物被动物吃掉的大约只有 10%，其他 90%是在死后被腐食动物和小分解者所利用。这里显然是以碎屑食物链为主。据研究，一个杨树林的生物量除 6%是被动物取食外，其余 94%都是在枯死后被分解者所分解；在草原生态系统中，被家畜吃掉的牧草通常不到四分之一，其余部分也是在枯死后被分解者分解的。1975 年，Whittaker 对不同生态系统中净初级生产量被动物利用的情况提供了一些平均数据。这些数据表明，热带雨林大约有 7%的净初级生产量被动物利用，温带阔叶林为 5%，草原为 10%，开阔大洋 40%和海水上涌带 35%。可见除海洋生态系统外，生态系统中净生产量的绝大多数都通向了碎屑食物链。

（四）生态系统中能量流动的特点

1. 生态系统中能量流动严格遵循热力学定律

生态系统内能流，都遵循热力学第一定律和热力学第二定律。

热力学第一定律指出，自然界能量可以由一种形式转化为另一种形式；在转化过程中是按严格的当量比例进行的。能量既不能消灭，也不能凭空创造。

热力学第二定律指出，生态系统的能量从一种形式转化为另一种形式时，转化效率不可能是百分之百，总有一部分能量转化为不能利用的热能而耗散。

2. 生态系统中能量流动的单向性

生态系统能量的流动是单一方向的。能量以光能的状态进入生态系统后，就不能再以光的形式存在，而是以热的形式不断地逸散于环境中。能量在生态系统中的流动，很大部分被各个营养级的生物利用，通过呼吸作用以热的形式散失。散失到空间的热能不能再回到生态系统参与流动。因为至今尚未发现以热能作为能源合成有机物的生物。

3. 能量在生态系统内的流动过程中逐级减少

从太阳辐射能到被生产者固定，再经植食动物，到肉食动物，再到大型肉食动物，能量是逐级递减的过程。这是因为：①各营养级消费者不可能百分之百地利用前一营养级的生物量；②各营养级的同化作用也不是百分之百的，总有一部分不被同化；③生物在维持生命过程中进行新陈代谢，总要消耗一部分能量。

4. 能量在流动中质量不断提高

能量在生态系统流动中，是把较低质量能转化为另一种较少的高质量能。从太阳辐射能输入生态系统后的能量流动过程中，能的质量是逐步提高和浓集的。

（五）生态系统中的生态效率

生态效率是指各种能流参数中的任何一个参数在营养级之间或营养级内部的比值，常以百分数表示。这种比值关系，在生产力生态学研究中是很重要的。对估计各个环节的能量传递效率是很有用的。由于对生态效率曾给过不少定义，而且名词比较混乱，T. T. Kozlovsky（1969）曾作过评述，提出最重要的几个，并说明它们之间的相互关系。

1. 常用的几个能量参数

为了便于比较生态效率，首先要对能流参数加以明确。其次要指出的是生态效率是无维的，在不同营养级间各能量参数应以相同单位表示。

（1）摄取量（I）：表示一个生物所摄取的能量。对植物来说，I 代表被光合作用所吸收的日光能。对动物来说，I 代表动物吃进的食物能。

（2）同化量（A）：表示在动物消化道内被吸收的能量，即消费者吸收所采食的食物能。对分解者是指细胞外产物的吸收。对植物来说是指在光合作用中所固定的日光能。

（3）呼吸量（R）：指生物在呼吸等新陈代谢和各种活动中所消耗的全部能量。

（4）生产量（P）：指生物呼吸消耗后所净剩的同化能量值。它以有机物质的形式累积在生物体内或生态系统中。对于植物来说，它是指净初级生产量。对动物来说，它是同化量扣除维持消耗后的能量。

利用以上这些参数可以计算生态系统中能流的各种效率。营养级位内的生态效率用以量度一个物种利用食物能的效率，即同化能量的有效程度；营养级位之间的生态效率则来量度营养级位之间的转化效率和能流通道的大小。

2．营养级位内的生态效率

（1）同化效率（A_e）：指被植物吸收的日光能中被光合作用所固定的能量比例，或被动物摄食的能量中被同化了的能量比例。

同化效率＝被植物固定的能量/植物吸收的日光能

或　　　　＝被动物消化吸收的能量/动物的摄食的能量

即　$A_e=\dfrac{A_n}{I_n}$　其中 n 为营养级数。

一般肉食动物中同化效率比植食动物要高些，因为肉食动物的食物在化学组成上更接近其本身的组织。

（2）生长效率：包括组织生长效率（TG_e）和生态生长效率（EG_e）。

组织生长效率＝n 营养级的净生产量/n 营养级的同化能量　　即 $\text{TG}_e=\dfrac{P_n}{A_n}$

生态生长效率＝n 营养级的净生产量/n 营养级的摄入量　　即 $\text{EG}_e=\dfrac{P_n}{I_n}$

通常植物的生长效率大于动物，大型动物的生长效率小于小型动物的，年老动物的生长效率小于幼年的，变温动物的大于恒温动物的，通常生物的组织生长效率高于其生态生长效率。

3．营养级位之间的生态效率

（1）消费效率（或利用效率）：

消费效率＝（n＋1）营养级的摄入量/n 营养级的净生产量　　即 $C_e=\dfrac{I_{n+1}}{P_n}$

或　利用效率＝（n＋1）营养级的同化量/n 营养级的净生产量　　即 $U_e=\dfrac{A_{n+1}}{P_n}$

可用来量度一个营养级位对前一营养级位的相对采食压力。此值一般在 25%～35%，这说明每一营养级位的净生产量有 65%～71%进入腐屑食物链。利用效率的高低，说明前一营养级位的净生产量被后一营养级位同化了多少，即被转化利用了多少。

（2）林德曼效率：指 $n+1$ 营养级所获得的能量占 n 营养级获得能量之比。这是 Lindemans 在经典能流研究中提出的。它相当于同化效率、生长效率和消费效率的乘积。

林德曼效率＝（n＋1）营养级摄取的食物/n 营养级摄取的食物

$$L_e=\frac{I_{n+1}}{I_n}=\frac{A_n}{I_n}\times\frac{P_n}{A_n}\times\frac{I_{n+1}}{P_n}$$

根据林德曼测量结果，这个比值大约为 1/10，曾被认为是一项重要的生态学定律。但这仅是湖泊生态系统的一个近似值，在其他不同的生态系统中，高则可达 30%，低则可能只有 1%或更低。

三、生态系统的物质循环

生命的维持不但需要能量，而且需要各种物质。已查明生物生长发育中至少需要 30～40 种元素。其中有些元素的需要量较大，称为大量元素，如氧、碳、氢、氮、磷、钾、钙、镁、铁等。尤其是氧、碳、氢、氮四种元素，构成生物体的 95%～99%，因而又被称作关键元素或能量元素。另一类元素需要量较少，称为微量元素，如铜、锌、硼、锰、钼、钴、锗、钒等。这些元素的需要量虽很少，但对生物正常的生长发育却是不可缺少的。有的微量元素对所有有机体都是需要的，有的只为某些物种所需要。

生物所需要的元素多以无机物的形式存在于空气、水、土壤、岩石中，被植物吸收之后，在植物体内结合成胡机形式，并通过食物链从一个营养级位传递到下一个营养级位，最后所有生物残体及废物被分解者分解，将这些元素释放到环境中，又被植物重新吸收利用。这样，矿物养分在生态系统内一次一次地循环利用，从生态系统的非生物部分（环境）流入生物部分，然后又回到非生物部分，这就叫作生态系统中的物质循环，又称为生物地球化学循环。

生物地化循环可分为三大类型，即水循环、气体型循环和沉积型循环。在气体型循环中，物质的主要储存库是大气和海洋，其循环与大气和海洋密切相连，具有明显的全球性，循环性能最为完善。凡属于气体型循环的物质，其分子或某些化合物常以气体形式参与循环过程，属于这类的物质有氧，二氧化碳、氮、氯、溴和氟等。参与沉积型循环的物质，其分子或化合物绝无气体形态，这些物质主要是通过岩石的风化和沉积物的分解转变为可被生态系统利用的营养物质，而海底沉积物转化为岩石圈成分则是一个缓慢的、单向的物质移动过程，时间要以数千年计。这些沉积型循环物质的主要储存库是土壤、沉积物和岩石，而无气体形态。因此这类物质循环的全球性不如气体型循环表现得那么明显，循环性能一般也很不完善。属于沉积型循环的物质有磷、钙、钾、钠、镁、铁、锰、碘、铜、硅等，其中磷是较典型的沉积型循环物质，它从岩石中释放出来，最终又沉积在海底并转化为新的岩石。气体型循环和沉积型循环虽然各有特点，但都受到能流的驱动，并都依赖于水的循环。

生态系统中的物质循环和能量流动是分不开的，二者互相依存，紧密结合。当能量流过食物链从一个营养级向另一营养级传递时，营养物质也按同样的途径传递。所不同的是能量在此过程中不断降解和耗损掉了，而营养物质却进行再循环。

（一）水循环

没有水，就没有生命。水是最活跃的中性溶剂，植物所需要的矿质养分多以水溶液进入植物体。因此，可以说没有水循环就没有生物地球化学循环。

水循环是地球上由太阳能推动的各种物质循环中的一个中心循环。大气、海洋和陆地形成一个全球性水循环系统。水的初始来源是海洋，在太阳能的作用下，通过蒸发把咸水变成淡水，并以水汽形式进入大气。在大气中，水汽遇冷凝结、迁移，以雨和雪的形式又回到地球表面（图 5-2）。

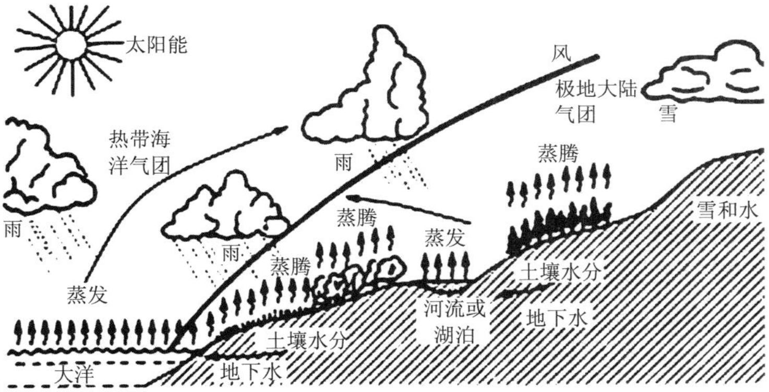

图 5-2 水的全球循环（李振基，2004）

每年地球表面的蒸发量和全球降水量是相等的，因此这两个相反的过程就达到了一种平衡状态。但海洋的蒸发量大于降水量，陆地的降水量大于蒸发量。于是海洋蒸发量大于降水量的部分随大气环流向陆地运动，而陆地降水量大于蒸发量的部分由地表径流等形式归入海洋，达到全球性水循环的平衡。对于落到陆地上的降水，也存在一种小循环。植物通过根吸收土壤中的水分，与其他物质不同的是，进入植物体内的水分只有1%～3%参与光合作用，形成光合产物进入食物链，其余 97%～99%通过叶面蒸腾返回大气中，参与水分的再循环。

水通过各个贮存库的循环周期的长短因贮存库的大小不同而有显著差异。冰川水的周转期为 8 600 年；地下水的周转期为 5 000 年；江河水只有 11.4 天；植物体内水分的周转期最短，夏天为 2～3 天。植物体含水量虽小，但流经植物体的水分数量却是巨大的。例如，水稻在生长盛期，每天每公顷大约吸收 70 吨水，其中大约 5%用于维持原生质的功能和光合作用，95%以水蒸气和水珠的形式，从叶片的气孔中排出。

生物圈中水的循环平衡是靠世界范围的蒸发与降水来调节的。由于地球表面的差异和距太阳远近的不同，水的分布不仅存在着地域上的差异，还存在着季节上的差异。一个区域的水分平衡受降水量、径流量、蒸发量和植被截留量以及自然蓄水量的影响。降水量、蒸发量的大小又受地形、太阳辐射和大气环流的影响。地面的蒸发和植物的蒸腾与农作制度有关。土地裸露不仅土壤蒸发量增大，并由于缺少植被的截留，使地面径流量增大。因此，保护森林和草地植被，在调节水分平衡上有着重要作用。丰茂的森林可截留夏季降水量的 20%～30%，草地可截留降水量的 5%～13%。树冠的强大蒸腾作用，可使林区比无林区、少林区降水量增多 30%左右。坡地上，森林可减轻水对土壤的侵蚀作用；林地内，地表径流量比无林地少 10%左右。

人类对水循环的影响是多方面的。如修筑水库、塘堰可扩大自然蓄水量；而围湖造田又使自然蓄水容积减小；地下水的过度开采利用，使某些人口集中的地区出现了地下水位和水质量的下降，如目前我国许多北方大城市的地下水分布出现“漏斗”。从全球观点看，水资源问题的产生不是由于降落到地球上的水量不足，而是水的分布不均衡，这尤其与人类人口的集中分布有关。因为人类已经强烈地参与了水的循环，致使自然界可以利用的水资源已经减少，水的质量也已下降。

（二）碳循环

碳对生物和生态系统的重要性仅次于水，它构成生物体重量（干重）的 49%。

自然界中碳的大部分贮存于地壳的岩石、化石燃料（石油和煤炭）中，约占碳总量的 99.9%，但这些碳对生产者来说是不可利用的无效碳。在生物学上有积极作用的两个碳库是大气和海洋（主要以 CO_2 形式存在）。大气中 CO_2 平均浓度 0.032%（320 ppm），海洋中含碳量是大气的 50 倍。

在生态系统中，碳循环的基本运动是从大气中的 CO_2 开始。绿色植物通过光合作用把碳从大气中取出，结合到碳水化合物的分子中，然后随食物链移动，经过各级消费者呼吸和分解者的最终分解再进入大气。另外，陆地上的碳酸盐（主要是碳酸钙）也被缓慢风化或淋溶。木材、石油、煤炭等以过燃烧也使碳以 CO_2 形式进入大气中。这样，返回大气中的 CO_2 再次被绿色植物吸收，又开始新的循环（图 5-3）。

在碳循环中，森林生态系统是碳的最主要吸收者；有机物质的分解，动植物的呼吸，含碳物质的燃烧，岩石风化及火山喷发等补充了大气中的 CO_2 来源。因此，一般来说，大气中 CO_2 的浓度基本上是恒定的。但是，近百年来由于森林的大量采伐和工业的高度发展干扰着 CO_2 的平衡，大气中 CO_2 的浓度有增高的趋势。CO_2 浓度增高致使温室效应增强，引起全球气候变暖。

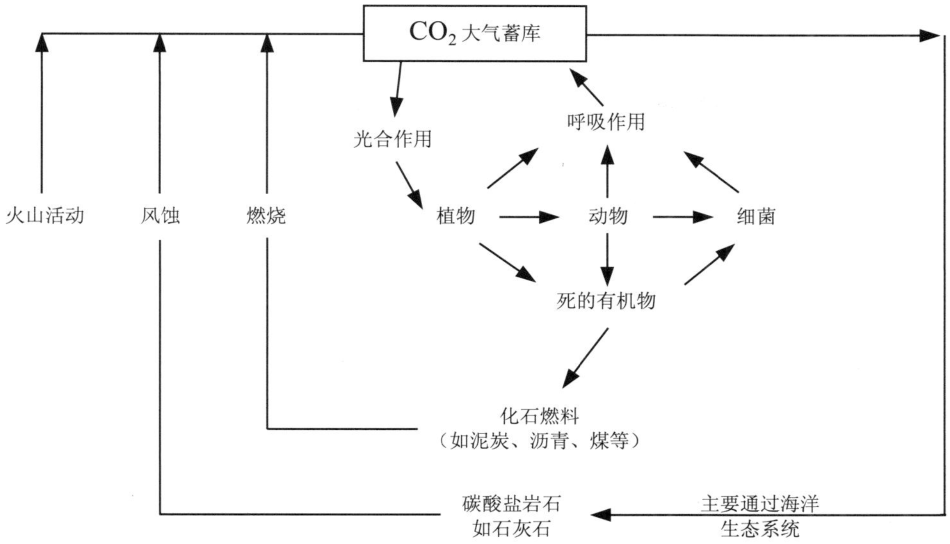

图 5-3　生态系统中的碳循环（李博，2000）

（三）氮循环

氮是有机体不可缺少的重要元素，是生命物质—蛋白质的主要组成元素。氮主要以 N_2 形式贮存于大气中，其含量约占大气的 79%。但分子态氮属惰性气体，不能为一般生物直接利用，只有通过固氮作用，把氮元素转变成硝酸盐、亚硝酸盐或氨等形式，才能为植物所利用。天然固氮的主要途径有两条：一是通过空中发生的物理、化学过程完成。如雷雨的放电或电离作用，使一部分氮由空气进入土壤。二是生物固氮。由固氮细菌和豆科植物的根瘤菌完成，也可以由海洋中某些蓝绿藻的代谢活动来完成。每年生物固氮量约占全球总天然固氮量的 90%以上。此外，工业固氮（由人工借助一种与大气固氮原理相似的方法来完成）已经接近或超过了天然固氮。

陆地植物自氨和硝酸盐吸收氮，将它转为氨基酸的成分，然后又转为消费者动物的各种类型的氨基酸。动物的排出物（尿和粪便）和动植物的尸体被细菌和真菌所分解，又释放氨。氨可能以气体形式散失于大气中，或者又先后被亚硝化细菌和硝化细菌转变为亚硝酸盐和硝酸盐，或者也能直接被植物所利用。硝酸盐可能被植物所利用，也可能被淋溶走，然后经过河流、湖泊，最后到达海洋，为水体生态系统所利用（图 5-4）。

在自然条件下，一部分氮从生态系统中消失，如脱氮作用、挥发、淋溶、流失等等。但这种损失得到生物固氮和其他形式固氮的补偿。因此，氮循环是一个相当完全的、自我调节系统，在系统中形成了动态平衡。

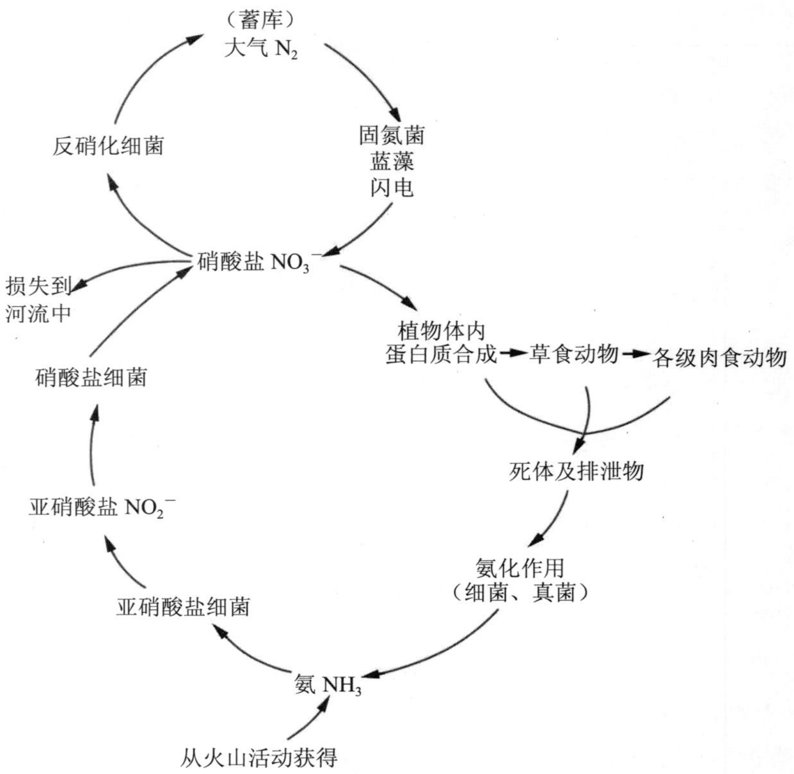

图 5-4　生态系统中的氮循环（李博，2000）

人类对于氮循环的影响有三个方面：①汽车尾气和化石燃料燃烧排放各种氮氧化物，输入大气污染空气；②流入池塘、湖泊、海湾的化肥氮造成水体富营养化；③人类过度开发利用，破坏自然生态系统氮素平衡。

（四）磷循环

磷是生物体中高能磷酸键的重要组成，而高能磷酸键为细胞内一切生化作用提供能量。因此，磷是生物必需的重要元素。

磷循环属于典型的沉积型循环。磷主要储蓄库是地壳中的磷酸岩等沉积物，鸟粪和动物化石中也含有较多的磷。磷的循环如图 5-5 所示。

磷通过侵蚀和开采矿石从岩石中移出而进入生态系统，一部分随地表径流流入海洋，一部分经植物吸收利用，通过食物链而循环。植物、动物死亡后，体内含磷的有机化合物被细菌分解成磷酸盐，供植物再次利用，其中也有一部分流入江河湖泊和海洋。进入海洋的磷酸盐在浅海沉积下来，通过浮游生物、鱼、海鸟和人以及其他吃海鸟的动物这样一种食物链关系，又可回到陆地。但这一部分数量很少，大部分是沉积到深海处。由于磷没有回到大气的有效途径，磷在深海处的沉积除非发生陆海变迁，由海底变为陆地，否则就脱离了循环。正是由于这种原因，使陆地磷的贮存数量越来越少，特别是随着工业的发展而大量地开采加速了这种损失。

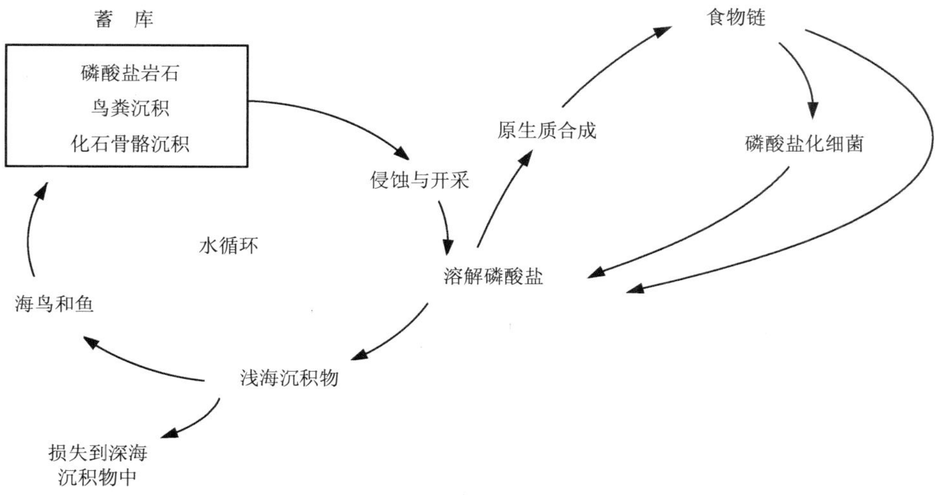

图 5-5 生态系统中的磷循环（李博，2000）

农业生产上大量施用磷肥不仅使磷资源面临枯竭的威胁，而且磷矿石、磷肥中含有重金属和放射性物质，长期大量施用，会使土壤污染；磷素随水土流失进入水域造成水体的富营养化，殃及鱼类等水生生物。

（五）污染物质的循环

引起环境污染的物质，其中有很多都是大自然中原来就有的，并且是参与生态系统物质循环的物质。例如，燃烧化石燃料排放的碳、氮、硫的氧化物。污染物中还有一些物质，虽然也参与生态系统的物质循环，但在自然状况下是微量的，而且不是十分活跃。例如，汞、镉、铅等。作为有机类污染物，如生活污水中的耗氧有机物、烃类、酚类、氰化物等，它们本是生物代谢产物，在自然界物质循环中全可被各种分解者（微生物）所分解。人工合成的有机化合物，如有机氯农药、多氯联苯、塑料、氟氯烃等，由于这些物质本来是自然界里没有的，因而，当它们新出现在生态系统中时，物质循环链上的各种生物集团多数不能适应，特别是分解者这个营养级中缺乏对这些新化合物的分解能力。

污染物在生态系统中的迁移和转化也基本上遵循生命必需元素的生物地球化学循环的基本途径，但许多有毒有害物质的循环也有自身的特点。

人们在研究某些有毒有害物质的循环时发现，某些物质当它们沿食物链移动时，既不被呼吸消耗，又不容易被排泄，而是浓集在有机体的组织中。后来把这种现象称作食物链浓集效应，也叫作生物学放大作用。由于这种浓集效应，许多高等生物有机体内的有毒有害物质（如农药、重金属、放射性物质等）比周围环境中的浓度要高出千万倍。虽然环境中有毒有害物质的浓度微乎其微，但到食物链顶部已经达到致命的浓度。

生物圈中的物质是有限的。原料、产品和废物的多重利用和循环再生是生态系统长期生存并不断发展的基本对策。为此，生态系统内部必须形成一套完善的生态工艺流程。其中，每一组分既是下一组分的“源”，又是上一组分的“汇”，没有“因”和“果”，“资源”和“废物”之分。物质在其中循环往复，充分利用。

因此，亿万年来，尽管生物圈每年造成了 2 000 亿 t 的碳和有机物质循环，产生了 1 000 亿 t 的氧，消耗了数百万吨的光和重金属，却从不会造成原料短缺或废物处理的难题，绝不会出现毁灭的危险。但是，仅有 300 年历史的工业革命形成的第二次浪潮，却造成了能源短缺、环境污染、资源匮乏、人口爆炸等一系列交织在一起的矛盾。

从生态学角度分析，城市环境污染、资源短缺问题的内部原因就在于系统缺乏物质和产品的这种循环再生机制，而把资源和环境全部当作外生变量处理，致使资源利用效率和环境效益都不高。大量的物质能量以废弃物的形式滞留在环境中造成严重的环境问题。其实，一个功能完善的生态系统，应该包括生产、消费和还原三大功能。而人类社会只有生产和消费两大功能，缓冲还原能力全靠自然生态系统去完成。而自然生态系统的还原自净能力是有限的，这样就造成了一系列的环境问题。

四、生态系统的信息传递

信息是实现世界物质客体间相互联系的形式。所以，信息以相互联系为前提。没有联系也就不存在什么信息。每一个信息过程都有三个基本环节：信源（信息产生）、信道（信息传输）、信宿（信息接收）。多个信息过程相连就使系统形成信息网，当信息在信息网中不断被转换和传递时，就形成了信息流。

生态系统中的信息传递是一个比较新的研究领域。在生态系统中，种群与种群之间，同一个种群内部个体与个体之间，甚至生物与环境之间都可以表达、传递信息。信息传递与能量流动和物质循环一样，都是生态系统的重要功能，它通过多种方式的传递把生态系统的各组分联系成一个整体，具有调节系统稳定性的功能。

（一）生态系统中信息的类型

我们一般把信息归纳为以下四类。

（1）物理信息：声、光、颜色等是生态系统的物理信息。如青蛙的鸣声，鸟的啼叫，狮虎的咆哮，蝴蝶的飞舞，花的颜色等都起着吸引异性、种间识别、威吓、警告等信息作用。萤火虫通过闪光来识别它的同伴，红三叶草花的色彩和形状正是传递给当地土蜂和其他昆虫的物理信息。在世界各地，草地里的蟋蟀的鸣叫构成了优雅的交响乐，这些曲子是由雄性蟋蟀组成的交响乐队所演奏的。蟋蟀通过刮擦其小搓板似的前翅基部，发出颤音，以表明它的存在和勇敢。这颤音包含两种意思：一是叫雌蟋蟀到来；二是警告其他雄性竞争对手离得远一点。

（2）化学信息：生物代谢产生的物质，如酶、维生素、生长素、抗生素、性诱激素、香精油、酚及其衍生物、不饱和内脂、生物碱等均属于传递信息的化学物质。虽然其量不多，但作为信息传递却深深地影响着生物种间与种内的关系。有的相互克制，有的相互促进，有的相互吸引，有的相互排斥。近年来，关于化学信息的研究有较大的进展，已形成一个分支学科——化学生态学。

如红三叶草是繁殖力很强的牧草植物，它常形成较纯的群落，排挤其他的杂草植物。红三叶草含有多种异黄酮类物质，这些异黄酮类物质及其在土壤中被微生物分解而成的衍生物对其他植物的发芽起抑制作用，因而其他植物不易生长，同时也造成不易连作的原因。雌蚕蛾释放一种性引诱剂，可以把 3 km 外的雄蚕蛾吸引过来，虽然释放的剂量不到 0.01μg，但雄性个体仍然对其做出反应。而雄性个体虽然看得见密封在玻璃瓶中的雌蚕蛾，但却无动于衷，说明这是化学信息在起作用，而不是视觉引起的反应。昆虫的信息素种类很多，有报警、集合、食物、性信息素等。草原上蚂蚁的嗅觉特别敏感。又如昆虫之间都存在着相互联系的方式，以保证群体有条不紊地劳动，齐心协力地抵御外敌，以致雌雄配对，繁衍后代。也有人把这种联系方式叫作“气味语言”。经研究，证明这种信息是化学物质，称为信息素。

（3）营养信息：食物和养分也是一种信息。例如，田鼠是老鹰的食物，田鼠便是老鹰的营养信息。田鼠多的地区老鹰也多，田鼠少时饥饿的老鹰就飞到其他地方去觅食。又如云杉林中的松鼠的消长，云杉种子丰收的次年，由于食物充沛，松鼠种群达到高峰。接下来 2～3 年，云杉种子歉收，松鼠种群数量也下降。因此，在某种意义上，食物链、食物网就代表着一种信息传递系统。

（4）行为信息：同一种群中，两个个体相遇时，表现出有趣的行为信息，可能是识别、威吓或挑战的信号。例如，一种典型草原鸟——地鹬，发现“敌情”时，雄鸟急速起飞，扇动两翼，给孵卵的雌鸟发出信号。不同种之间，也同样有行为信息的表现。另一种鸟叫双领鸻，遇到“敌情”时，显得很冷静、很有智慧。这种鸟的巢建在岩石岸边，灰白色，与背景色融为一体，不易辨认。鸟看到你时，不会紧张，它不快速逃走，也不和你对峙，而是假装受了伤似的拖着翅膀，摇摇摆摆地和你保持一定距离向前方跳跃，把你从它的巢穴引开。如果你没上当，冲着它的巢穴走去时，它会一跛一拐可怜地绕着你转。一旦你被彻底引开，它会迅速地飞得无影无踪。

总之，生态系统确实有巧妙的信息传递，形成一个信息流。但是目前科学上只是模糊地了解一些现象，对其实质尚不清楚。

（二）生态系统中的信息传递过程

生态系统中能量流和物质流通过个体与个体之间、种群与种群之间、生物与环境之间的信息传递协调。如生物之间的信息传递是通过其神经系统和内分泌系统等进行，决定着生物的取食、居住、行为、防御等一切过程。

（1）取食：动物的取食有一定特点。食草动物通过眼睛确定它所需要的植物，在取食过程中，通过口腔的感触辨别食物的味道。食肉动物除用眼睛辨别外，同时用耳朵对声音的反应，来追捕或威胁其猎物。

（2）居住：动物总是栖息在最有利于生活、生存的环境中，这是经过一系列感觉器官，对环境的光、温、水、气等信息反映到神经系统，经过综合分析而决定的。食物信息发生变化也会引起生物对居住环境的改变。

（3）防御：各种生物的体形、体色、气味都尽量与其生存环境相一致。这一特性是防御“敌人”的一种自然保护体系，也是一种信息作用。生物会寻找与其体色相同的环境居住下来，以迷惑敌人免遭杀害。当秋冬杂草枯黄时，蝗虫、蚱蜢能够调节其皮肤颜色使之与草色相一致；豪猪遭遇敌人时，将其体刺竖直；乌贼遇到攻击时，喷出黑液赶跑敌人；蚜虫在遭天敌捕食接触到体表时，立即分泌一种萜烯类挥发性物质，通知其伙伴迅速逃脱；瓢虫被鸟类啄食时，体内分泌出强心甙，使鸟感到难以下咽而吐出；一些植物被啃食后，也会分泌出单宁或其他动物厌恶的次生代谢物质。

（4）性行为：生物在其繁衍后代过程中都有特殊的性行为。某些生物能分泌与性行为有关的物质散发到环境中诱引异性。这种化学信息只有同类生物才能感触到，尤其是同类生物的异性特别敏感。鳞翅目昆虫，雄蛾在腹部或翅上的毛刷状器官有性分泌腺，可分泌性外激素以引诱异性，达到交配的目的。一般说，雌性分泌的性外激素引诱力较强，引诱的距离较远；雄性分泌的性外激素引诱力较弱，引诱的距离较近。引诱的距离，按 Wright 计算大致在 1km 之内。

（5）集群作用：除食物、环境等因素外，信息也会引起集群。

五、生态系统的生物生产

（一）生物生产的若干概念

生物生产是生态系统重要的功能之一。生态系统不断运转，生物有机体在能量代谢过程中，将能量、物质重新组合，形成新的产品（碳水化合物、脂肪和蛋白质等）的过程，称为生态系统的生物生产。生物生产可分植物生产（初级生产）和动物生产（次级生产）两大类。

1．初级生产

生态系统中绿色植物通过光合作用，吸收和固定太阳能，由无机物合成、转化成复杂的有机物。绿色植物的这种生产过程称为初级生产，也称第一性生产。

（1）总初级生产量：在初级生产过程中，植物固定的全部能量，也就是包括呼吸消耗在内的全部生产量，称为总初级生产量。

（2）净初级生产量：在初级生产过程中，植物固定的能量有一部分被植物自己呼吸消耗掉，剩下的可用于植物生长和生殖，这部分生产量称为净初级生产量。净初级生产量是可提供生态系统中其他生物（主要是各种动物和人）利用的能量。生产量通常用每年每平方米所生产的有机物质干重［g/（$m^2 \cdot a$）］或每年每平方米所固定的能量值［J/（$m^2 \cdot a$）］表示。

（3）生物量：生物量是指在某一定时刻调查时单位面积上积存的有机物质，单位是干重 g/m^2 或 J/m^2。

2．次级生产

生态系统中初级生产以外的生物生产，即消费者利用初级生产的产品进行新陈代谢，经过同化作用形成异类生物自身的物质，称为次级生产，亦称第二性生产。

次级生产量是指除初级生产者之外的其他生物有机体的生产量，表现为动物和微生物的生长、繁殖和营养物质的贮存。

次级生产量的一般生产过程可以概括于下面的图解中：

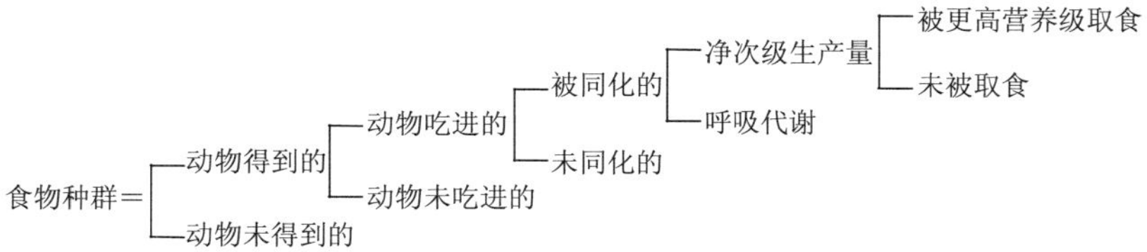

（二）全球初级生产量概况及分布特点

据估计，地球上生物的光合作用，每年大约能生产 10^{14}（约 1 000 亿 t）的有机物质，这是人类赖以生存的自然资源。对全球初级生产量及其分布的估计，许多生态学者的看法并不十分一致。从全球来看，同一生态系统类型的初级生产量也有较大的差异。地球上初级生产量的分布是不均匀的（图 5-6）。

地球上存在着多种多样的生态系统。全球初级生产量分布特点可概括为以下四点。

1．陆地比水域的初级生产量大。地球表面生态系统大体可分为陆地生态系统和水域生态系统两大类型。前者约占地球表面 1/3，而初级生产量约占全球的 2/3。主要原因是占海洋面积最大的大洋区缺乏营养物质，其生产力很低，平均仅 125g/（$m^2 \cdot a$），有“海洋荒漠之称”。

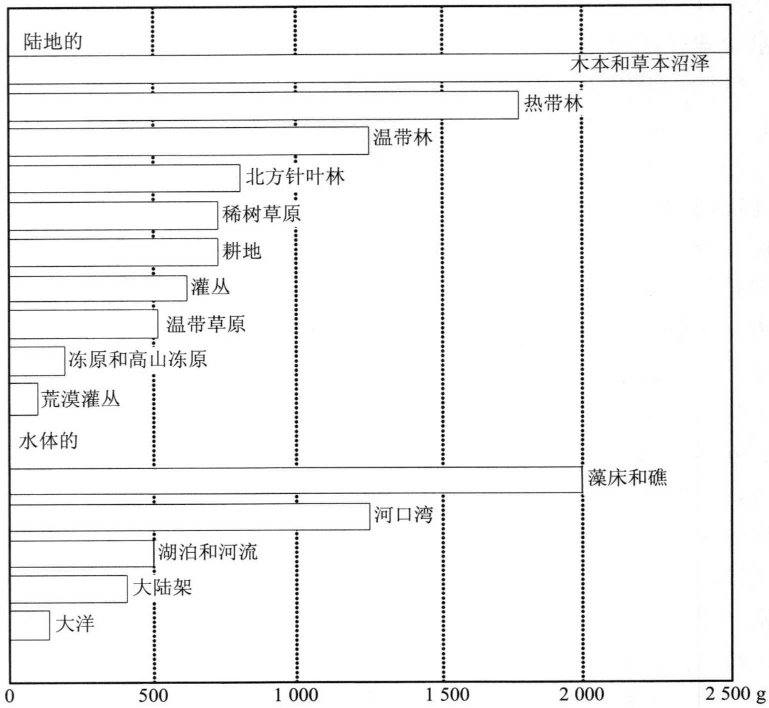

图 5-6　地球上各种生态系统净初级生产力（孙儒泳，2002）

2．陆地上初级生产量有随纬度增加逐渐降低的趋势。陆地生态系统类型中，以热带雨林生产力为最高，平均为 2 200 g/（m^2·a）。由热带常绿林、落叶林、北方针叶林、稀树草原、温带草原、荒漠依次减少。初级生产量从热带至亚热带，经温带到寒带逐渐降低。一般认为，太阳辐射、温度和降水是导致初级生产量随纬度增大而降低的原因。

3．海洋中初级生产量由河口湾向大陆架和大洋区逐渐降低。河口湾由于有大陆河流的辅助输入，它们的净初级生产力平均为 1 500 g/（m^2·a），产量较高。但是，所占的面积不大。

4．全球初级生产量可划分为三个等级：①生产量极低的区域。生产量 2.09×10^6～4.19×10^6 J/（m^2·a）或者更少。大部分海洋和荒漠属于这类区域。辽阔的海洋缺少营养物质，荒漠主要是缺水。②中等生产量区域。生产量为 2.09×10^6～1.26×10^7 J/（m^2·a）。许多草地、沿海区域、深湖和一些农田属于这类区域。这些地区的生产量居于中等水平。③高生产量的区域。生产量大约为 4.19×10^7～1.05×10^8 J/（m^2·a）或者更多。大部分湿地生态系统、河口湾、珊瑚礁、热带雨林和精耕细作的农田、冲积平原上的植物群落等属于这类区域。热带森林仅覆盖地球 5%的面积，但生产量几乎占全球总生产量的 28%。有的水域、河口湾、海藻床和珊瑚礁等面积虽仅占 0.4%，但其生产量达全球的 2.3%。

六、生态系统的资源分解

（一）概念及意义

1．概念

将植物残株、动物尸体等复杂的有机物分解为简单有机物的逐步降解过程，称为分解作用。分解作用过程正好与植物光合作用过程相反，可表示成：

$$C_6H_{12}O_6 + 6O_2 \rightarrow 6CO_2 + 6H_2O + \text{能量}$$

2．意义

维持全球生产和分解的平衡。生态系统的能量和物质流中，植物的初级生产和资源的分解是两个主要过程。在建立和维持全球生态系统的动态平衡中，资源分解的主要作用是：通过死亡物质的分解，使营养物质再循环，给生产者提供营养物质；维持大气中 CO_2 浓度；稳定和提高土壤有机质的含量，为碎屑食物链以后各级生物生产食物；改善土壤物理性状，改造地球表面惰性物质。

（二）分解者生物

1．微生物

微生物中细菌和真菌是主要的分解者。在细菌体内和真菌菌丝体内具有各种完成多种特殊的化学反应所需的酶系统。这些酶被分泌到死的有机体内进行分解活动，一些分解产物作为食物而被细菌和真菌所吸收，另一些继续保留在环境中。

2．动物

（1）陆地生态系统的分解者：陆地生态系统分解者中的动物主要是些食碎屑的无脊椎动物。按机体大小可分为微型、中型和大型动物。微型动物区系一般体宽在 100 μm 以下，主要分解枯枝落叶。中型动物区系一般体宽 100 μm～2 mm，包括弹尾目昆虫、原尾虫、螨类、线蚓类、双翅目幼虫和一些小型鞘翅目昆虫，主要对大型动物区系粪便进行处理。大型动物区系主要包括各种取食枯枝落叶的节肢动物，如千足类、等足类、端足类、蜗牛、蚯蚓等，这些动物都参与扯碎植物残叶、土壤的翻动和再分解作用。无脊动物在陆地生态系统的物质分解中起着重要作用，它们在地球上的分布随纬度的变化呈现地带性的变化规律。低纬度热带地区起作用的主要是大型土壤动物，其分解作用明显高于温带和寒带。高纬度寒温带和冻原地区多为中、小型动物，它们对物质分解起的作用很小。

（2）水生生态系统的分解者：水生生态系统的分解者动物通常按其功能可分为碎裂者、颗粒状有机物质搜集者、刮食者、以藻类为食的食草性动物、捕食动物等。

（三）分解作用过程

生态系统中的分解作用同样是一个非常复杂的过程，它由碎裂过程、异化过程和溶解过程等三个步骤组成。

1．碎裂过程

由于物理的和生物的作用，把尸体分解为颗粒状的碎屑称为碎裂。

2．异化过程

在酶的作用下，有机物进行生物化学的分解，从聚合体变成单体，例如纤维素降解为葡萄糖，进而成为矿物成分，葡萄糖降为 CO_2 和 H_2O，称为异化。

3．淋溶过程

淋溶完全是物理过程，是指水将资源中的可溶解成分淋洗出来，其速率实际上也受上两个过程的影响。

（四）影响分解的生态因素

有机质的分解过程受物质的性质、发生作用的生物有机体及分解过程中的理化条件的控制。土壤有机质的分解、矿化过程都是在微生物的参与下进行的。因此，影响土壤微生物活动的因素都是影响有机质转化的因素。这些因素包括土壤温度、土壤湿度和通气状况、土壤 pH 值等。

第三节　生态系统服务功能

一、什么是生态系统服务

生态系统为人类提供了许多社会、经济和文化生活必不可少的物质资源和良好的生存条件。这些由生态系统的物种、群体、群落、生境及其生态过程所产生的物质及其所维持的良好生活环境对人类与环境的服务性能称为生态系统服务。生态系统服务的内容广泛而丰富，自提出以来，已引起生态学界的高度重视。生态系统服务一般是指生命支持功能（如净化、循环、再生等），而不包括生态系统功能和生态系统提供的产品。但功能、服务与产品三者是紧密相关的。

生态系统功能是构建生物有机体生理功能的过程，是维持为人类提供各种产品和服务的基础。生态系统功能的多样性对于持续地提供产品的生产和服务是至关重要的。产品是指在市场上用货币表现的商品。服务不能够在市场上买卖，但它有重要的价值。诚然，生态系统是我们获得自然资源的源泉，也是人类赖以生存的环境条件。一种生态系统服务可以是两种或多种生态系统功能共同产生的。在某种情况下，一种生态功能也可提供两种或多种服务。

随着市场经济的发展，更多人主张生态系统服务应包容产品，把生态系统提供的商品和服务统称为生态系统服务（表 5-1）。

表 5-1　生态系统服务项目一览表

	生态系统服务	内　　容	举　　例
1	气体调节	大气化学成分调节	CO_2/O_2 平衡，O_3 防紫外线、SO_2 水平
2	气候调节	全球温度、降水及其他由生物媒介的全球及地区性气候调节	温室气体调节，影响云形成的 DMS 产物
3	干扰调节	生态系统对环境波动的容量、衰减和综合反应	风暴防止、洪水控制、干旱恢复等生境对主要受植被结构控制的环境变化的反应
4	水调节	水文流动调节	为农业、工业和运输提供用水
5	水供应	水的贮存和保持	向集水区、水库和含水岩层供水
6	控制侵蚀和保持沉积物	生态系统内的土壤保持	防止土壤被风、水侵蚀，把淤泥保存在湖泊和湿地中
7	土壤形成	土壤形成过程	岩石风化和有机质积累
8	养分循环	养分的贮存、内循环和获取	固氮，N、P 和其他元素及养分循环
9	废物处理	易流失养分的再获取，过多或外来养分、化合物的去除或降解	废物处理，污染控制，解除毒性
10	传粉	有花植物配子的运动	提供传粉者以便植物种群繁殖
11	生物防治	生物种群的营养动力学控制	关键捕食者控制被食者种群，顶位捕食者使食草动物减少
12	避难所	为常居和迁徙种群提供生境	育雏地、迁徙动物栖息地、当地收获物种栖息地或越冬场所
13	食物生产	总初级生产中可用为食物的部分	通过渔、猎、采集和农耕收获的鱼、鸟兽、作物、坚果、水果等
14	原材料	总初级生产中可用为原材料的部分	木材、燃料和饲料产品
15	基因资源	独一无二的生物材料和产品的来源	医药、材料科学产品．用于农作物抗病和抗虫基因，家养物种（宠物和植物栽培品种）
16	休闲娱乐	提供休闲旅游活动机会	生态旅游、钓鱼运动及其他户外游乐活动
17	文化	提供非商业性用途的机会	生态系统的美学、艺术、教育、精神及科学价值

二、生态系统服务的主要类型

（一）生物多样性的维护

地球上的生物多样性大部分都存在于森林、稀树干草原、草原、荒漠、河流、湖泊和海洋等自然生态系统中。农地、风景林地、风水林、药材基地、果园等环境中也保存了部分生物多样性。

热带森林的面积虽然只有全球陆地面积的 7%，但至少拥有世界上物种数（约 1 400 万种）的一半。厄瓜多尔西部、巴西的 Cocoa 地区、喜马拉雅东部等全球 12 个热带热点地区的面积加起来才占热带森林面积的 3.5%（29.2 万 km^2，约相当于福建省和江西省面积的总和），但其中高等植物种类占全球高等植物总种数的 27%。巴西拥有世界上最郁闭的热带森林，是世界上物种多样性最丰富的国家。这里有野生动物 3 000 种，种子植物 55 000 种。哥伦比亚、印度尼西亚的 Wallacea、澳大利亚昆士兰北部、马达加斯加、马来西亚的 Sabah 地区、我国的西南都有着非常丰富的生物多样性。

由于不同的生物生活在不同的生境中，许多生物为某一地区、山区、河谷或岛屿所特有。如南部非洲的南非、博茨瓦纳、纳米比亚等温带地区约 23 200 种植物中，有 80%为该地区所特有。

（二）传粉、传播种子的功能

植物靠动物传粉是互惠共生的特化形式。在已知繁殖方式的 24 万种植物中，大约有 22 万种植物，包括农作物，需要动物帮助。植物与授粉动物之间形成了协同进化的关系。参与授粉的动物主要是野生动物，有 10 万种以上，从蜂、蝇、蝶、蛾、甲虫和其他昆虫，到蝙蝠和鸟类。在农作物中，约有 70%的物种需要动物授粉。

许多传粉动物为农田、果园、草场、森林的植物提供传粉服务。这些物种的减少和它们种群数量的下降都会给农业生产带来很大损失。

不仅传粉，有些植物种类也需要动物帮助传播扩散种子。有些种类甚至必须要一些动物的活动才能完成种子的扩散。许多植物依赖动物具有的贮存和埋藏食物的行为，完成种子的扩散和传播。结有甜味果实的植物常依赖于动物播种。它们的种子可以通过动物的消化道，甚至有些物种的种子发展到必须经过动物消化道才能发芽生长的地步。许多植物物种分布区的扩大和局部种群的恢复都取决于动物的活动。

许多类型植被的正常存活和更新取决于与其有关动物的存在和数量，其中包括一些高生产力的森林类型。由于动物很少经过撂荒地，森林内的植物果实或种子也因此无法传布到撂荒地上，妨碍了森林在废弃地上的恢复。

传粉播种的动物在一定的生境里生活，进行取食、生长、发育、交配和繁殖，完成生活史中各个特定阶段。各个物种生活史不同，各有一整套的生态对策，对生态环境条件有严格的要求。它们与许多植物形成紧密的联系，这种环环相扣、相互共生的生物多样性和生态系统复杂性是生态系统服务的主要基础。值得注意的是由于人为活动的影响和栖息地被破坏，传粉播种的动物的多样性和数量都有明显降低，对生态系统服务带来不良效应。

（三）保护和改善环境质量功能

植物和微生物在自然生长过程中，吸附周围空气中或者水中的悬浮颗粒和有机的、无机的化合物，把它们吸收、分解、同化或者排出。动物则对活的或死的有机体进行机械的或生物化学的切割和分解，然后把这些物质加以吸收、加工、利用或者排出。生物在自然生态系统中进行新陈代谢的摄食、吸收、分解、组合，并伴随着氧化、还原作用使化学元素进行各种的分分合合。不断的循环过程中，保证了物质在自然生态系统中的循环利用，有效地防止了物质的过度积累所形成的污染。空气、水和土壤中的有毒物质经过这些生物的吸收和降解得以消除或减少，环境质量得到改善。

绿色植物有防治大气污染、净化空气的功能。因此，植物有过滤各种有害物质净化空气的功能。植物被誉为天然的过滤器。树叶表面绒毛有的还能分泌黏液、油脂，可吸附大量飘尘。而蒙尘的植物经过雨水冲洗后，又能继续拦阻尘埃。二氧化硫是有强烈辛辣刺激性的有毒气体，数量多，分布广，当浓度达到 10 mL/L 时，使人感到不适。亚硫酸盐，使树体内含硫量不断增加，最高时可达正常含量的 5～10 倍。一般认为阔叶树比针叶树吸收二氧化硫的能力强。松树林每天可以从 1 m^3 的空气中吸收 20 mg 二氧化硫。1 hm^2 垂柳在生长季节，每月可吸收二氧化硫 10kg。柑橘树最能吸收二氧化硫，其叶子可吸收储存硫达 1%。氟化物都对人畜有毒害作用。各种树木对空气中的氟化氢都有一定的吸收能力。

先锋生物群落是那些最先出现在不毛之地上的各类生物集团。先锋生物群落的组建可以表明生态破坏的终结和生态重建的开始。我国由于自然和人为原因使各类原生或次生不毛之地面积巨大。例如荒山面积多达 1.2 亿 hm^2，矿山每年占地达 1.3 万 hm^2。还有大面积的草原变成了几乎寸草不长的荒地。所有这些地表的不毛之地，人工不再破坏，通过先锋生物群落的营建，可以改变，环境质量可得到明显改善。这样的生态系统逐渐恢复生产力，而且在防止水土流失、避免土地退化以及防止污染等方面也有相对的效益。

（四）减缓干旱和洪涝灾害

森林生态系统的重要功能之一，是承接雨水，减少落地降水量，能使地表径流变为地下径流，涵养水源，在减缓干旱和洪涝灾害中起着重要作用，成为水利的屏障。在降雨时，植被的枝叶树冠截留 65%的雨水，35%变为地下水，减少了雨点对地面的直接冲击，植被的根系深扎于土层之中，这些根系和死植物枝干支持和充实土壤肥力，并且吸收和保护了水分。试验证明，一棵 25 年生天然树木每小时可吸收 150 mm 的降水。林地涵养水源的能力比裸露地高 7～8 倍。森林犹如巨大水库。据测算一片 1 万 hm^2 的森林，相当于一个 300 万 m^3 米的水库。森林具有能吞能吐的特殊功能。有了森林，水就变成水利；没有森林，水就变成水害。

森林和草原等生态系统的土壤中有许多孔隙和裂缝，土层里也有许多有机物形成的孔洞。这些孔洞和穴隙，既是水的贮藏库，也是水往地层深处移动的通路。森林和草原的土壤孔洞在地下 5～10 mm 处，森林为 27%，草原为 4%；15～20 mm 处，森林为 16%，草原为 4%；25～30 cm 处，森林为 17%，而草原为零。显然，森林、草原都具有很强的水下渗的能力，而以林地的能力较强。

植被破坏会改变局部水分循环过程，大大增加地表径流和水土的流失，造成一系列生态环境恶化问题。风沙是我国西北地区主要灾害，而且每年在扩大，有大量农田被沙漠掩埋。由于过度放牧和开垦，草原发生退化现象。应该植树造林种草，增加植被。湿地生态系统在全球和区域性的水循环中起着重要的调节和缓冲作用。湿地草根层和泥炭层，具有很高的持水能力，是巨大的贮水库。它能够削减洪峰的形成和规模，为江河和溪流提供水源，有助于区域水的稳定性。湿地有助于调节气候，防止环境趋于干旱。

（五）生物防治功能

各种农作物从播种到收获，常常受到病虫、杂草、鸟、鼠等的侵害，蒙受重大损失。即使已经收获的产品，在贮藏和运输期间，也可遭受危害。据估计，世界各国因为虫害损失粮食约占 10%～15%，棉花约占 20%～25%。外加软体动物、鼠类和鸟类等有害生物危害，每年农作物生产的损失高达 25%～50%。

在自然生态系统中，这些有害生物往往受到天敌的有效控制。利用天敌或某些生物的代谢物去防治有害生物，称为生物防治。天敌多种多样，有瓢虫、步行虫、蜘蛛和鸟类等捕食者，有寄生蜂、寄生蝇和线虫等寄生物，有真菌、细菌和病毒等致病菌。这些天敌在自然生态系统中发挥着控制有害生物，限制潜在有害生物数量的作用。

现代农业多是采用机械化生产，单一作物品种制，施用大量化肥。这样的经营极易引起病虫害的猖獗危害。由于有使用方法简便，效果迅速等特点，人们过多依赖化学农药来防治病虫害，给生态系统造成一系列恶劣的影响，如伤害天敌，农药常常造成环境污染，引起人畜中毒等。

生物防治没有不良的副作用，最大的特点是一旦建立起天敌种群就可发挥长期控制害虫的作用，达到一劳永逸的控制效果。1888 年，美国由澳大利亚引进澳大利亚瓢虫（*Rodolia cardinalis*）防治柑橘吹绵蚧（*Icerw purchasi*）的危害，挽救了年轻的加州柑橘业。至今澳大利亚瓢虫在当地定居建立了种群，控制作用已持续一个世纪。

（六）土壤形成及其改良功能

土壤是农业的基础。土壤层是自然生态系统经过千百年生物和物理、化学过程产生而形成的，并由整个生态系统维持更新。土壤是植物生长的基质和营养库，每块土壤都在不断地进行着物质循环和能量流动。绝大多数植物以土壤作为生活的基质。土壤提供了植物生活的空间、水分和必需的矿质元素。植物的根系深植于土壤之中，根系与土壤之间有着极大的接触面，二者之间有着频繁的物质交换。高等植物并不能直接吸收大气中的氮，而只能从土壤中吸收硝酸盐。

土壤生物是土壤积极的改良者。土壤中数量最多的生物是微生物，50%以上的菌种栖息于土壤之中。微生物对枯枝落叶或尸体进行分解，把它们降解为简单的有机物或进一步降解为无机物质，还原成有用的营养物质。有些土壤细菌可吸收空气中的氮元素，转化为植物可以吸收的状态。栖居土壤中的动物，有原生动物、线虫、蚯蚓、蜗牛、马陆、蚂蚁、蜱螨、啮齿类等。这些动物参与土壤有机质的捣碎、分解和腐烂等过程，并把有机物质运到较深的土层中去，起到了维持孔隙、改善土壤性质的作用。

土壤中还有 50 种以上的酶与之结合，不易分离。这些酶有的是生物分泌的胞外酶，有的是细胞死后释放出来的胞内酶。土壤中存在大量能分解酶的微生物，它们在将酶分解后再充分利用其中的碳和能量。

（七）调节与改善气候

自然生态系统在不同空间尺度上影响着大气和气候。自生命出现以来，生态系统在演化中使大气成分发生了巨大变化。细菌、藻类和植物的繁衍，致使氧气在大气中富集，创造了生物进一步生存和发展的必要条件。植物吸收二氧化碳进行光合作用，有效地调节了空气的成分，维持了地球气候的稳定。

由于植被林冠的阻挡，林内的最高气温与最低气温相差较小，冬暖夏凉；林内的地表蒸发比无林地显著减小，一般只相当于无林地的 40%～80%；林内相对湿度却比林外高，一般可高出 10%～26%。不仅如此，植被还在调节与改善区域气候方面起着重要作用。

森林的蒸腾作用，在自然界水分循环和改善区域气候方面都有重要作用。研究表明，1hm^2 的森林每天要从地下吸收 70～100 t 水，这些水大部分通过茂密枝叶的蒸发而回到大气中；水变成水蒸气的过程中要吸收一定的热量，所以大面积森林上空的空气湿润，林地的雾、露、霜、雪都比无林地多，区域的气候得到明显改善。如广东省雷州半岛建国以后造林 24 万 hm^2，覆盖率达到 36%，改变了过去林木稀少时的严重干旱气候。据当地气象站的记载，造林 20 年后，年平均降雨量增加到 1 855 mm，比造林前 40 年的平均降雨量增加了 31%，蒸发量减少 75%，相对湿度增加了 1.5%。

在现代城市中，人口密集，工业集中，存在着大量的不透水层。人为释放的热量用在了加热大气和下垫面的热量储存上，而热量的蒸发支出很小，导致了城市的温度高于郊区的热岛效应。城市及城市周边，一定面积的风景林地、公园、行道树、绿地以及水面，可以大量增加潜热通量，甚至可能超过净辐射，并使感热通量减少或改变热量的传输方向，调节空气中的湿度，从而较好地调节城市气候。

研究表明，当夏天城市气温为 27.5℃时，草坪上气温仅 22～24.5℃，比裸露地面低 6～7℃，比柏油路面低 8～20.5℃。又如在上海，夏天紫藤绿化的墙面比无绿化的墙面温度平均低 5℃，太阳辐射强度可降低 4～15 倍。

（八）防风固沙，保堤护田

风蚀也是土壤流失的一种灾害。风力可以吹失表土中的肥土和细粒，使土壤移动、转移。在防护林和林带，刮风时，气流受到林木的阻挡和分割，部分气流从树梢上绕过，部分气流透过林间枝叶，分割成许多方向不同的小股气流，风力互相抵消，强风变成了弱风。据各地观测表明，一条 10 m 高的林带，在其背风面 150 m 范围内，风力平均降低 50%以上；在 250 m 范围以内，降低 30%以上。

在我国的沙漠地区，1hm^2 流动沙丘种上 3 600 丛沙柳、沙蒿，4 年就能固定沙丘，近地表的风速由原来的 8 级降为 5 级；而 1hm^2 种上旱柳 750 株，灌木和草各 3 000 丛，5 年就能固定沙丘，风速削弱为 3～4 级。

我国南方沿海海岸线很长，沿海居民每每受到台风的影响，严重时危及人民生命财产，海岸潮间带的红树林却可以消滞潮汐的影响，起着保护堤岸的作用。

（九）休闲、娱乐

自然与生命之间相互依赖、相互支持，不断发展。生命进化的层次越高，生物多样性越多，关系也就越复杂。长期都市单调的生活，单纯的室内生活方式往往使人情绪低落，对外反应迟钝，人的情感流通渠道不畅，会使人性格扭曲与畸形。人一旦进入自然的怀抱之中，便会感受到自然宽广胸怀，油然而生的平和、宽松、友好的情绪使人为之大振，压抑减轻，心理和生理病态得到康复和愈合。自然中洁净的空气和水，有助于人身心整体健康，人的性格和理性智慧得以丰富而健康地发展。

不少野生动物以其美妙的形色、姿态、声韵或习性给人以享受，带来生活情趣。拥有千姿百态的植物的风景区是人们娱乐、疗养的好地方。旅游者希望看到保存的原始自然状态和自然生境中野生动物壮观的场面。大群的狮子、野牛、斑马和其他野生动物是吸引旅游者的主要原因。

离开自己居住地到异地进行休疗、度假、观光和康乐，可达到求美、求乐、求知和求新等目的。山山水水，其审美方式不在于游，而在于移步换景，所得无穷。人在全方位的游动中情景交融，可以获得德、智、体、美的多种效益。

第四节　生态系统的稳定性、生态平衡及其调控

一、生态系统的自我调控

（一）生态系统的稳定性

无论是自然的，还是人工的生态系统都是一种动态的开放系统。生态系统在与环境因素之间进行物质和能量的交换过程中，会不断受到外界环境的干扰和负面影响。然而，一切生态系统对于环境的干扰所带来的影响和破坏都有一种自我调节、自我修复和自我延续的能力，如森林的适当采伐、草原合理放牧、海洋的适当捕捞，都会通过系统的自我修复能力来保持木材、饲草和鱼虾产品产量的相对稳定。我们把生态系统这种抵抗变化和保持平衡状态的倾向称为生态系统的稳定性或“稳态”。

生态系统稳定性常可分为两类：一是抵抗力稳定性，另一类是恢复力稳定性。前者是指生态系统抵抗干扰和保护自身结构与功能不受损伤的能力，后者是指生态系统被干扰、破坏后自我恢复的能力。很多证据表明，这两类稳定性是相互对立的，它们之间存在着相反的关系。当然，同一个系统一般不易同时发生这两类稳定性（图 5-7）。

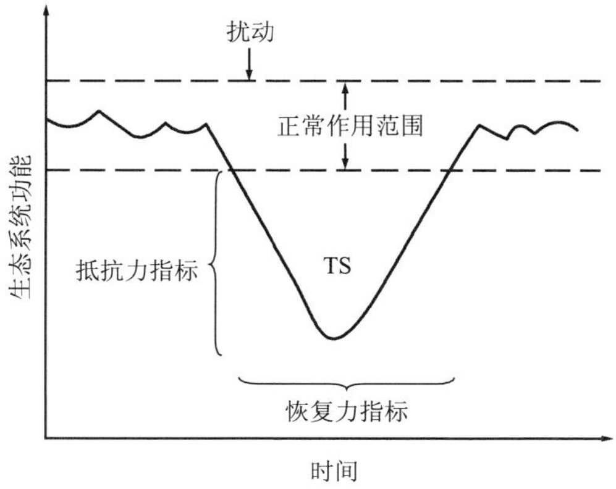

图 5-7　生态系统的稳定性

（二）生态系统稳定性的调控机制

生态系统是一个具有稳态机制的自动控制系统，它的稳定性主要通过系统的反馈调控来实现。当生态系统中某一成分发生变化时，必然会引起其他成分出现一系列相应的变化，这些变化最终又反过来影响起初发生变化的那种成分。生态系统的

这种作用过程称为反馈，分为负反馈和正反馈两种类型。正反馈和负反馈在生态系统稳态调控中具有十分重要的作用。

负反馈是指使系统输出的变动在原变化方向上减速或逆转的反馈。生态系统的负反馈是比较常见的一种反馈，它是指生态系统中某一成分变化所引起的其他一系列变化，反过来抑制或减弱最初引发变化的那种成分发生变化的作用过程。其作用结果是促使生态系统达到稳态和保持平衡。例如，草原因食草动物迁入，繁殖而数量增加，使得草原植物被过度啃食而减少，植物生产量的减少，反过来又会抑制食草动物种群和个体数量增加。

在自然生态系统中长期的反馈联系促进了生物的协同进化，产生了诸如致病力——抗病性、大型凶猛的进攻型——小型灵活的防御型等相关性状。这些结构形式表现出来的长期反馈效应对自然生态系统形成一种受控的稳态有很大作用。反馈作用还能使系统的抗干扰能力与应变能力大大增强。

正反馈与负反馈相反，是指使系统输出的变动在原变动方向上被加速的反馈。生态系统的正反馈是指生态系统中某一成分变化所引起的其他一系列变化，促进或加速最初引发其变化那种成分进一步发生变化的作用过程。其作用结果是常常使生态系统进一步远离平衡状态或稳态。例如，一个湖泊生态系统受到污染，导致鱼类死亡而数量减少，鱼体死亡后又会进一步加重污染，并引起更多的鱼类死亡，使得湖泊污染会越来越严重，鱼类死亡越来越加剧。正反馈对生态系统往往具有极大的破坏作用，而且常常是爆发性的，所经历的时间也很短。但从长远看，生态系统中的负反馈和自我调节总是起着主要作用。

在自然生态系统中，生物常利用正反馈机制来迅速接近“目标”——如生命延续、生态位占据等，而负反馈则被用来使系统在“目标”附近获得必要的稳定（图 5-8）。

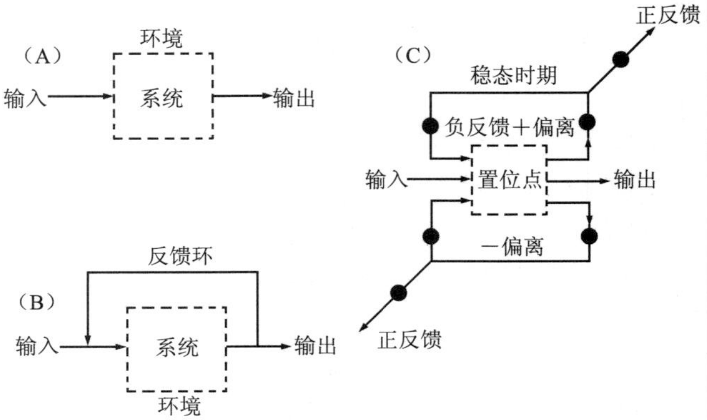

（A）开放系统，表示系统的输入和输出；（B）具有一个反馈环境的系统，使系统成为控制系统；（C）具有一个位置点的控制论系统

图 5-8　不同系统的调控机制

（三）生态系统稳定性的阈值

生态系统的稳定性是动态的，而不是静态的。这是由于生态系统中生物类群是不断变化的，系统内外界环境条件也在不断地变化。因此，生态系统的稳定性有一定的作用范围。在一定范围内，生态系统可以忍受一定程度的外界压力，并通过自我调控机制，抵御和校正自然和人类所引起的干扰，恢复其相对平衡，保持其相对稳定性。超出一定的范围，生态系统的自我调控机制就会失灵或消失，其稳定性就会受到影响，相对平衡就会遭到破坏，甚至使系统崩溃。生态系统忍受一定程度外界压力维持其相对稳定性的这个限度就称为“生态阈值”。

生态阈值的大小决定于生态系统的成熟性。系统越成熟，结构越复杂，阈值越高；反之，系统发育越不成熟，结构越简单，功能效率越低，系统对外界压力的反应越敏感，抵御剧烈生态变化的能力越脆弱，阈值就越低。不同生态系统在其发展进化的不同阶段有多种不同的生态阈值，了解这些阈值，才能合理调控、利用和保护生态系统。

二、生态平衡

（一）生态平衡的含义

“生态平衡”一词是美国学者威廉·福格特在 1949 年出版的《生存之路》一书中正式提出来的，其用意是指自然环境没有遭受人类严重干扰的天然状态通称为“生态平衡”，所以又有人称为“自然界的平衡”。但是，直到目前为止，生态学的各种理论体系还没有对“生态平衡”作一个比较统一的论述和界定，各种看法的分歧较大。

英国生态学家 A.G.Tansley 认为（1935），“生态系统的各部分——生物与非生物、生物群落与环境，可以看作是处在相互作用中的因素，而在成熟的生态系统中，这些因素接近于平衡状态”。他又说：“……自然植被和半自然植被在不断的变化中，我们观察到一定程度的一致性，这类变化将达到‘相对平衡’的地位，也叫‘顶极群落’。它相当于成熟的生态系统，但极少是真正稳定的”。尽管 Tansley 并未使用生态平衡一词，按照现代生态学理论，一般认为，在成熟的生态环境中，其状态趋于稳定。可见，Tansley 所说的“平衡状态”就是稳定状态，或者“顶极群落”就是一种平衡。

综合各种观点，可以认为生态平衡是指在一定的时间和相对稳定的条件下，生态系统内各部分（生物、环境和人）的结构和功能均处于相互适应与协调的动态平衡，生态平衡是生态系统的一种良好状态。

生态平衡是相对的、整体的动态平衡。这是因为生态系统时刻在运动和发展之中，是运动着的平衡状态，犹如一条河流，水位平衡却没有停止流动那样。生态平衡的系统，是处于相对稳定的状态。作为开放的系统，物质和能量的输入输出，始终在正常进行之中。局部、小范围的破坏或扰动可通过系统调控机制进行调节和补偿。局部的变动或不平衡不影响整体的平衡，这和相对的动态平衡是一致的。

（二）生态平衡的三个基本要素

生态平衡的三个基本要素是系统结构的优化与稳定性，能流和物流收支平衡以及自我修复和自我调节功能的保持。

衡量一个生态系统是否处于生态平衡状态，其具体内容为：①时空结构上的有序性。表现在空间有序性是指结构有规则地排列组合，小至生物个体的各器官的排列井然有序，大至宏观生物圈内各级生态系统的排列，以及生态系统内各种成分的排列都是有序的；表现在时间有序性上就是生命过程和生态系统演替发展的阶段性，功能的延续性和节奏性。②能流、物流的收支平衡。指系统既不能入不敷出，造成系统亏空，又不应入多出少，导致污染和浪费。③系统自我修复、自我调节功能的保持，抗逆、抗干扰、缓冲能力强。

所以，生态平衡状态是生物与环境高度相互适应、环境质量良好，整个系统处于协调和统一的状态。

（三）生态平衡失调及其原因

1. 生态平衡失调的概念

生态系统是一个反馈系统，具有自我调节的机能。但是，这种机能是有一定限度的。在确定的限度内亦即在不超过系统的生态阈值和容量的前提下，它可以忍受一定的外界压力。当压力解除后，它能逐步恢复到原有的水平。相反，如果外界压力超过该生态系统的“生态阈值”，它的自我调节能力便会降低，甚至消失，最后导致生态系统衰退或崩溃。这就是人们常说的“生态平衡失调”或“生态平衡破坏”。

2. 生态平衡失调机理

作用于生态系统的外部压力可以从以下两方面来干扰破坏生态平衡：一是损坏生态系统的结构，导致系统的功能降低；二是引起生态系统的功能衰退，导致系统的结构解体。

3. 生态平衡失调的原因

造成生态平衡失调的原因是多方面的，但归纳起来可以从两个方面来阐述。

（1）自然因素：①生态系统内部的原因。自然生态系统是一个开放系统，由绿色植物从外界环境把太阳光和可溶态营养吸纳到体内，通过物质循环和能量转换过程不仅使可溶态养分积聚在土壤表层，而且还把部分能量以有机质的形态贮存于土壤中，从而不断地改造土壤环境。而改造后的环境为生物群落的演替准备了条件，生物群落的不断演替，实质上就是不断地打破旧的生态平衡。可见，物质和能量在表土中的积累，其本质就是对原平衡的破坏。生物群落的演替可以是正向演替，也可以是逆行、退化演替。如果是逆行演替，则是打破原来的生态平衡后建立更低一级的生态平衡，本身意味着稳态的削弱。②生态系统外部的原因。由于自然因素，如火山爆发、台风、地震、海啸、暴风雨、洪水、泥石流、大气环流变迁等，可能造成局部或大区域的环境系统或生物系统的破坏或毁灭，导致生态系统的破坏或崩溃。如果自然灾害是偶发性的，或者是短暂的，尤其是在自然条件比较优越的地区，灾变后靠生物系统的自我恢复、发展，即使是从最低级的生态演替阶段开始，经过相当长时期的繁衍生息，还是可以恢复到破坏前的状态的。如果自然灾害持续时间较长，而自然环境又比较恶劣，则可能造成自然生态系统的彻底毁灭，甚至是不可逆转的（如沙漠和荒漠的形成）。然而综观全局，自然因素所造成的生态平衡的破坏，多数是局部的、短暂的、偶发的，常常是可以恢复的。

（2）人为因素：①人与自然策略的不一致。人类对于自然，一个共同的目标是“最大限度的获取”。滥伐森林，开垦草原，围湖造田，乱捕滥猎，竭泽而渔……已经造成一系列的生态失调。自然生态系统在长期发展进化中，则是不断积累能量以消除增加的熵，来维持系统自身的平衡和稳定。这种最大限度的保护策略，却经受不住人类的冲击，仍给各种生态系统带来极大的影响，超越了它们的生态阈限，最终导致系统的崩溃。②经济与生态分离。人类有史以来向大自然索取任何东西都是理所当然的，因而传统的经济学和经济体系中，自然界的服务不表现价值，也就是说是免费的。因而许多破坏珍贵自然资源的行为长期以来屡禁不止，如捕杀野生动物大象、犀牛、熊猫等，因为它们的角、牙、皮毛等可以获得暴利。采集珍贵的野生药材和植物更是一本万利。这些掠夺性的行为投入少、产出高，走私、偷猎者们获得极高的经济效益，但整个社会却为他们承受长远的经济和生态后果。大自然不但是人类的宝库，还是垃圾场。许多工厂排放污物，使自然界和整个社会成为容纳污染物的免费车间。这种现象用生态经济的概念叫“费用外摊”。这些现象都是个人经济效益越好，社会生态效益就越坏，是经济与生态的分离，而不是统一。

三、生态系统的人工调控

人类利用生态工程的方法对生态系统进行人工调控，对提高系统的生产力，满足人类日益增长的需要，起着巨大的作用。但人工调控必须按照生态学原理来进行，才能既可以满足目前需要，又可促进生态系统的良性发展。

（一）生物调控

生物调控是通过对生物个体及种群的生理及遗传特性进行调节，以增加生物对环境的适应性及提高生物对环境资源的转化效率。生物调控主要有生物个体和群体两个层次的调控。

1．个体调控

主要方式是选种和育种，调控的目的是使目标生物更适应当地环境特点，更适合群体和系统的要求，更能满足人类的愿望。因此，选、育种的目标一般是该品种对环境的适应性、丰产性和抗逆性的选择。

2．群体调控

目的是调节个体与个体之间、种群与种群之间的关系。具体措施主要包括：

（1）密度调节，如作物播种密度、牲畜放养密度和性别比例，海洋鱼类捕捞强度；

（2）前后搭配调节，如耕作制、后备畜种贮留更新；

（3）群体种类组成调节，如作物套种、立体农业、动物的混养、混交林营造等。

（二）环境调控

环境调控是指为了增加生物种群的产量而采取的一种改造生态环境的措施。

1．土壤环境的调控

可采用物理、化学和生物的方法改良土壤环境。传统的犁、翻、耙、磨、造畦、造梯田和排灌等都属于物理方法；化学方法包括施化肥，施土壤结构改良剂、消化抑制剂等；生物学方法包括施有机肥、种绿肥以及草田轮作等。

2．气候因子的调控

包括大规模植树造林，营造农田防护林带，建风障，建动物棚舍，薄膜覆盖、土面增温剂、人工降雨、人工防雹、人工防霜、温室栽培等。

3．水因子的调控

方法有建水库、引水渠、田间排灌技术、松土、镇压、喷灌、滴灌、用覆盖物抑制土面蒸发、用抗蒸材料抑制植物蒸腾等。

此外，随着现代科学发展起来的人工控制温、湿、光的人工气候室，则是更彻底的环境控制。有利物种的引进和有害物种的控制，也是对生物环境的调控。

（三）系统结构调控

生态系统的结构调控是利用综合技术与管理措施，协调不同种群的关系，合理组装成新的复合群体，使系统各组成成分间的结构与功能更加协调，系统的能量流动、物质循环更趋合理的控制。

在充分利用和积极保护资源的基础上，获得最高系统生产力，发挥最大的综合效益。如大农业生态系统中协调农、林、牧、副、渔各业的配置种类和比例，目的是最大限度地利用当地的物质资源和能量资源，使系统不断优化，以便获得不断增长的经济效益和生态效益。

从系统构成上讲，结构调控主要包括三个方面：①确定系统组成在数量上的最优比例；②确定系统组成在时间、空间上的最优联系方式，要求因地制宜、合理布局农林牧生产，按生态位原理进行立体组合，按时空三维结构对农业进行多层配置；③确定系统组成在能流、物流、信息流上的最优联系方式，如物质、能量的多级循环利用，生物之间的相生相克配置等。

（四）输入输出调控

除了直接干预生态系统的组分及结构外，系统外部环境及社会经济状况也对生态系统整体产生影响。如输入输出对农业生态系统的调控，输入包括肥料、饲料、农药、种子、机械、燃料、电力等农业生产资料，输出的是各种农业产品。

通常生态系统的输入调控包括输入的辅助能和物质的种类、数量和投入结构的比例。输出调控则包括调控系统的贮备能力，使输出更有计划，或对系统内的产品加工，改变产品输出形式，使生产加工相结合，产品得到更充分的利用，并可提高产品的经济价值。同时，控制非目标性输出，如防止因径流、下渗造成的营养元素的流失等。

（五）设计与优化调控

随着系统论、控制论的发展和计算机应用的普及，系统分析和模拟已逐渐地应用到生态系统的设计与优化之中，使人类对生态系统的调控由经验转向定量化、最佳化。

到目前为止，生态系统的设计与规划还没有一个完全固定的步骤。但从大量的研究工作与实践，可以归纳出生态系统规划与设计的一般步骤。它一般要经过自然资源和社会经济状况的调查与评价→建立定量规划模型→对各种方案进行动态模拟→各个方案的综合评价→规划方案的执行与监测等五个步骤。

本章小结

生态系统就是生物群落＋环境，它是由于不断进行着的物质循环和能量流动过程而形成的统一整体。生态系统包括生产者、消费者、分解者和非生物环境四大基本成分。组成生物群落的物种，按其营养方式分为植物、食草动物、食肉动物、顶级食肉动物和分解者生物，构成捕食和碎屑两类基本食物链。自然生态系统属于开放系统，并且具有负反馈调节机制，通过这种机制维持自身的稳定。生态系统中的主要生态过程包括物种流动、能量流动、物质循环、信息传递、生物生产和资源分解等。

生态系统为人类提供了许多社会、经济和文化生活必不可少的物质资源和良好的生存条件。这些由生态系统的物种、群体、群落、生境及其生态过程所产生的物质及其所维持的良好生活环境对人类与环境的服务性能称为生态系统服务。

生态系统的物种流是指生物物种及其种群在生态系统内或生态系统之间时空变化与流动。其具有规律性和非规律性、有序性、连续性、连锁性等特点，对生态系统有多方面的影响。

初级生产过程是绿色植物通过光合作用固定日光能和形成新生物量的过程。净初级生产量等于总初级生产量减去呼吸消耗。绿色植物固定的能量有三个流向，即①食草动物，通过牧食食物链；②分解为碎屑，通过碎食食物链；③被各营养级生物利用作为呼吸消耗而耗散。能流通过各个营养级逐步减少，比较各种生态系统的能流说明：大多数生态系统初级生产者固定的能量，其主要流径是分解者亚系统。

物质循环与能量流动是生态系统中两个肩并肩的功能过程，但是物质可以被生物反复地利用，而能量只通过生态系统一次。从全球尺度研究物质循环称为生物地球化学循环，它分为气体型和沉积型，日光能和水循环是其主要驱动力。碳循环与能流紧密联系着。碳以二氧化碳形式进入有机化合物，通过食物链，最后在呼吸过程中返回大气。大气中二氧化碳含量有日夜和季节变化。生物的同化/异化过程、大气和海洋的二氧化碳交换和碳酸盐的沉积是全球碳循环的主要过程。大气二氧化碳含量在工业革命以后迅速而持续上升，引起全球气候变暖。氮是蛋白质成分，全球氮循环是一复杂过程，有许多种类微生物参加。当前人工固氮量已接近或超过天然固氮。人工固氮在养活世界人口上有重要贡献，同时带来了严重不良后果，主要是污染水陆环境。磷循环是不完全的循环。大量磷从陆地土壤库通过河流输入海洋，并沉积下来，磷与氮一起造成污染。

信息传递与能量流动和物质循环一样，都是生态系统的重要功能，它通过多种方式的传递把生态系统的各组分联系成一个整体，具有调节系统稳定性的功能。

分解过程是动植物和微生物死体的有机物质逐步降解过程。它由碎裂过程、异化过程和溶解过程等三个步骤组成。分解的速率和特点取决于分解者生物种类、待分解资源质量和环境理化条件。

复习思考题

1．什么是食物链、食物网和营养级？

2．什么是生态系统？生态系统有哪些主要组成成分？具有哪些功能？

3．生态系统的物种流动对生态系统有哪些影响？

4．生态系统中能量流动的一般特点有哪些？能量流动过程中有哪些主要的生态效率？

5．全球碳循环包括哪些重要生物和非生物的过程？它与全球气候变化有什么重要联系？

6．从氮循环过程，谈一谈人类的影响作用。

7．什么是负反馈调节？它对维护生态平衡有什么指导意义？

8．结合实际谈人类对于生态系统的调控有哪些措施。

第六章　景观生态学

[学习指南]

通过本章的学习，了解景观生态学发展历程，掌握斑块、基质、廊道等基本概念和岛屿生物地理学、异质种群等理论，景观格局的形成原因和景观动态的基本过程和表现，了解景观生态学的应用领域。

第一节　景观和景观生态学

一、景观

景观是一个非常通俗的词语，多用来描述山川、森林、草原与湖泊的美丽景色，包含着画面和美的含义。常用的词汇如：草地景观、荒漠景观、森林景观等。

19 世纪初，德国地理学家 Von Humboldt 首先把“景观”一词引入地理植被科学中，定义为“自然地理综合体”。

在生态学中景观指一定空间范围内，以类似方式重复出现的相互作用的若干生态系统构成的异质性地域单元（Forman，1986，1995）。生态学的景观通常具有如下五个方面的特征：①景观由不同空间单元镶嵌而成，具有异质性；②景观是具有明显形态特征与功能联系的地理实体；③景观是生物的栖息地和人类的生存环境；④景观是生态系统向上延伸的组织层次；⑤景观具有经济、生态、文化多重属性（傅伯杰等，2002）。

景观由景观要素组成，景观要素是地面上相对同质的生态要素或单元。按照各种景观要素在景观中的地位和形状，将景观要素分为三种类型，即斑块、廊道和基质。

二、景观生态学及其发展

景观生态学是研究景观单元的类型组成、空间配置及其与生态学过程相互作用的综合性学科。

200 年前，著名德国地理学家 Von Humboldt 提出了科学上的景观概念，为景观生态学产生做了准备。1939 年，德国地理学家 Carl Troll 首次将景观与生态学联系在一起，提出了景观生态学，标志着景观生态学的诞生。同时，苏联生态学家发展了生物地理群落学，其研究内容与欧洲早期的景观生态学相似，对欧洲景观生态学发展产生了重要影响。荷兰生态学家 Zonneveld 和以色列生态学家 Naveh 在 20 世纪 70 年代发表了一系列的论文论著，将欧洲景观生态学在二战后的发展作了系统性的总结和发展，标志欧洲景观生态学的形成。

Naveh 在其很有影响的教科书中提出："景观生态学是基于系统论、控制论和生态系统学之上的跨学科的生态地理学，是整体人类生态系统科学"。欧洲景观生态学强调整体论的思想以及人类影响方面。

1982 年 10 月，捷克召开的第六届景观生态学国际研讨会上，国际景观生态学会成立，景观生态学成为一个国际性的学科。

1981—1983 年间，美国生态学家 Forman 通过一系列文章介绍了欧洲景观生态学的概念，将景观生态学的思想引进到美国。并提出了"斑块－廊道－本底"模式，为北美景观生态学奠定了基础。1983 年在美国 Allerton 召开的景观生态学讨论是北美景观生态学发展的里程碑。会议参加人都是美国著名生态学家，会议对当时景观生态学发展现状和存在的问题进行了分析，提出强调空间异质性和尺度的重要性。为北美景观生态学发展指明了方向。后来也成为了国际景观生态学的主流。1986 年，Forman 出版了非常有影响的景观生态学专著，成为景观生态学的经典教科书。1987 年，国际景观生态学杂志在美国创刊，成为景观生态学的主要论坛。

之后，北美涌现了一大批著名景观生态学家，在等级理论、尺度观、中性理论、景观格局数量化、景观模型等方面取得了重要成果，使景观生态学成为生态学的新生长点和前沿领域。

三、景观生态学研究对象与研究内容

景观生态学是一门研究一定地域范围内不同生态系统或景观发展所形成的功能实体、过程与动态的生态学的分支学科。其研究对象是由不同生态系统与景观要素组成的异质性景观，研究景观要素间的物质流、物种交流、能量流、景观要素的空间格局与生态过程的关系以及景观格局与生态过程的动态变化。因此景观生态学的研究内容可以概括为四个方面：

（一）景观结构

研究景观组成单元的类型、空间关系及其形成机制。如包括构成景观的生态系统类型、面积、空间分布方式及其综合特征，如多样性、破碎化、连通性、优势度等。不同的尺度，景观往往表现不同的结构特征。

（二）景观生态过程

研究景观要素之间的相互联系方式与相互作用，如景观要素之间的动植物物种的迁移、扩散规律，物质流、能量流与信息流。

（三）景观动态

研究景观结构与生态过程随时间的变化特征与规律。

（四）景观生态学与自然资源管理

景观生态学为生态学原理应用于土地等自然资源的管理提供了桥梁。景观生态学的起源就与土地管理、自然保护、区域规划密切联系在一起。现代景观生态学也一直保持着强烈的应用科学的特色，为区域规划、土地可持续管理与自然保护提供生态学支持。

景观生态学研究内容的四个方面是相互联系在一起的。景观结构与景观生态过程是相互依赖、相互联系、相互作用的。通常景观结构决定景观生态过程，而景观结构的形成又受景观生态过程的影响。景观结构与景观生态过程以及两者之间的相互关系均是随着时间而变化的。对两者的认识，有助于人们规划与设计生态合理的人类活动、设计可持续土地管理和自然资源利用方式。而区域可持续发展与自然资源管理的要求也推动了景观生态学的发展（戈峰，2002）。

四、景观生态学的一些重要理论

（一）岛屿生物地理学理论

岛屿生物地理学理论是在研究岛屿物种组成、数量及其他变化过程中形成的。达尔文考察海岛生物时，就指出海岛物种稀少，成分特殊，变异很大，特化和进化突出。以后的研究进一步注意岛屿面积与物种组成和种群数量的关系，提出了岛屿面积是决定物种数量的最主要因子的论点。1962 年，Preston 最早提出岛屿理论的数学模型。后来又有不少学者修改和完善了这个模型，并和最小面积概念（空间最小面积、抗性最小面积、繁殖最小面积）结合起来，形成了一个更有方法论意义的理论方法。该理论在本书前面章节已有介绍，在此不在重述。

（二）尺度效应与自然等级理论

尺度效应是一种客观存在而用尺度表示的限度效应。只讲逻辑而不管尺度无条件推理和无限度外延，甚至用微观实验结果推论宏观运动和代替宏观规律，这是许多理论悖谬产生的重要哲学根源。现代科学研究的一个关键环节就是尺度选择。在科学大综合时代，由于多元多层多次的交叉综合，许多传统学科的边界模糊了。因此，尺度选择对许多学科的再界定具有重要意义。等级组织是一个尺度科学概念，因此，自然等级组织理论有助于研究自然界的数量思维，对于景观生态学研究的尺度选择和景观生态分类具有重要的意义（肖笃宁，1991）。

时间和空间尺度存在于任何景观的生态过程之中。离开尺度来讨论景观的异质性、格局和干扰是无意义的。景观格局和景观异质性都依时间和空间尺度变化而异。在一个尺度上定义的同质性景观，可以随着观测尺度的改变而转变成异质性景观。生态学研究必须考虑尺度作用，决不可未经研究，就把在一种尺度上得到的概括性结论推广到另一种尺度上去。从生态学的角度来说，尺度是指所研究生态系统的面积或体积大小（空间尺度），或者指研究的生态系统动态的时间间隔（时间尺度）。在景观生态学中用小尺度表示较小的研究面积或较短的时间间隔。大尺度则表示较大的研究面积和较长的时间间隔。小尺度具有较高的分辨率，而大尺度分辨率较低。

等级理论认为任何系统只属于一定的等级，并具有一定的时间和空间尺度。由于景观是由不同生态系统的空间集合与镶嵌构成的，等级性原理就规范了景观生态学研究的对象应是景观的不同生态系统或者景观要素的空间关系、功能关系以及景观整体的性质与动态。在探究跨越不同水平时空尺度的许多格局和过程方面等级理论是非常有用的。

整个生物圈是一个多重等级层次系统的有序整体，每一高级层次系统都是由具有自己特征的低级层次系统组成的。细胞组成有机体，有机体组成种群，种群又组成生物群落，生物群落和周围环境一起组成生态系统。景观是生态系统组成的空间镶嵌体，同样具有等级特征。可以说，等级理论是景观总体构架的基础。景观的性质依其所属的等级而异。等级结构的一个重要概念是约束。等级结构的约束来自两个方面，对于某一等级上的生态系统，它受到低一等级水平组分行为约束，被称为生物约束；同时又受到高一等级水平的环境约束，这种约束包括生态系统所必需的物理、化学和生物等条件。一个生态系统的约束是低一等级水平上生物约束与高一等级水平上的环境约束的总和。约束力的范围和边界构成约束体系。约束体系的重要性在于它可以用来预测某一生态系统是否从属于某一约束体系，因为不同的生态系统属于不同约束体系。

（三）异质种群理论

生态学家早已注意到由于各种各样的原因而导致了生物种群栖息地的破碎化，从而形成了一个个在空间上具有一定距离的生境斑块。同时也正是因为栖息地的破碎化而使得一个较大的生物种群被分割成为许多小的局部种群。由于破碎化的栖息地生境的随机变化致使那些被分割的小的局部种群随时都有可能发生随机的灭绝，但同时又由于个体在破碎化的栖息地或者说是在生境斑块之间的迁移作用又使得在那些还没有被占据的生境斑块内有可能建立起新的局部种群。

异质种群一词在生态学文献中的出现是在 1969 年以后。一般异质种群的概念所描述的是在斑块生境中，在空间上具有一定的距离，但彼此间通过扩散个体相互联系在一起的许多小种群或局部种群的集合。一般也称为一个种群的种群。它是种群的概念在一个更高层次上的抽象和概括。

Levins 从一个全新的角度上重新研究了这一问题并为异质种群理论的发展奠定了坚实的理论基础。Levins 首先区别了单种种群动态与一个局部种群的集合的动态之间的不同。他引入了一个变量 $P(t)$ 去描述一个由许多局部种群所构成的集合的状态即一个异质种群的状态。在 Levins 的模型中，$P(t)$ 被定义为在时间 t 已被一个种所占据的生境斑块的数量与总的生境斑块的数量之比，也可以叫作已被一个种所占据的生境斑块的比例，并且一个异质种群在 t 时刻的大小也是以 $P(t)$ 作为测度的。Levins 将与一个异质种群动态有关的个体和种群过程都浓缩在两个关键的参数 e 和 m 之中。在这里 e 被定义为局部种群的灭绝率，而 m 则是一个与扩散个体能够成功地侵入空的斑块生境有关的参数。作为一种最简单或者极端的情形，Levins 构造了一个关于异质种群动态的基本方程，并确定了方程的稳定平衡条件。Levins 的模型是 $dp/dt=mp(1-p)-ep$，很容易看到这个方程的平衡值为 $p=1-e/m$。模型就是目前被国际生态学界所广泛接受的有关异质种群理论的最经典的模型，它描述了一个最简单的异质种群随时间的变化动态。

五、景观生态学与其他生态学分支的关系

景观生态学是一门相对年轻、发展相当迅速、应用广泛的生态学分支学科，成为指导景观规划与管理、生物多样性保护、生态工程、实现人类可持续发展的重要理论基础。

与其他生态学分支相比，景观生态学明确强调空间异质性、等级结构和尺度在研究生态学格局和过程中的重要性。空间格局及其变化如何影响各种生态过程一直是景观生态学的中心问题。而大尺度上人类活动对生态系统的影响也是景观生态学研究的极其重要的一个方面。其他生态学分支虽然也可以说成相应的生态学单元的结构、功能和动态，但景观生态学更突出空间结构和生态过程在多个尺度上的相互作用。从组织水平上讲，景观生态学研究所跨越的尺度较其他学科更广（邬建国，2000）。

第二节　景观生态学中的基本概念

一、斑块

邬建国等（1992）将斑块定义为依赖于尺度的，与周围环境（基底）在性质上或者外观上不同的空间实体。斑块是构成景观的基本结构和功能单元。

（一）**斑块类型**

影响斑块起源的主要因素包括环境异质性、自然干扰和人类活动。根据斑块起源可以将其分为：

1．环境资源斑块

环境异质性导致环境资源斑块产生。由于环境条件如气候、地形、土壤、水分、养分等在空间上分布不均而形成的斑块。环境资源斑块通常比较稳定。如河流下游的湿地、沙漠上的绿洲、山谷内聚集的传粉昆虫等都属于环境资源斑块。

2．干扰斑块

各种局部干扰都可形成干扰斑块。泥石流、雪崩、冰雹、哺乳动物的践踏和其他许多自然变化都可能产生干扰斑块。人类活动也可能产生干扰斑块。例如森林采伐、矿区开采等都是地球表面广泛分布的干扰斑块。干扰斑块通常具有高的周转率、持续时间短的特征。在某些特殊的周期性干扰的情形下，干扰斑块也可以长期存在。

3．残存斑块

由于大范围干扰活动，如大范围的森林砍伐、农业活动、森林火灾等造成局部范围内幸存或残存的自然与半自然生态系统片断。

4．引进斑块

当生物被引进某一地区时，就产生了引进斑块。

（1）种植斑块

农田、人工林等都是在基质上形成的种植斑块。

（2）聚居地

人类聚居地是最明显而有普遍存在的景观成分之一，如房屋、庭院、场院和毗邻的周围环境。

（二）**斑块大小**

最容易识别的斑块外貌是其面积大小。大、小斑块之间差异明显。这种差异不仅包括物种，还包括物质和能量。

1．对物质和能量的影响

斑块内部和边缘的能量和养分存在差异，小斑块的面积边缘比例高于大斑块。因此，正常情况下，小斑块单位面积上的能量和养分含量不同于大斑块。加上其他因素的综合作用，常常引起两者单位面积上能量和养分含量的差异。

2．对物种的影响

（1）岛屿

在生物群落，物种多样性和岛屿面积大小之间呈曲线关系，随着面积的增加而增加。小岛物种初始增长较快；大岛的物种增长较慢，但较持久。山地岛屿的物种较同样大小的平原岛屿为多；人类活动干扰较大的岛屿，其物种往往比未受人类干扰的岛屿少。物种多样性 S 与岛屿特征有如下函数（f）关系，其重要性按顺序排列：

S＝f（＋生境多样性－干扰＋面积－隔离程度＋年龄）

式中：＋表示正相关，－表示负相关。

（2）陆地斑块

陆地景观基质的异质性通常较高，基质内有大量潜在的入侵物种，而且斑块不同侧面的基质内有明显的物种差异。其边界并不都是明确的，有些边界呈梯度变化。景观基质可以作为许多物种在斑块之间迁移的停歇地，所以景观中隔离的重要性有所降低。陆地景观中斑块的物种多样性与斑块特征的函数关系如下：

S＝f[＋生境多样性－（＋）干扰＋面积＋年龄＋基质异质性－隔离程度－边界不连续性]

（三）斑块形状

由于环境与人类活动干扰影响，斑块的形状通常可归纳为圆形、多边形、长条形、环行与半岛形五大类。有些物种适应较稳定的环境条件，往往集中分布在斑块的中心部分，而另一些物种适应多变的环境条件，主要分布在斑块的边缘部分，在景观生态学中，前者被称为内部种，后者被称为边缘种。不同的形状的斑块具有明显不同的生态效应。如相同面积的圆形斑块比长条形斑块有更多的内部面积和较少的边缘效应，而半岛形斑块有利于物种迁移。斑块的形状对生物的扩散和觅食具有重要作用。如通过林地迁移的昆虫、脊椎动物、飞越林地的鸟类，容易发现垂直于迁移方向的狭长采伐地，但却经常遗漏圆形采伐地。因此，斑块的形状和走向对穿越景观扩散的动植物至关重要。

（四）斑块镶嵌

斑块一般不单独存在于景观之中，特定的斑块镶嵌结构在不同的景观中重复出现。不同类型的斑块之间的组合，呈现随机、均匀或是聚集的格局。斑块镶嵌格局具有两个方面的作用：如果一个斑块是火灾或害虫爆发的干扰源，那么当它被隔离时，干扰就可能不会进一步扩散；不同类型的斑块镶嵌在一起，就能够形成一种有效的屏障。

二、廊道

廊道是线性的景观单元，一般具有四种较为重要的功能：①作为一些物种的栖息地；②作为物种迁移的通道；③对两侧景观要素间的流起到屏障或过滤作用；④影响周围基质的环境和生物源。廊道对景观中的动植物运动，能量和矿物质养分的流动等都有广泛的影响。

（一）廊道起源

廊道的起源与斑块类似。干扰廊道由带状干扰所致，如线性采伐作业、铁路和动力线性通道等。残存廊道是周围基质受到干扰后的结果，如采伐森林所留下的林带。种植廊道如防护林带、高速公路等都是由于人类种植形成的。

（二）廊道分类

廊道有三种基本类型：线状廊道、带状廊道和河流廊道。

1．线状廊道

指全部由边缘种占优势的狭长条带，相邻的斑块与基质的环境条件，如土壤、水分、物种以及人类活动均会对线状廊道的内部环境与物种构成较大的影响。在生态学上至少已对七种线状廊道进行了研究：道路、铁路、堤坝、沟渠、动力线（传输线）、树篱和野生动物管理的草本植物或灌木带。

2．带状廊道

带状廊道是指含有较为丰富内部种和内环境的条带景观单元。带状廊道较宽，每边都有边缘效应，足可以包括一个内部环境。线状廊道与带状廊道的基本生态差异主要在于宽度，具有重要的功能意义。在景观中，带状廊道出现的频率一般比线状廊道少，如宽林地。除了中间有一内部环境外，它们与线状廊道具有相同的特征。

3．河流廊道

河流廊道是指沿河流分布而不同于周围基质的植被带。河流廊道可包括河道边缘、河漫滩、堤坝和部分高地。河流廊道在营养物质流动、物种迁移、控制洪水泛滥方面有重要的作用。同时河流廊道也是许多边缘物种的重要栖息地，在生物多样性保护中有特殊的意义。

廊道与斑块具有相同的形成机制。廊道的一个重要特点是其连通性或其断点的存在。廊道两侧的小气候和土壤梯度变化明显，中心地带通常生境独特，并部分取决于沿廊道内所发生的传输或迁移。

宽度效应对廊道的性质起重要的控制作用。线状廊道很窄，主要由边缘种组成。而带状廊道较宽，其中心地带有比较丰富的内部种。河流廊道可以调节水和物质从周围土地向河流的输送，侵蚀、径流、养分流、洪水、沉积作用和水质受河流廊道宽度的影响。

三、基质

景观由若干类型的景观要素组成。其中基质是面积最大、连通性最好的景观要素类型，因此在景观功能上起重要作用，影响能量流、物质流和物种流。在整个景观区域内，基质的面积相对较大。一般来说，它用凹形边界将其他景观要素包围起来，在整体上基质对景观动态具有控制作用。

（一）基质的判定

1．相对面积

当某一要素比其他要素大得多时，从逻辑上说这种要素类型就可能是基质，因此基质中的优势种也是景观中的主要种。面积是基质在景观中作用大小的一项重要指标，因此常采用相对面积作为定义基质的第一条标准。通常基质的面积超过现存的任何其他要素的总面积。如面积>50%，则基本上是基质，否则需要附加特征。

2．连通性

基质的连通性较其他现存景观要素高。当一个景观要素完全连通并将其他要素包围时，则可视它为基质。然而基质通常并不完全连通，而是被分为几块。

3．控制程度

基质对景观动态的控制程度较其他景观要素类型大。基质主要是通过产生未来景观来控制景观动态。

相对面积最易估测，动态控制最难评价，连通性介于两者之间。

（二）孔隙度和边界形状

孔隙度指单位面积的斑块数目，是景观斑块密度的度量，与斑块大小无关。基质的孔隙度具有生态意义。例如，当草地斑块的孔隙度较低时，田鼠对森林的影响很小；当孔隙度高时，田鼠危害则很大。孔隙度大小与边缘效应密切相关，对野生动物管理具有指导意义。

由于景观要素间的边界可以起过滤器或半透膜作用，所以边界形状对基质和斑块间的相互作用至关重要。两个物体间的相互作用与其公共界面成比例。

四、格局、过程、尺度

景观生态学中的格局是指空间格局，广义地讲，它包括景观组成单元的类型、数目以及空间分布与配置。例如不同类型的斑块在空间上成随机型、均匀型或聚集型分布。景观结构的斑块特征、空间相关程度以及详细格局特征可以通过数量方法进行研究。过程强调事件或现象的发生、发展的动态特征。景观生态学常常涉及多种生态学过程，其中包括：种群动态、群落演替、干扰传播、物质循环、能量流动。广义地讲，尺度是指在研究某一物体或现象时所采用的空间或时间单位，同时又可以指某一现象或过程在空间和时间上所涉及的范围和发生的频率。在景观生态学中，尺度往往以粒度和幅度来表达。空间粒度指景观中最小可辨识单元所代表的特征长度、面积或体积；时间粒度指某一现象或事件发生频率或时间间隔。

五、景观异质性

景观异质性是许多基本生态过程和物理过程在空间和时间尺度连续共同作用的产物。景观异质性内涵是：景观组分和要素，如基质、镶块体、廊道、动物、植物、生物量、热能、水分、空气、矿质养分等等，在景观中总是不均匀分布的。由于生物不断进化，物质和能量不断流动，干扰不断，因此景观永远也达不到同质性的要求。景观异质性的主要来源有自然干扰、人类活动、植被的内源演替及其特定发展历史。

异质性研究主要侧重于三个方面：①空间异质性，指空间内一个系统的复杂性和变异性。空间异质性取决于观测景观的尺度，同一景观表现出不同的景观异质性。观测尺度越小，景观越是表现较强的异质性，观测尺度越大，景观的均匀性越强。②时间异质性，景观空间结构在不同时段的差异性，也就是通常的景观动态。③功能异质性，景观结构的功能指标。如物质、能量和物种流等空间分布的差异性。异质性斑块的边界，为不同物种提供不同的生境，影响生物的运动及能流、物流的传播。

景观的异质性是绝对的，它存在于任何等级结构的系统内。同质性是异质性的反义词，是相对的。景观生态学强调空间异质的绝对性和空间同质性的尺度性。

第三节　景观格局的形成和结构特征

一、影响景观格局形成的主要因素

景观格局通常是指景观的空间结构特征，而空间斑块性是景观格局最普遍的形式，它表现在不同的尺度上。广义上景观格局包括景观组成单元的多样性和空间配置。景观格局是景观异质性的具体表现，同时又是包含干扰在内的各种生态过程在不同尺度上作用的结果。

空间格局的成因通常可分为三种：非生物的、生物的和人为的。非生物的和人为的因素在一系列尺度上都起作用，而生物因素通常只在较小的尺度上成为格局的成因。大尺度上的非生物因素（如气候、地形、地貌）为景观格局提供了物理模板，生物的和人为的过程通常在此基础上相互作用而产生了空间格局。由于地质、地貌等地理范畴方面的空间异质性变化是相对缓慢的，对于大多数生态学过程来说可以看作是相对静止的。因此非生物空间格局与生态学过程的关系主要表现为格局对过程的制约作用。自然或人为干扰是一系列尺度上空间格局的主要成因。

景观格局形成的原因在机制和不同尺度上往往是不一样的，不同因素在景观格局形成过程中的重要性随尺度而异。例如，温度和降水决定了全球主要植被类型的空间格局，而区域生态系统类型则明显地受到海拔和其他地形特征的影响。在小尺度上（如局部生态系统），捕食、竞争、植物－土壤的相互作用等生物学过程对空间格局的形成往往起到重要的作用。

二、斑块、廊道和基质的构型

景观的分布格局是无限的，如串珠状排列的斑块、小斑块群、相邻大小斑块、两种彼此相斥的斑块等。不同的结构决定了景观的不同功能。

斑块－廊道－基质模式是基于岛屿生物地理学和群落斑块动态之上形成和发展起来的。它为具体而形象地描述景观结构、功能和动态提供了一种“空间语言”。此外这一模式还有利于对景观结构和功能之间的关系进行研究，比较它们在时间上的变化（Forman，1995）。

Forman 和 Godron（1986）将景观格局分为以下几类：①均匀分布格局，指某一特定类型景观要素间的距离相对一致。例如在我国北方农村，由于人均占有土地相对平均，形成的村里格局多是均匀地分布于农田间，各村的距离基本相等。②聚集型分布格局，指同一类型地斑块聚集在一起，形成大面积分布。例如在热带农业区，农田多聚集在村庄附近或者道路的一端；在丘陵地区，农田往往成片分布，村庄聚集在较大的山谷内。③线状格局，指同一类型斑块呈线性分布。例如房屋沿公路零散分布或耕地沿河流分布的格局形式。④平行格局，指相同类型斑块地平行分布。例如山地景观中沿山脊分布的森林带。⑤特定组合或空间联结，这是一种特殊的分布类型，大多分布在不同类型要素之间。指不同景观要素类型由于某种原因经常相连接分布。比较常见的是城镇对交通的需要，总是与道路相连接，呈正相关空间连接。另一种是负相关连接，如平原稻田地区很少有大片林地出现，林地分布的山坡不会出现水田。

识别景观中特定构型之前，首先应该确定它的镶嵌度。孔隙度是指某种特定类型的斑块密度。镶嵌度是所有类型斑块的一种度量。斑块面积较小的城郊景观比斑块面积较大的草原景观具有更高的镶嵌度。景观镶嵌体的一些可测量特征参见表 6-1。

表 6-1　景观镶嵌体的一些可测量特征（根据 Wiens 等，1993）

特　征	描　　述
斑块大小分布	某种斑块类型地大小分布特征（如均应分布，正态分布）
边界形态	边界的宽度、长度、连续性和曲折性
周长与面积比	斑块的边界周长与其面积的比值，反映斑块的形状
斑块的走向	斑块相对于具有方向性的过程（如水流、生物运动）的空间位置
基质	与斑块直接联系在一起的下垫面或景观中地主要组成类型
对比度	通过某一边界时相邻斑块之间的差别程度
连接度	斑块间通过廊道、网络而连接在一起的程度
丰富度	某一地区内斑块类型的数目
均匀度	景观镶嵌体中不同斑块类型在其数目或面积方面的均匀程度
斑块类型分布	斑块类型在空间上的分布格局
可预测性	也称为空间自相关性，即某一生态学特征在其邻近空间上表现出的相关程度

三、景观对比度

景观对比度是指在某一尺度下与有机体或过程有关的景观中相邻景观要素间的差异程度。

斑块、廊道和基质可以通过许多方式结合，而且这些方式常与人类的活动有关，诸如农业、林业管理和城市化等活动的主要后果之一是增加了景观的对比度。如果相邻景观要素彼此差异甚大，其间过渡带很窄或缺失，就意味着对比度较强。

斑块与其相邻区域的对比度可以影响很多重要的生态过程。例如边缘效应很大程度上受到斑块之间对比度的影响，在沿着具有高对比度的边缘，微气候的改变（如风、光照强度）可以更深入地影响到斑块内部。

四、景观粒径

景观依景观要素的大小有粗粒和细粒之分。粒径的大小主要取决于整个景观的尺度。例如，热带稀树草原景观呈细粒状，每棵具有环状裸土的树或灌木都是一个斑块；摩洛哥的阿特拉斯山景观呈粗粒状，斑块直径为数公里。

五、附加结构

异常景观特征指在整个景观中只出现一次或几次的景观要素类型。例如景观中的单一城市或一条主要的河流。这种异常景观通常是人类活动的中心或热点，成为物种流、物质流和能流较集中的地方。

六、网络

网络把不同的生态系统相互连接起来，是景观中最常见的一种结构。网络功能的重要性不在于物种沿它移动，而在于它对周围景观基质和斑块群落的影响。网络在结构上的重要特点是有交点和网格大小。廊道网络由节点和连接廊道组成，分布在基质上。节点位于连接廊道的交点上，或者位于交点之间的连接廊道上。廊道网络分为两种形式，分枝网络和环行网络。分枝网络是一种等级结构，比如河网；环行网络是一种封闭环路结构，比如公路网。异质种群生态学将景观看作生境斑块构成的网络，物种以局部种群的形式生活在这些斑块上，形成斑块网络。网络具有一些独特的结构特点，如网络密度、网络连接度和网络闭合性。网络的功能与廊道相似，但与基质的作用更加广泛和密切。例如，在一个农业景观中，既有各种道路组成的网络，又有许多纵横交错的防风林带组成的网络，这些网络在结构上可能有相似之处，并都与农业用地这一基质密切联系，但功能却迥然不同。因此，廊道网络的功能要根据其组成和结构特征以及所在景观的基质和斑块的相互关系来确定。

七、生态交错带

生态交错带指相邻两个群落的之间的过渡带，是景观格局的特殊组分，最大的特点就是具有边缘效应。生态交错带的概念最早由 Clements 于 1905 年提出，用来描述物种从一个群落到其边界的过渡分布区。Odum 于 1971 年再次强调了生态交错带的重要性，并将其定义为两个群落之间的过渡带。生态交错带上的生态过程与斑块内部不同，物质、能量以及物种流等在生态交错带上明显变化。生态交错带的两种景观成分处于竞争的动态过程之中。其组成、空间结构、时空分布范围对外界环境条件变化敏感。在生物与非生物力作用下，生态交错带的环境条件趋于异质性和复杂化，明显不同于相邻景观的环境条件。景观斑块边界对景观流有影响，进而影响景观格局和动态；生态交错带上可能具有独特的生物多样性格局，因此对生物保护具有重要意义。生态交错带不但含有两个相邻景观中偏爱边缘生境的物种，而且其特化的生境导致出现某些特有种或边缘种，物种数目一般比斑块内部丰富，生产力高，即边缘效应。植物种类及群落结构的多样性和复杂性，也为动物提供了更多的生存机会。

生态交错带对物种的分布也起着阻碍限制作用。在某种意义上，生态交错带具有半透膜的作用，一方面适用于边缘种生活，另一方面却阻碍内部物种的扩散。其实，生态交错带在结构和功能上与廊道有很多相似之处。

第四节　景观过程及其表现

景观是相互作用生态系统所组成的镶嵌体。在景观镶嵌体中发生着一系列的生态过程，如生态系统的演替过程、各种干扰过程、物种的空间运动、物质的流动等。生物物种与营养物质和其他物质、能量等在景观组分间的流动被称为生态流。在一个景观过程中往往伴随着许多种流的发生，各种流就是景观中生态过程的具体体现。

一、空气流

空气流包括层流和湍流两种形式。层流是指平行流动的层状空气流。与地表最接近的一层称为边界层。湍流指向上或向下不规则运动的气流。气流遇到不同形状的物体时，气流的类型会发生变化。以空气流越过不同坡型的山丘为例（图 6-1），当层流流过对称山丘（a）时，保持原有状态不变；当层流流经有陡坡的山丘（b 和 c）时，会在背风坡形成湍流。而且在图 c 这种情况下（迎风坡比较陡峭），形成的湍流可延续较长的距离。

根据上述分析，可以比较出不同形状防护林的防风效果。第一种防护林的剖面形状是圆面，靠近林带中央的树最高，两边的树越来越矮；第二种是缓面，迎风面的树木矮而背风面的树木高；第三种是陡面，迎风面的树木高而背风面的树木矮。风洞试验表明：三种防护林在一定距离内可使风速降低 50%～70%；圆形剖面的防护林可使风速降低延续的距离最远（为 30 倍树高，其他两种约为 25 倍树高），并且在后两种林带背风面的风速有时达到 110%。可见三种形状的防护林中，第一种防护林能够保持层流状态，最少产生湍流，其防风功能最佳。

按照透风孔隙的大小以及防风特性，通常把林带的结构划分为三种基本类型。即紧密结构、疏透结构和通风结构。紧密结构的林带上下枝叶均很密集，几乎没有透光孔隙。中等风力遇到此林带时，基本不能通过，大部分空气由林带上方绕行，在背风林缘附近形成弱风区，经过一段距离后，即恢复原有风速，防风距离较短。一般多呈宽林带，并且在组成上有乔木、亚乔木和灌木三种生长型构成时，多成紧密结构。疏透结构的特点是透光孔隙在断面上从上到下分布均匀。风遇到林带时分成两部分：一部分通过林带，如同从筛网中筛过一样，在背风林缘外形成湍流；另一部分气流从上面绕道，在背风面林缘形成一个弱风区。随着远离林带，风速逐渐增加，防风距离较远。通常由乔木和灌木组成的林带可形成疏透结构。通风结构是上层为树冠组成，透风性差；下层为树干层，透风性强，风遇到该林带时，从林带上方和树干层穿越，防风距离也较大。只由一层乔木组成的林带，常形成这种结构。林带结构不同，防风效果也有较大区别（图 6-2）。

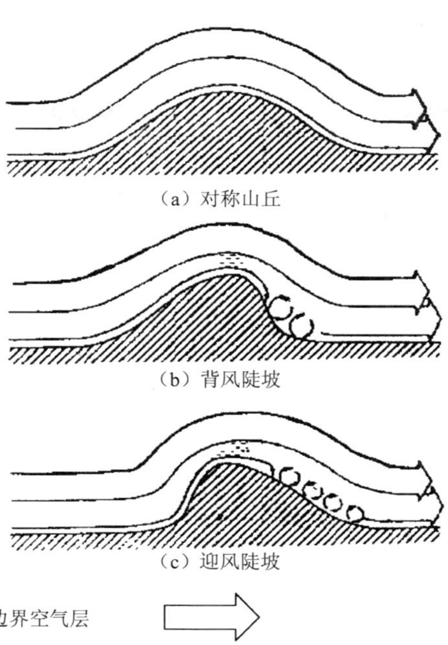

图 6-1　气流经过一个山坡时所发生的变化

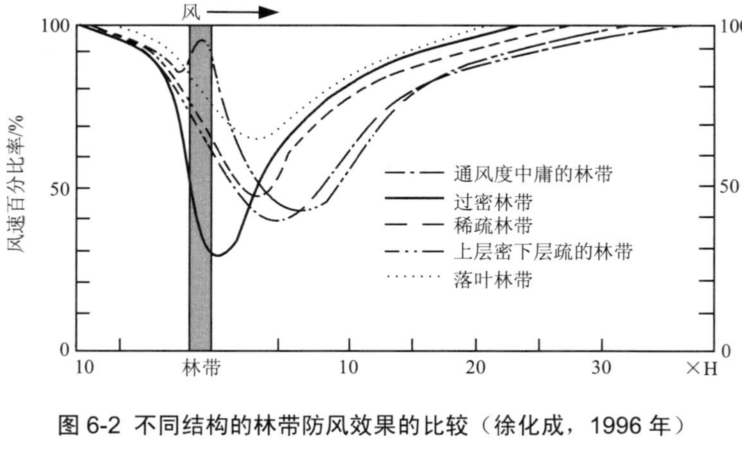

图 6-2 不同结构的林带防风效果的比较（徐化成，1996 年）

上述气流原理已广泛应用在景观规划、设计和土地管理等方面。在一定范围内，由于地貌形态及地面物质的不同，可形成局地环流，如山风、谷风、热岛环流等。城市内由于下垫面多为建筑物和不透水的路面，其蒸发量和蒸腾量小，在太阳照射下迅速增温，所以温度要显著高于郊区，平均要高 2～3℃。市区中心空气受热不断上升，郊区较冷的空气从四面八方向城区补充，填补原来热空气所占据的空间，而在城市中心上升的空气又在一定高度向四周郊区辐散下沉以补充郊区低压的空缺，这样就形成了一种局地环流，称为城市热岛环流。城区与郊区间的热岛环流客观上使城市隆起污染物的浓度得以稀释，但如果城市的四周有工厂，这是工厂排出的污染物一并集中到城市的中心，致使城市的空气更加混浊，所以城市风在某种情况下能加重市区的大气污染。由于污染物是随风而扩散的，因此规划者应慎重考虑，根据风的运行规律要对污染物的扩散的影响，合理进行规划设计。

二、土壤流

根据土壤流所携带的物质，土壤流主要包括两种方式：一种是土壤颗粒的流动；另一种是土壤中溶解性物质的流动（养分流）。土壤颗粒物包括细菌、孢子、腐烂的树叶、黏土、泥沙等。溶解性物质则包括尿素、硝酸盐、硫酸盐、可溶性钙化合物等。

景观中有一小部分土流是由风或动物运动形成的，而大部分土流是靠水的传输来完成的。水流在重力作用下，总是顺坡向下流动，同时携带土壤颗粒物、肥料、农药等。土壤内水流的速度变化取决于三个因素，即水的输入量和时间、土壤的结构和土壤对水中物质的过滤效果。

土壤颗粒物质的流量曲线是非线性的，一般与雨量的大小呈指数关系。雨量增加 1 倍会产生 4 倍的颗粒物流量。下小雨时颗粒物质几乎不动，但随着雨量的增加，颗粒物流量逐渐增加，有时甚至造成泥石流、滑坡。可溶性物质的流量与水流速度之间一般呈线性相关。多数情况下随着水流速度的增加，溶解物质的浓度减少。

土壤侵蚀是景观中土壤颗粒物搬移、土壤养分流失的一种最严重的形式，是对人们生活影响最大的一种负面影响过程。土壤侵蚀主要分为水蚀和风蚀两种。水蚀就是通过流水冲去土壤表层颗粒物质的过程。地表径流是颗粒物流失的主要形式。风蚀主要发生在干旱和半干旱区。在风力的作用下，细小的土壤颗粒甚至于可飞扬到数千公里外。侵蚀的土壤沿景观移动，随着作用力的减弱，发生堆积，改变原有的景观形态。河流为作用力的土壤堆积可形成泛滥平原、冲洪积扇和三角洲等新地貌类型。风为作用力可形成沙丘、沙垄、沙坝等荒漠地区景观。严重侵蚀可造成全部土壤流失，使下伏基岩裸露。随着土壤养分的流失，导致原有地区土壤肥力的下降，下游河流、湖泊等水体的富营养化。

除草剂使用过量的农田、过度放牧的草场、采伐迹地、植被破坏严重的陡坡等区域是土壤侵蚀过程极易发生的地段。土壤侵蚀是多因子综合作用的结果，应用土壤流失方程描述主要的侵蚀作用因子：

$$A=f(R, K, L, S, C)$$

式中，A 是土壤侵蚀总量；R 是降水强度；K 是土壤可侵蚀性；L 是坡长；S 是坡度；C 是植被覆盖度。

景观中水分和养分的运动与景观空间格局及人类的活动等都有着密切的联系。不同的景观类型，如农田、林地、草地等对水分和养分的流动有不同的影响。因此景观格局的改变、人类割草、砍伐森林等活动对水分、养分在空间上的重新分布起到重要作用。通过对不同景观类型的合理组合，可以有效的减少水土流失，防止水体的污染，促进物质和能量趋向良性循环。

三、生物流

（一）动物运动

从动物的运动范围来看，动物在景观内的运动有三种方式：巢区（home range）内的运动、疏散（dispersal）运动和迁徙（migration）运动。

动物的巢域是指它们的窝或巢穴周围，即以巢、窝为中心，用作取食和进行其他日常活动的区域。通常一对动物和它们的幼崽共用一定范围的巢域，如许多鸟类；有些“社会性”动物则是一大群动物占有一片巢域，如蜜蜂。

动物疏散是指某种动物个体从其出生地向新的巢域扩散的运动。新巢域通常距离其出生地很远，一般在原巢域直径的数倍之远。这种运动方式常见于接近成年动物个体离开其父母去建立自身巢域的过程。

迁徙指动物在不同季节所利用的栖息地间进行的周期性往返运动。迁徙运动是迁移种对气候及其他环境条件的适应。当环境条件不利于其生存时，它们便迁移出去寻找适合自身生存的环境，这样可使这些迁徙种充分利用不同地域的有利环境条件，而避开对它们不利的环境条件。迁徙分为水平迁移和垂直迁移两种类型，如候鸟的迁徙属于水平迁移，因为候鸟在寒冷地区和温暖地区之间运动，长达数千公里，需要跨越许多不同的景观。在候鸟的飞行路程中都设有中继站，以便鸟类的休息、觅食，如我国东北地区的扎龙自然保护区就是候鸟迁徙的重要中继站。另一种迁移方式是垂直迁移，即物种在山区高海拔和低海拔之间移动。例如很多鸟类夏季在高海拔地区繁殖，冬季到低海拔地区越冬。

无论哪种物种运动方式都受景观类型和格局的影响。

（二）植物的运动

植物靠其繁殖体在外界媒介物的作用下发生移动，在新的生境中进行再繁殖，称为植物的迁移。植物繁殖体可以是种子、果实、孢子等。植物繁殖体运动的媒介物包括风、水、各种动物、重力及人类等。各种植物的繁殖体对媒介的传播机质有各自的适应性。这种适应性取决于繁殖体自身重量的大小、体积、有无特殊的构造等。根据繁殖体传播的媒介类型，一般将植物分为下述几种类型：

1．风播植物　繁殖体的传播主要依靠风力，如槭树、山杨、蒲公英等。其种子一般都小而轻，具有种翅或具毛。

2．水播植物　繁殖体的传播主要依赖水流的作用，如槟榔，椰子，红树等，多生活在江河湖海的岸边。种子随水漂浮扩散，达到迁移的目的。

3．动物传播植物　靠动物的活动传播种子与果实，如仓耳、鬼针草、悬钩子等。动物是种子等繁殖体散布的重要因素之一，有的传播媒介物是鸟类，有的为哺乳动物，如松鼠。这类植物的种子多带钩，带刺，带芒或具有黏液，可以依附在动物身上，随动物的迁移到达其他地方实现传播的目的；另外通过动物食用植物的果实或种子，也可以达到植物传播的目的。红松、榛子的种子被动物吃掉后，因种壳较硬不能被动物消化而被排出体外之后，还能够更新，并且已经是随着动物迁移一定距离后的更新。

4．重力传播植物　有些植物借助自身的重力传播，其繁殖体借助于坡地的作用在地上滚动，达到迁移的目的，如胡桃、栗、银杏等。

另外，有些植物依靠果实成熟开裂时形成的弹力将种子从果实中弹射出来，如香叶草、酢浆草、凤仙花；还有些植物靠地下根茎扩散，如竹类、芦苇、胡杨。人类也是植物运动的重要媒介物之一，人类对植物的传播包括两种方式。其一是人类有目的移植或播种，这种传播主要是为了获取较高的经济效益或为了保护一些稀有物种；其二是无意识的传播，在人类的迁移或运输过程中，人类无意识的将一些植物的种子或花粉从一个地方带到另一个地方，这种传播有时会带来严重的生态后果。

植物繁殖体运动依赖的媒介物不同，其传播的距离也不一致。长距离的传播一般由一个景观可散布到其他景观。短距离的传播一般在一种景观范围内，几米到几百米。马尾松、黄山松、云杉等树种的种子，可以借助于风力传播到距离母株 100～300 m 远的范围。生翅或带毛的柳树、桦木等树种的种子，可借助风力飞散到 1～2 km 的地方。因此，这些树种往往能在远离原森林或母树的荒山荒地繁殖成林。水播植物的种子除少量散落在母株周围外，多数散布在河水中，以水为媒介去开拓新的可利用的生境资源，其传播距离相对较远。海潮可以将椰子带到几百公里甚至更远的海滩。如果环境适宜，一株幼小的椰子树，就会在那开始它的独立生活。动物传播植物的传播距离存在较大差异，主要与动物的种类、动物的生活习性、活动的空间范围密切相关。依靠自身重力传播的植物传播的距离相对较短，往往在母树周围有成群的幼树生长。但是，如果母树生长在坡地上，重力作用也能使种子滚到 10～30 m 以外。

影响植物分布的主要因素包括环境的变化和人类的影响。植物传播距离无论远近，都存在三种形式。第一种是植物分布范围在短期内发生波动。这主要是由于环境条件的周期性变化引起的。如周期性降水、气温变化造成植物种的分布发生局部扩散或收缩。第二种是长期的环境变化使植物种趋向灭绝、适应或迁移。如第四纪冰期之后，由于气候的冷暖交替，引起植被带的迁移，植物的分布发生了很大的变化。第三种是一种植物到达新的地区后，由于生境适宜，发生广泛繁殖和传播。通常这类植物传播非常快，有时会带来严重的生态危害。如在草海，随着水葫芦的大面积繁殖扩散，使大多数本地水生植物如海菜花等失去生存空间而死亡，极大的改变了草海景观的面貌。

在景观中除发生上述几种重要的生态流外，同时发生着能量的迁移过程。能量在迁移过程中以热的形式逐渐散失、减弱，最后完全消失在空气中。如空气流、水流都蕴藏着巨大的能量；火的传播也是景观中能量流的重要形式之一。

总之，各种景观过程在一定程度上受景观格局的影响，景观格局也可看作是景观过程长期作用的产物。景观结构影响生物迁移。物质和能量在景观中的流动，决定了各种流的大小、方向和传输距离，同时各种生态流也会对经过的景观产生影响。

第五节　景观动态

景观动态是景观生态学研究的主要内容之一。所谓景观动态就是指景观的结构和功能随时间而发生的变化。景观动态有时表现为突发性的灾变，有时则是一个缓慢的过程。1976 年唐山大地震几乎一夜之间改变了唐山的城市景观面貌。1987 年大兴安岭的特大森林火灾，过火面积达 435 万 hm^2，几乎遍及该地区的一半面积。在较长时间尺度上发生的变化也很常见，如农区变成城市，灌溉和水利设施的修建，各种道路的修建，林区森林被砍伐，人工造林，它们都可以使一个地区的景观变成另外一种完全不同的景观。影响整个景观的许多因子可在更长的时间尺度上发生，如演替过程通常可持续几十年到几个世纪，地貌形成过程需要数千年或更长的时间，主要生物类群的进化则需要经历几百万年。

只有了解过去才能规划将来。我们要对一个地区的景观结构和功能的变化规律做出分析，研究其发展趋势以及其对生产力和环境效益的影响，并在此基础上探索出更能符合人类长远利益要求的发展道路。

一、景观变化的趋势

景观的组成成分都随时间发生着不断的变化，有些景观特征表现为周期性变化，如气候的周期性变化；有些景观特征则表现为长期的变化，如生物量的增加等。Forman 和 Gordon（1990）认为表示景观变化的各种参数的变化呈现水平状态或是在水平线上下摆动的幅度和周期性具有统计特征。他们利用三个参数来研究景观的变化特点，并总结出描述景观变化的 12 种曲线类型，如图 6-3。

描述景观变化的三个参数为曲线总趋势、围绕总趋势的相对波动幅度和波动的韵律。其中曲线总趋势可分为水平、上升和下降三种类型；围绕总趋势的相对波动幅度按大小划分等级；波动的韵律分规则和不规则两种。把这三个参数排列组合，就形成了图 6-3 的 12 种类型。每一种类型有一种代号表示其含义，如 LT-SRO 代表总趋势为水平，波动较小，且有规则 DT-SIO 代表下降趋势，波动较小，且不规则。

景观的生产率、总生物量、斑块的形状、面积、生物多样性、景观要素间的流等都可以作为描述景观变化的特征值，绘出它们随时间变化的曲线图，通过与上述 12 条景观变化曲线比较，确定其变化属于哪一类型。通常先确定景观变化的大致趋势，然后确定波动的幅度是大是小，再观察观测值在直线的上下值的变化是否有规律。

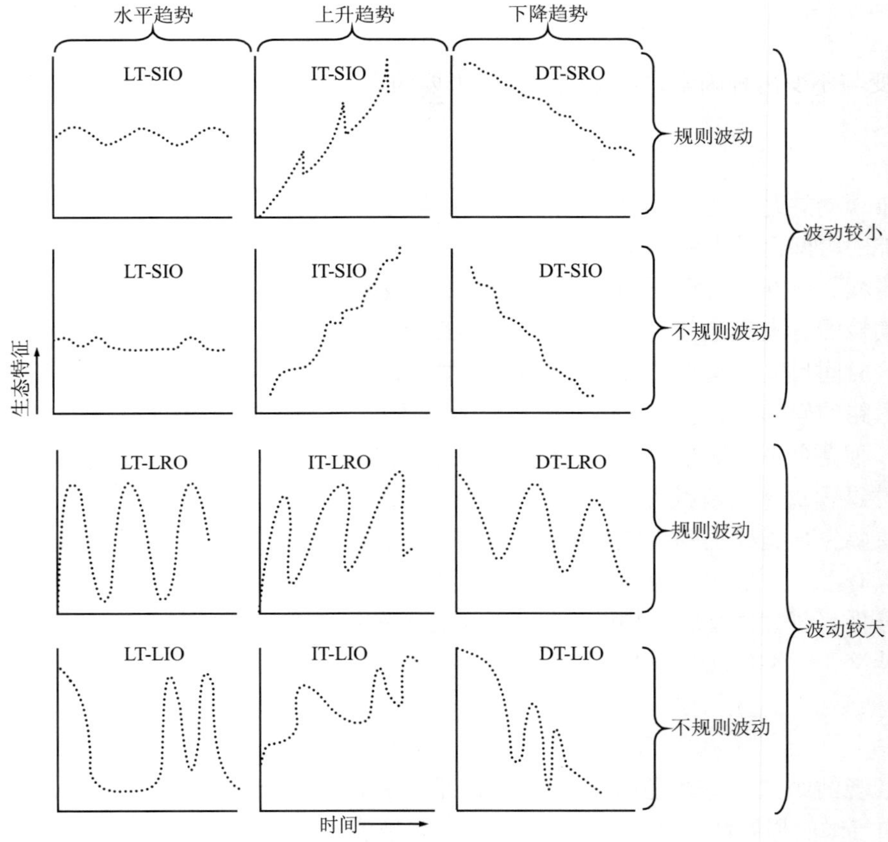

图 6-3 景观变化曲线

二、景观的稳定性

当我们观察景观，看到的是一种不变的景象，这意味着景观处于稳定状态。实际上，任何景观无时无刻不在发生着变化，绝对稳定或者绝对静止的景现是不存在的，我们看到的仅是在一定的时间尺度和空间尺度内出现的相对稳定的景象。

图 6-3 所示的 12 条景观变化曲线中，究竟哪几类是稳定的，哪几类是不稳定的呢？景观参数的长期变化呈水平状态并且在其水平线上上下波动幅度和周期性具有统计特征的，则可称是稳定的。如 LT-SRO 和 LT—LRO 就是稳定曲线，它们总的呈水平趋势，上下被动有规则。虽然一个上下波动较小（如 LT—SRO），一个上下波动较大（如 LT-LRO）。其他 10 种变化曲线即属于不稳定的变化，表示景观的波动方式（即总趋势、波动幅度和周期性的结合）经常发生变化或不可预测，体现了景观的不稳定性。生物系统的稳定性，不是绝对不变的。从个体来说有生长发育，从种群来说有数量增减，从群落来说，有演替。所以说生物系统的稳定性只能是相对的。这种稳定状态不是固定不变的，而是处于动态平衡之中。它是动态的，因为它在不断变化；它是平衡的，因为从较长时间尺度来说，它又是不变的。它包括变与不变两种因素，不变的方面是主要的。不变指的是总的趋势，变指的是局部的波动。

三、作用力对景观的影响

1．作用力的类型

景观的变化既受自然因子的影响，也受人为因子的影响。对景观产生作用的作用力可以分为自然力和人力两种。

自然力指在景观发育过程中对景观形成起作用的自然因素。自然力又可分为物理力和生物力。物理力如地壳运动、流水、风力侵蚀、冰川作用等，形成景观中不同的地貌类型；古老的岩石在气候的影响下发生巨大的变化，形成了不同的景观特征；地震、洪水、台风、火灾等自然干扰使景观发生剧变的实例也很多；伴随着生命的定居、植物的演替、土壤的发育等过程，景观的组成和外貌等也都随之发生着变化。

人力因子诸如人口、技术、政策、人类文化等。随着人口的增加、社会的进步，人类对景观的影响越来越大。人口增加导致土地大量开垦，使大面积的森林变为耕地；人为的盖工厂搞建筑使农业景观改变为城郊景观或城市景观。随着技术的进步，土地覆盖类型发生了变化，人类利用土地的方式也发生了改变，从粗放型的土地利用方式逐渐走向了可持续的土地利用方式。但随着人类活动的加强，也引发了一系列全球性的生态环境问题，如土地退化。温室效应等。政策对土地利用有重要的影响，对景观变化起着“催化剂”的作用。如 20 世纪 50 年代末在“大炼钢铁”政策的影响下，许多地区破坏森林的现象严重。另外，人类文化也对景观有着深刻的影响。人们根据对环境的感知、认识、美学观念、信仰等文化底蕴来建造和改变着景观。如 1862 年，清政府对东北地区解除封禁，实行放垦，来自关内的汉族移民和朝鲜族移民涌入东北地区，进行了开发建设活动。汉族有长期从事旱作生产的经验与传统，来此后选择黑土漫岗地作为理想的开垦地，种植高粱、玉米、大豆、小麦等作物。耕作的顺序是先坡地后沟地，先阳坡后阴坡，低洼的甸子留作放牧。在此背景上的垦殖，逐步形成了耕地斑块形状规则、面积较大的粗粒农业景观。与此同时，朝鲜族人民多选择宽谷盆地作为开发地，开垦灌溉条件好的平地种植水稻。由于他们善于集约经营灌溉农田，逐渐形成景观斑块碎细的细粒农业景观。

2．不同强度作用力对景观的影响

景观与其他系统一样，在内外力的作用下发生变动，并对自然和人类产生的作用力有不同的表现。干扰频率、恢复速率、干扰的强度和范围、景现的大小或空间范围等因素都会对景观产生影响。但由于景观自身的弹性，作用力的大小对景观系统产生不同的影响（图 6-4）。如较小的作用力对景观有某种微小影响，由于远远小于景观的抗性，没有形成干扰力，景观依然保持其稳定性。

我们可以按照作用力的强度分为四级：弱度、中度、强度、极度。弱度的作用力会使景观产生围绕着中心点的波动，即局部的变异导致景观特征产生变化。不过这种变化是在弹性范围内波动，仍处于平衡状态、只要干扰力消除，景观可迅速恢复至原状态，如同一条小河，干旱年份小河干枯，在下一个湿润年，小河又恢复流水。中度的作用力可使景观发生很大变化，但只是适度干扰，虽然其波动平衡范围内的变化超出平衡的波动，但是一旦停止干扰仍可使景观恢复到原有的平衡状态。如连续多年的干旱可使河流干涸，造成许多草地斑块体枯死，但是如果气候如变为正常，景观还可以恢复原貌。强度的作用力会使景观产生新的平衡，外力产生严重干扰，景观靠自身的恢复力难以恢复到原来的平衡态，旧的平衡被打破了，新的平衡建立起来。如美国西南部的一些地区，在 1276—1299 年连续发生 24 年的干旱，原来的灌丛带和农田景观几乎变成没有农田的开阔灌木林景观（watson，1953）。景观要素类型比例发生变化，出现了新的平衡。不过，原有的景观成分还未发生绝对变化，只是它们的相对地位或某些属性有所显著变化，但终归还未达到建立新景观的程度。极度的作用力会产生新景观。外力产生极度干扰，原有的景观消失，在同一地点形成新的景观。地震使城市变为废墟；许多水草丰盛的草原，由于人为的极度干扰，变成了沙漠。新景观都是与原景观截然不同的。

可见，四种强度的作用力产生四种结果，即波动、恢复、建立新的平衡和景观替代。

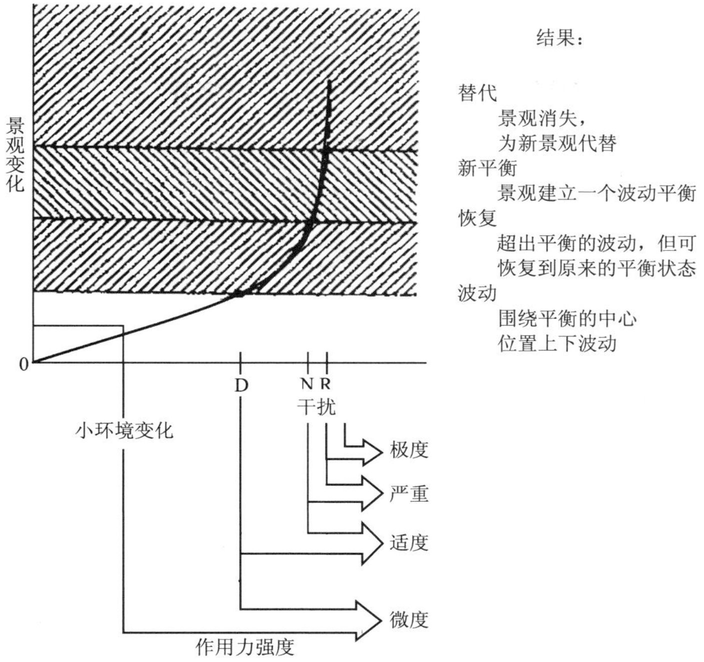

图 6-4　不断增加的作用力对景观系统的影响（Forman，1986）

第六节　景观生态学应用

在现代地理学和生态学结合下产生的景观生态学，是一门应用性很强的学科。它既强调空间研究，又考虑生态学思想和原则，注重用景观生态规划和设计手段，提出景观优化利用方案，以达到既保护环境，又发展生产，合理处理生产与生态、资源开发与保护、经济发展与环境质量、开发速度、规模、容量、承载力等的目的。现已广泛应用于自然资源开发与利用、生态系统管理、自然保护区的规划与管理、生物多样性保护、土地利用规划、生态系统恢复与重建等领域。

一、生物多样性保护

景观生态学的发展为保护生物学和恢复生态学提供了新的理论基础，而保护生态学和恢复生态学又为景观生态学的发展不断提出新的目标。传统的自然保护以物种保护为中心，从景观生态学理论的角度来看，其缺乏考虑多重尺度上生物多样性的格局和过程及其相互关系。这种保护方式是片面的、不可行的。生物多样性保护要了解景观空间结构与生态过程在多个尺度上的相互作用，既要重视保护物种的生存环境，还要重视保护影响物种生存和进化的生态学过程。景观生态学原理和方法在自然保护的研究和实践中起到了重要作用，推动了自然保护从“物种范式”向“景观范式”的转变。通过景观空间格局对生态过程的影响研究，寻求合理的景观配置，提高景观的物质流的利用效率和营养元素的循环效率；通过景观连接度和连通性的研究，正确地理解景观生态规划与管理的原理，不仅要提高景观中各单元之间的连通性，更重要的是增强景观单元之间的连接度。从景观生态学角度出发，主要是通过规划和设计不同的景观结构以达到控制景观生态功能、保护生物多样性的目的。为了抑制物种多样性的减低，在影响生物种群的重要地段和关键点，保留生物的生境地或在不同生境地之间建立合理的廊道。如为了不改变生物群体的生活习性，可以在城市外侧的动植物园、自然保护区以及野生生物群落之间建立廊道或暂息地，将被保护的动植物和自然生境斑块联系起来。

建立自然保护区是生物多样性保护的主要途径。建设自然保护区最终的目的是保持物种、种群、群落、景观以及过程的多样性和持续性。自然保护区的建设要以景观生态学原理为指导。自然保护区的规划和设计要遵循以下几条景观生态学原则：①生物保护优先原则，考虑保护目标物种的生态特性和种群最小生存能力，根据生物物种对自然环境的需求进行核心斑块、缓冲区和廊道设计；②系统与个体相结合的原则，自然保护区的建立不仅是针对某一目标种群，而且也要考虑目标种群所赖以生存的景观空间，因此必须注意不同斑块之间的相互联系，建立合理的缓冲区和生境廊道，在加强栖息地之间联系的同时，促进生物种群之间的基因交流；③综合性原则，影响生物生存的景观因子十分复杂，设计时不能仅仅考虑某一个或几个景观因子，要综合考虑所有的因子及其组合类型。下述的景观生态设方式被普遍认为对自然保护是有效的，对克服人为干扰有积极的作用：①建立绝对保护的栖息地核心区；②建立缓冲区以减少外围人为活动对核心区的干扰；③斑块在栖息地之间建立廊道；④适当增加景观异质件；⑤在关键部位引入或恢复乡土景观双块；⑥建立物种运动的“跳板”以连接破碎生境斑块；⑦改造生境斑块之间的质地，减少景观中的硬性边界频度以减少生物穿越边界的阻力。在景观适宜性评价的基础上，设计合理的核心区、缓冲区和生境廊道。

二、生态系统管理

生态系统管理一方面针对生态系统本身功能和过程，另一方面，也包括引起生态系统过程变化的自然、人为因素。生态系统管理的目的就是在保护自然生态系统的完整性、持续性的前提下合理利用自然资源，同时维持生态系统正常的生态学过程与进化过程，更好地提供生态系统产品和服务。景观生态保护与管理研究是运用景观生态学原理和方法探讨合理利用、保护和管理景观生态系统的途径，研究景观生态系统的最佳组合、技术管理措施和约束条件。经营管理和保护资源与环境，保护主要生态过程与生命支持系统；保护遗传基因的多样性；保护现有生产物种；保护文化景观，不断加强种种生态系统的功能，使之为人类持续利用。同时景观生态管理还应加强景观生态信息系统研究，主要包括：数据库、模型库、景观生态专家系统和知识库。

景观生态学的观点在自然生态系统管理中被广泛应用。例如在森林生态系统经营和管理中广泛渗透了景观生态学的理论原理和方法。生态系统管理的时空尺度应与管理目标相适应。在传统的资源开发和利用过程中往往忽视了大尺度（景观）中的生物学过程，并且对不同时空尺度上多个生态系统之间的相互关系和作用也不够重视。但随着景观生态学理论在森林生态系统经营中的应用，许多传统的做法得以改变。如在采伐中选择保留木时一改传统的做法，将一定数量的健康木、病腐木、枯立木、倒木等都放在考虑保留之列。传统的森林经营是建立在林班和小班空间尺度上，以林场为经营单位的生产组织形式；森林生态系统管理是建立在景观尺度基础上的区域化，社会化管理形式。在资源的开发利用过程中，不再单一考虑生态系统中个别要素的产量（如蓄积量），而是从生态系统的完整性考虑，重视系统内部各要素之间功能的整合，维持生态系统的格局和过程，同时重视系统等级结构，从系统等级序列中（基因、物种、种群、生态系统及景观）寻找联系及解决办法，通过对系统全面多尺度监测、评价而设计出合理的开发利用方案。

三、土地利用规划

土地利用规划是景观生态学重要的实践领域。多种行业，如城市建设、农、林、牧、水、矿、交通等都存在土地利用规划问题。景观生态学的结构与功能、生态整体性与空间异质性、景观多样性与稳定性以及景观变化等理论为各行业的规划设计提供了依据。土地利用规划目的在于建立区域景观生态系统优化利用的空间结构和模式，协调人与自然的关系，合理解决由土地利用所带来的一系列环境问题。景观生态规划是通过分析景观特性以及对其判释、综合和评价，提出景观最优利用方案。其目的是使景观内部社会活动以及景观生态特征在时间和空间上协调化，达到对景观优化利用，既保护环境，又发展生产，合理处理生产与生态、资源开发与保护、经济发展与环境质量以及开发速度、规模、容量、承载力等的辩证关系。如在我国温带亚湿润地区，常发生农林争地、农牧争地的矛盾，按景观生态设计的思想，建设林草田复合生态系统，可使林、草、田的生态功能得以充分发挥且互相促进，不但可使沙地得到治理，而且又能从沙地上获取一定的经济效益。根据景观生态学原理和方法，城市景观的生态建设应合理地规划景观空间结构，使各种景观要素的数量及其空间分布合理，将自然引入城市，各信息流、物质流与能量流畅通，使景观不仅符合生态学原理，而且具有一定的美学价值而适于人聚居。对于干扰比较强烈的地段景观如矿区的恢复重建也应按照景观生态学的原理，采取人为的工程措施重建生态系统，改造原有的景观格局。改善或恢复受损失生态系统的功能，使重建地与周围环境逐步建立起相协调的生态关系，提高景观生态系统的总体生产力和稳定性。景观生态学的理论和方法更注重人为活动干扰对景观格局和过程影响的研究。在生态旅游的开发和管理过程中，导入景观生态的思想和方法，是保证生态旅游区可持续发展的一种有效途径。景观生态学不仅适合生态旅游的空间范围，而且与生态旅游尤为强调的生态内涵相一致，在生态旅游的旅游区开发设计和管理、旅游区容量、旅游区景观格局的动态变化分析等方面得到应用。如依据景观生态整体性和空间异质性进行生态旅游区的功能分区，选择合理的利用方式，使旅游资源得以合理配置和优化利用；遵循异质性、多样性、边缘效应、尺度性等原则，通过对景观结构和功能单元的生态化设计，并采用一定的管理手段，保证生态旅游区旅游景观结构上的合理和功能上的协调，实现生态旅游的良性循环。

景观生态学思想的产生源自土地利用规划，反过来观生态学的发展又为土地利用规划提供了新的理论基础，为土地利用规划设计提供了一系列方法、工具和资料。如在土地利用规划设计的过程中可以利用景观生态学的格局分析和空间模型等方法评估和预测规划设计方案可能带来的生态学后果，同时结合遥感、地理信息系统等技术，使土地利用方案更具科学性和可行性。

景观生态学为其他领域如国土整治、环境治理、农业生态建设等提供了理论支持。总之，随着景观生态学理论和方法的完善提高，景观生态学的应用范围越来越广阔，发挥的作用必将越来越大。

本章小结

景观生态学是研究景观单元的类型组成、空间配置及其与生态学过程相互作用的综合性学科。景观由景观要素组成。景观要素可分为三种类型，即斑块、廊道和基质。

斑块按照起源可分为环境资源斑块、干扰斑块、残存斑块和引进斑块。廊道有三种基本类型：线状廊道、带状廊道和河流廊道。基质是面积最大、连通性最好的景观要素类型。景观异质性是许多基本生态过程和物理过程在空间和时间尺度连续共同作用的产物。

一般异质种群的概念所描述的是在斑块生境中在空间上具有一定的距离但彼此间通过扩散个体相互联系在一起的许多小种群或局部种群的集合，一般也称为一个种群的种群。它是种群的概念在一个更高层次上的抽象和概括。

景观空间格局的成因通常可分为三种：非生物的、生物的和人为的。非生物的和人为的因素在一系列尺度上都起作用，而生物因素通常只在较小的尺度上成为格局的成因。大尺度上的非生物因素（如气候、地形、地貌）为景观格局提供了物理模板，生物的和人为的过程通常在此基础上相互作用而产生了空间格局。

在景观镶嵌体中发生着一系列的生态过程，如生态系统的演替过程、各种干扰过程、物种的空间运动、物质的流动等。在一个景观过程中往往伴随着许多种流的发生，各种流（如空气流、土壤流、生物流）就是景观中生态过程的具体体现。

景观动态就是指景观的结构和功能随时间而发生的变化。主要包括景观变化的趋势、景观的稳定性、作用力对景观的影响等。

景观生态学现已广泛应用于自然资源开发与利用、生态系统管理、自然保护区的规划与管理、生物多样性保护、土地利用规划、生态系统恢复与重建等领域。

复习思考题

1. 什么是景观，景观要素有哪些？
2. 异质种群理论的主要内容是什么？
3. 解释景观中的生物流情况？
4. 不同强度作用力是如何来影响景观的？
5. 景观生态学主要应用于哪些领域？

第七章　生态学在环境保护与经济社会发展中的应用

[学习指南]

通过本章的学习，掌握在环境保护与经济社会发展中主要应用的生态学原理，生态系统健康的概念、标准、评价级别，生态保护措施，生态旅游的概念、特点，生态学原理在生态旅游中的应用，了解生态旅游产生的原因及在旅游环境保护中的作用。

第一节　生态学原理在环境保护中的应用

生态学原理广泛应用在科技、经济、社会各个领域，其中在环境保护中的应用更加广泛而深入。生态学原理不仅应用到生态保护中，也应用到污染防治中。特别是 1992 年联合国环境与发展大会提出实施可持续发展战略以来，生态学原理又被应用到实施可持续发展战略的理论与实践中。党的十六大提出全面建设小康社会的宏伟目标，要生产发展，生活富裕，生态良好。十六届三中全会提出树立以人为本，全面、协调、可持续的学说发展观；十六届四中全会提出构建和谐社会。二者都提出要实现“人与自然的和谐”，都体现了生态学的原理。生态学原理比较多，在环境保护工作中应用的主要有以下几条：

一、物物相关

即自然界中各种事物之间有着相互联系、相互制约、相互依存的关系。自然界是由各样的生态系统组成的，每一个生态系统又包含多个组成部分，各组成部分之间存在着错综复杂的相互关系。改变其中的某一组分，必然会对系统内的其他组分产生影响，以致影响系统整体。各系统之间也彼此影响。这些影响有些是直接的，有些是间接的，有些是立即表现出来的，有些则在一个很长的时期后才显露出来。因此，我们在生产活动中，务必注意调查研究，即查清自然界诸事物之间的相互关系，统筹兼顾，即要对与某事物有关的其他事物加以认真的、通盘的考虑，包括考虑此种活动可能会产生的影响是短期的或长期的、明显的或潜在的，从而做出全面安排。特别是在需要排放废弃物、施用农药、采伐森林、开垦荒地、猎捕动物、修建大型水利工程或其他重要建设项目时，尤应加以注意。

近年来有些科学家提出“生态系统管理”的思想，即指按自然生态系统的范围及整体性的特点，对其进行管理。这体现了“物物相关”的原理。“生态系统管理”的内容有以下几点：

人与自然和谐的哲学管理；

对生态系统的组成、结构、功能、过程的生态管理；

兼顾生态系统各要素的综合管理；

跨行政区域的流域、区域的系统管理；

以科研和监测为基础的科学管理；

推动可持续利用的战略管理。

二、相生相克

即在生态系统中，每一生物种都占据一定的位置，具有特定的作用。各生物之间相互依赖、彼此制约、协同进化。被捕食者为捕食者提供食物这种基本生存条件，同时又为捕食者所控制。反过来，捕食者又受制于被捕食者，彼此间相生相克，使整个生态系统成为协调的整体。当向一个生态系统引进其他系统的生物种时，往往会由于该系统缺乏能控制它的物种（天敌）存在，使该物种种群暴发起来，从而造成灾害。大多数农业害虫在它们原来的乡土生境里是无害的，但当它们一旦侵入或被无意地引进到一个新区域或新的农业生态系统中时，就往往成为害虫。从一个生态系统中消除某一物种，也会对该系统造成或大或小的影响。因此在从事农、林、牧、渔各业生产时，对引进某一新物种或在原有生态系统中消灭某一物种要十分慎重。

某一区域遇到本生物区系原来没有的外来物种入侵，往往对生态系统和物种造成危害和破坏，进而造成重大经济损失。这样的物种叫外来入侵物种。

但是如果成功地引入外来物种，也可以带来巨大的经济效益，而且生态系统和物种不会受到危害。原产我国的大豆在美国已成功地大面积栽培，目前美国已成为世界大豆产量最高的国家。

三、能流物复

生态系统中，能量在不断地流动，物质在不停地循环。但是，通常在自然生态系统中，能量只能通过生态系统一次。当它沿食物链转移时，每经过一个级位或层次，就有一大部分转化为热而逸散到外界，无法再回收利用。因此为了充分利用能量，必须设计出能量利用率高的系统，如在农业生产中设计出对农业资源（谷物、饲料、秸秆、加工剩余物、畜禽排泄物等）加以多级利用系统。物质与能量则不同，它在生态系统中反复地进行循环，其中有些还会通过食物链在生物体内发生富集。如果这些物质是有毒物质，最终将会对人类造成间接或直接危害。因此必须控制进入环境中的有毒物质的量以及寻找和发现它们进入环境的地点、渠道及其迁移、转化规律，以便加以有效的控制。

应用生态学“能流物复”原理，不仅可以成功地设计生态农业系统，近年来又成功地在工业发展中设计“循环工业”，也叫“循环经济”。“循环经济”应用了生态学“能量物复”的原理，将某一工厂的废物作为另一工厂的原料，将物质循环利用，能量多级高效利用，将经济、社会、生态效益统一，自然资源充分利用，污染减少或消除，经济效益也相应提高。

四、负载定额

即任何生态系统的生物生产力通常都有一个大致的上限，它是由生物种自身的特点及可供它利用的资源和能量决定的。每一个生态系统对任何的外来干扰都有一定的忍耐极限。当外来干扰超过极限时，生态系统就会被损伤、破坏、以至瓦解。因此，放牧强度不应超过草场的允许载畜量；采伐森林、捕鱼狩猎、采集药材时不应超过能使各种资源永续利用的产量；保护某一物种时，必须要有足够它生存、繁殖的空间；排放各种污染物时，必须使排污量不超过环境的自净能力等。

生态学家据此提出“生态容量”的概念，是指各生态系统或生态环境尽管都有更新和自净能力，但是这种能力是有限的，其容量也是有限。人类活动的规模不能超过“生态容量”，否则会造成生态破坏，并进而危害人类。这种“生态容量”，大到全世界，小到某一生态系统，都是如此。据国外科学家研究计算，目前地球的“生态容量”已被突破，全球生态赤字。最近在联合国主持下，来自 95 个国家的 1 360 个专家历时 4 年对地球各生态系统进行详实的调查分析。认为全球生态系统所能给人类提供的服务有 60%已被超量使用，如果这种情况继续下去，再过 30 至 40 年，人类的基本生活条件将受到威胁。

五、协调稳定

即只有各部分协调的生态系统才是稳定的，自然界的生态系统都在不断地变化和发展。一般来说，在发展过程中，随着生物种的多样性增大，联结各物种的食物链增多，系统的稳定性亦相应增加。所以，对于某一地区说来，该地区的自然资源种类越多，抵抗外来干扰的能力便越强。然而由于生态系统稳定性的机制，主要是由其结构和功能的协调、物质输出输入的平衡决定的，因此，稳定的系统不一定都是结构复杂的系统。我们在开发利用自然资源时，应特别注意保持生态系统各物种的合理结构，以维持自然机制生态系统中各物种的合理结构，以维持自然机制的正常运行，确保系统稳定，防止因过度利用导致资源枯竭，系统瓦解。

由于人类人口激增，经济规模和强度加大，一旦超过生态容量则破坏生态系统各部分的协调和整体的稳定，带来生态退化和破坏，进而削弱经济可持续发展的支撑能力，并引发社会的不稳定，威胁到国家和区域的生态安全。为此，科学发展观和构建和谐社会都强调"人与自然的和谐"。因为只有"人与自然的和谐"，自然环境才能协调稳定。总之，保持生态系统的协调稳定是环境保护的重要任务。

六、时空有宜

即每一个地方，都有其特定的自然和社会经济条件组合，构成独特的区域生态系统。同时，这种区域生态系统也随时间发生变化。在开发利用和经营管理时，都必须适合它们的特点。例如，在成熟林多的地区可以根据用养结合的原则，对林木进行间伐；但河流上游的水源林和用于保持水土的林区，其主要的功能是涵养水源，防止水土流失，那就只能允许少量的更新择伐，绝对不允许皆伐。又如，当某地某种狩猎动物的种群数量过大时，则应根据"密度过大将会发生自然稀疏"的原理有计划地猎取一部分，以使该物种与所需资源相协调，从而保持它们的生活力；反之，当某地某种狩猎动物种群很小或正处于生育期时，就不应猎捕，以促进其种群的繁衍，防止物种灭绝。同样在海洋动物和陆地水生动物繁殖期必须"休渔"。也就是说，这种规律决定了我们对某特定地区、特定时期的生态系统采取某种行动时，必须遵守"因时因地制宜"的原则。

为此，我国在广泛开展生态调查的基础上，进行生态功能区划。根据生态功能区划，在重要生态功能区，例如江河源头区、重要水源涵养区、水土保持的重点预防区和重点监督区、江河洪水调蓄区、防风固沙区和重要渔业水域等，重点建立生态功能保护区，实施抢救性保护；实行严格保护下的适度利用和科学恢复。

在重要资源开发区则依法强制性保护，在生态良好区则开展积极性保护，预防性保护。

七、互利共生

即在自然生态系统中，两种以上生物共同栖息在一起，互惠互利。地衣就是真菌和藻类的共生体：真菌吸收水分、无机盐供给藻类光合作用所需的原料，并围裹着藻类细胞使其不会干死；藻类进行光合作用，合成的有机质供给真菌利用。共生的结果一般是所有共生者都大大节约原料、能量和运输，获得多重效益。共生者之间差异越大，系统的多样性越高，从共生中受益也就越大。因此单一功能性的土地利用，农业生产中的单一的粮食经营，城市中条条块块式的管理系统，其内部共生关系薄弱，多样性很低，生态效率就不高。而要获得较高的生态效率，就应适当增强系统内部的共生关系。例如新加坡交通部门规定，凡小汽车出门未满员时，必须携带顺路乘客，否则课以罚款。这就是一条有利于减缓城市生态系统交通拥挤、节约能源、方便群众的共生措施。

我国农业环境保护中应用“互利共生”原则受到高度重视，其中农田林网化比较典型，成效突出。林网起着防风固沙，调节气候，改善农田生态条件等功能，对周围的农田有明显的增产效应。林网本身除了生态效益外，也有一定的经济效益和社会效益。总之，农田林网化是农田与林网“互利共生”的双赢模式。

八、限制因子

在众多生态因子中，任何接近或超过某种生物的耐受性极限时就可以成为一个限制因子。生态保护中会遇到各种各样的复杂问题，涉及很多生态因子，但要注意从中找出限制因子，集中力量加以解决。比如要保护森林中的鹿群，就要分析温度、降水、食物、天敌等因子对鹿种群数量的影响。如果确定冬季食物是鹿种群的限制因子（冬季里地面积雪，鹿群行动、取食受限制），可以在冬季森林中投放补充饲料，以提高鹿资源的现存量。在进行城市生态保护时，也要从若干影响城市生态功能的因子中找出限制因子。比如在我国北方，水是制约许多城市经济发展的一个重要限制因子，那么就要投入相当的财力、人力、物力去开源节流。

我国农业生态保护中，在西北荒漠地区的绿洲是重点。绿洲生态系统中的限制因子是水，一旦水源改变或消失，绿洲几乎立刻变成荒漠。所以在西北荒漠地区一些的绿洲因失去水源而变成沙漠，其中一些城镇村庄也变成了废墟。因此，绿洲农业的环境保护重点是水资源。为了保护农业资源，首先要保护雪山的冰川，还要保护山区的森林。另外，绿洲要发展节水农业、节水工业，建设节水城镇。

九、生态位原理

生态位是指生物所占据的多维生态因子空间以及生物所起的生态作用。每一种生物都有其理想生态位和现实生态位。理想生态位与现实生态位之差就是生态位势。生态位势的存在，驱动着城市的膨胀，人口、能量、物质、资金的流动，影响着生态环境的变化。为了获得更高的生态经济效益，人类就要不断地开拓和占领一切可利用的空余生态位，包括剩余的土地、劳力、资金、技术、物质等。城市生态系统是开放式的人工生态系统。对外界依赖性高，需要及时开拓新的生态位，否则系统将衰落退化，各地区根据实际建立起各种规模、类型的经济开发区。

但这些开发区的发展却不尽相同。其中有些开发区依然沿袭资源消耗高、污染严重、经济效益低的模式，很难延续下去。但是更多的开发区走上了资源消耗少、污染较轻、经济效益高的新兴工业化道路。有些开发区还设计建设了生态工业园区，取得经济环境双赢的效果。天津经济技术开发区实施清洁生产，发展循环经济，建设生态工业园区，成效显著，已成为开发区中的典型。

十、可持续原理

生态学中有一个重要的原理就是可持续原理。生物的本质是可以新陈代谢，繁殖延续是生命体。生物个体就具有新陈代谢与繁殖后代的功能；而生物种群则是以种群不断新陈代谢和繁衍生息的；至于群落则是以演替和稳定交替作用保护可持续性；生态系统也是以生态稳定性中的抵抗力和恢复力共同作用保护其延续。总之，可持续是生态学中的一条重要原理。

科学家们将生态学中的可持续原理，应用到环境保护和人类发展中，提出可持续发展战略。这一原理已应用到环境保护和人类发展的各个领域。例如能源的开发利用，科学家们强调必须开发利用可持续的能源。其中，太阳能、风能、水能、潮汐能等可更新的能源应加大开发利用的力度；其次，氢、沼气、酒精、汽油等也应加快开发利用；另外，还应加快可控核聚变发电的研究步伐。再如可回收的资源，科学家们提出必须尽量回收，其中钢铁、铜、铝等金属和塑料、玻璃、纸等，都必须回收利用，使其资源化而循环利用。

第二节　生态系统健康及生态保护措施

一、生态系统健康

（一）概念

生态系统健康是指生态系统没有不良反应，稳定且可持续发展，随着时间的进程自身仍具有活力且能维持其组成与结构，在外界影响下容易恢复。

（二）标准

健康的标准有活力、恢复力、组织、生态系统服务功能的维持、管理选择、外部输入减少、对邻近系统的影响及对人类健康影响等八个方面，它们分属于生物物理范畴、社会经济范畴、人类健康范畴以及一定的时间、空间范畴。这八个标准中最重要的是前三个方面。

1．活力　即生态系统的能量输入和营养循环容量。具体指标为生态系统的初级生产力和物质循环。在一定范围内生态系统的能量输入越多，物质循环越快，活力就越高。但这并不意味着能量输入高和物质循环快生态系统就更健康，尤其是对于水生态系统来说，高输入可导致富氧化效应。

2．恢复力　即胁迫消失时系统克服压力及反弹回复的容量。具体指标为自然干扰的恢复速率和生态系统对自然干扰的抵抗力。一般认为受胁迫生态系统比不受胁迫生态系统的恢复力更小。

3．组织　即系统的复杂性，这一特征会随生态系统的次生演替而发生变化和作用。具体指标为生态系统中 r-对策种与 k-对策种的比率，短命种与长命种的比率，外来种与乡土种的比率，共生程度，乡土种的消亡等。一般认为，生态系统的组织越复杂就越健康。

4．生态系统服务功能的维持　这是人类评价生态系统健康的一条重要标准。一般是对人类有益的方面，如消解有毒化学物质，净化水，减少水土流失等，不健康的生态系统的上述服务功能的质和量均会减少。

5．管理选择　健康生态系统可用于收获可更新资源、旅游、保护水源等各种用途和管理，退化的或不健康的生态系统不再具多种用途和管理选择，而仅发挥某一方面功能。

6．外部输入减少　所有被管理的生态系统依赖于外部输入。健康的生态系统对外部输入（如肥料、家药等）会大量减少。

7．对邻近系统的破坏　健康的生态系统在运行过程中对邻近的系统的破坏为零，而不健康的系统会对相连的系统产生破坏作用，如污染的河流会过受其灌溉的农田产生巨大的破坏作用。

8．对人类健康的影响　生态系统的变化可通过多种途径影响人类健康，人类的健康本身可作为生态系统健康的反映。与人类相关又对人类影响小或没有的生态系统为健康的系统。

（三）生态系统健康的评价级别

1．生态系统很健康的一级区

生态结构十分合理，系统活力极强，外界压力较小，无生态异常出现，生态系统的生态功能极其完善，系统极稳定，处于可持续状态。

2．生态系统健康的为二级区

生态系统结构比较合理，格局尚完美，系统活力较强，外界压力较小，无生态异常，生态系统的生态功能较完善，系统尚稳定，生态系统可持续。

3．生态系统亚健康的三级区

生态结构完整，具有一定的生态系统活力，外界压力较大，接近生态阈值，系统尚稳定，但敏感地带较多，已有少量的生态异常出现，可发挥基本的生态功能，生态系统可维持。

4．生态系统不健康的四级区

生态结构出现缺陷，系统活力较低，外界压力大，生态异常较多，生态功能已经不能满足维持生态的需要，生态系统已经开始退化。

5．生态系统病态的五级区

生态结构极不合理，自然植被斑块破碎化严重，活力极低，出现大面积的生态异常区，生态系统已经严重恶化。

二、生态保护措施

根据生态系统健康状况，应当对自然生态系统采取相应的不同生态保护措施。如果自然生态系统很健康，应当采取积极的预防性的措施，例如建立自然保护区。如果生态系统不健康或病态，则应予采取生态重建的生态保护措施，例如营造人工林等等。

（一）建立自然保护区

在自然生态系统很健康的地区，往往采取积极的预防性的生态保护措施。其中保护原生态的自然生态系统，则应当采取建立自然保护区的措施加以保护。我国在自然生态系统健康状况相对优良，且基本保护原生态的地区，建立于一批自然保护区。我国自然保护区分为九类，自然生态系统类型的自然保护区占其中的五类，占55.6%。自然生态系统的自然保护区为以下五类：

森林生态系统类型；

草原与草甸生态系统类型；

荒漠生态系统类型；

内陆湿地和水域生态系统类型；

海洋和海岸生态系统类型。

我国自然保护区中还有野生生物类两个类型，即野生动物类型和野生植物类型。这两个自然保护区类型虽不属于自然生态系统类型，但都生存于自然生态系统之中，也都是属于自然生态系统健康相对优良的地区，否则野生动物和野生植物都无法健康地生存与繁衍。

总之，在自然生态系统很健康的地区，采取建立自然保护区是最有效的生态保护措施。

（二）封育

在自然生态系统健康或亚健康的地区，往往采取封育的生态保护措施。在森林生态系统，采取封山育林，使森林生态系统减少或避免人为干扰，自然恢复。在草原生态系统，也可以采取封育的生态保护措施。在海洋生态系统或陆地水生生态系统，可以采取休渔的生态保护措施使其更新恢复。

1．封山育林

在一些天然次生林生态系统，高大乔木虽有破坏，但树种基本齐全，而灌木层、草本层破坏较轻，因此采取封山育林可使天然次生林生态系统自然恢复，其群落逐步演替，直至成熟林，甚至接近原始林。这种办法简单易行，经济省事，效果显著。因为这种办法可为乡土树种创造适应的生态条件，促使次生林的林木生长恢复，促进顺行演替，直至地带性的原生态的森林生态系统。

在某些天然次生林中，缺少优势种、关键种。为了促进这些天然次生林的快速演替，可对于处在演替早期的群落进行林分改造。即引种一些地带森林植被中的优势种、关键种，加快顺行演替的速度，使天然次生林更好地恢复。

在南亚热带天然次生林的演替需经历针叶林、针阔叶混交林和阔叶林阶段。在这些天然次生林演替到一定阶段，对已生长的先锋针叶树或阔叶树进行择伐，以促进其林下的优势种和关键种的阔叶树种的生长，这些天然次生林尽快演替为地带性原生态的森林生态系统。在我国东北的天然次生林区，也有类似的范例。

2．草原封育

草原封育，就是将不同程度的退化草原封闭一定的时间，不进行放牧或割草，使衰退的优良牧草有一个充分生长发育和繁殖的机会，以积累足够的营养物质，恢复和提高草原生产力。这是一种有效培育草原，并使其恢复生态系统健康的技术措施，不需要很高的投资，比较经济，方法简单易行，效果明显，已被各草原地区广泛采用。草原封育在各地又称“封滩育草”、“封沟育草”等。封育的时间，各地可根据草原恢复状况和畜牧业生产的需要，因地制宜，不必强求一律，但比森林生态系统的“封山育林”，时间短得多。实践证明，草原封育一年后，产草量即可提高 1～4 倍。黑龙江省肇东县对退化草原实行“冬春封育秋割草”，当年干草产量提高 1～2 倍。内蒙古阿拉善草原封育以芨芨草、盐爪爪为主的盐生草甸 872 hm^2，产草量提高 4 倍。

3．休渔

在海洋及陆地水域，有着丰富的水产资源，具有很高的营养价值和经济价值。由于现代经济科技的进步，捕捞的设备越来越先进、规格和强度越来越大，往往超过水产资源繁殖更新的速度，造成水产资源的锐减，甚至枯竭，使海洋生态系统健康和陆地水生生态系统健康出现不可忽视的问题。为此，我国近年来在沿海广泛实行“伏季休渔”，即在夏季全国沿海封闭一段时间，使水生生物资源繁殖更新恢复。这一措施和控制捕捞量等措施结合，取得较好的效果。

（三）补播和放流

在生态系统不健康或病态的状况，需要采取一定的人工方式促进生态系统更新恢复。在森林生态系统，往往采取飞播造林的方式对退化的森林生态系统进行补播。

在草原生态系统，也往往采取飞播牧草等补播方式促进其更新恢复，提高产草量。在海洋或陆地水生生态系统，则往往采取放流增殖方法促进水产资源的增殖、生态系统健康的恢复。

1．飞播造林

在森林生态系统不健康状况下，树木稀疏，自然恢复演替比较慢，往往需要投入一定的人工补播。在边远和地形崎岖的地区，采取飞播造林是一个很好的技术措施。飞播造林投入不多，比较经济，造林的面积比较大，比较简单易行。飞播造林和人工播种造林相结合，效果更好。飞播造林，既可播种单一树种，也可播种多种树种，而且在生态条件允许的情况下，同时播种多种树种可能效果更好。我国许多地区都采用飞播造林的技术措施，大面积恢复森林生态系统的健康，促进了森林资源的更新与增加。

2．补播牧草

在草原生态系统不健康的地区，在不破坏或少破坏原有草原植被的情况下，在草群中补播一些适应性强、饲用价值较高的当地优良牧草或其他饲用植物，以达到促进草原生态系统健康得到恢复，增加优育牧草覆盖率和提高产草量的目的，效果比较明显。这种补播牧草的草场也叫半人工草场，以区别人工草场。在条件具备的地区，采取飞播牧草的方式，可以大面积快速地进行补播牧草，简易可行，投资较少，比较经济，宜于大面积作业，值得推广。我国有些草原地区，采取飞播草的技术措施，都取得较好的成效。

3．放流

在海洋生态系统不健康与陆地水生生态系统不健康的状况，水产资源依据自身繁殖更新比较慢，因此采取人工放流鱼苗、虾苗、蟹苗等措施使其增殖，逐步恢复生态系统健康是一种很好的技术方法。近年来我国采取了科技单位培育鱼苗、虾苗、蟹苗等，由国家收购并放流增殖，得到广泛应用。我国 20 世纪 70 年代即在渤海放流海参苗，海参明显增殖，取得成功。近年来我国放流增殖活动明显增加。2005 年春季秦皇岛市在渤海海域共放流增殖的鱼苗、虾苗、蟹苗、海参苗多达数百万尾。其他沿海地区放流增殖活动也很广泛。

（四）人工造林，人工草场，人工养殖

在生态系统不健康或病态的地区，只采取一定的人工措施已不能有效地恢复生态系统健康，需要生态重建，即建设人工草场、人工造林、人工养殖等。

1．人工造林

人工造林是在生态系统不健康或病态的地区，以人工为主营造森林。这种森林叫人工林。人工林的类型很多，有经济林、用材林、薪炭林、防护林等等。人工林多由单一树种组成，因此组成较单调，结构较简单，生态效益较低。人工林的树种

应以乡土树种为主，引种外来树种应当非常慎重。我国南方近年来引澳大利亚桉树，有较高的经济效益，但生态效益有许多问题，因此有些专家主张不能大规模引种桉树。我国是世界上人工林面积最大的国家。近年来我国为加强生态保护与建设，大规模地实行“退耕还林”，因此人工林的面积还在明显增加。人工林的营造中应当统筹考虑经济效益、社会效益和生态效益，尽量避免只种乔木树种，应乔、灌、草结合，还要尽量避免单一树种，应针、阔叶结合或不同阔叶树种混种。这样的人工林既有经济效益，生态效益也较好。

2．人工草场

在草原生态系统不健康或病态的地区，依靠自然恢复已很困难，因此以人工为主建设人工草场。人工草场需要人工采取翻地、选择播种紫苜蓿类优良品种牧草、灌溉、施肥等措施。人工草场明显地提高了草场的产草量。内蒙古曾搞过人工草场试点，结果产草量提高了大约 10 倍，而且生态效益也有所提高，保持水土的能力有所增强。

3．人工养殖

在海洋生态系统健康与陆地水生生态系统不健康或病态的区域，水产资源自身很难繁殖更新。在这种情况下，只能以人工为主发展人工养殖。我国近年来在沿海海域海岸滩涂，发展了大面积的人工养殖，养殖鱼类、虾、蟹等，都取得明显成效；在陆地水生生态系统中，例如河流、湖泊、坑塘、水库中发展淡水人工养殖，也取得显著的效果。目前我国水产养殖产量高居世界第一，已远远超过捕捞量，既满足了人民生活需要，又减轻了海洋生态系统与陆地水生生态系统的压力。

第三节　生态学在生态旅游环境保护中的应用

一、生态旅游的概念及特点

（一）生态旅游的概念

对“生态旅游”概念的界定至今仍没有统一。“生态旅游”英文为 eco-tourism，是 ecological tourism 的缩写。

1988 年，给生态旅游的定义是：生态旅游作为常规旅游的一种特殊形式，游客在观赏和游览古今文化遗产的同时，置身于相对古朴、原始的自然区域，尽情考察和享受旖旎风光和野生动植物。这时期生态旅游的概念是指一种旅游业中的“复归自然”“返璞归真”的观念。越来越多的旅游者更愿意到大自然中游览而不是去现代的城市和海滨度假，强调发展旅游业中对自然景观的开发。

1993 年，国际生态旅游协会把生态旅游定义为：具有保护自然环境和维护当地人民生活双重责任的旅游活动。生态旅游的内涵更强调的是对自然景观的保护，是可持续发展的旅游。生态旅游不应以牺牲环境为代价而应与自然和谐，并且必须使当代人享受旅游的自然景观与人文景观的机会与后代人相平等。即不能以当代人享受和牺牲旅游资源为代价，剥夺后代人本应合理地享有同等旅游资源的机会，甚至当代人在不破坏前人创造的人文景观和自然景观的前提下，为后代人建设和提供新的人文景观。并且，生态旅游的全过程中，必须使旅游者受到生动具体的生态教育。

真正的生态旅游是一种认识自然、享受自然、保护自然的高层次的旅游活动和教育活动。单纯的盈利活动是与生态旅游背道而驰的。生态旅游也是一项科技含量很高的绿色产业，需要生态学家、经济学家和社会学家的多学科的论证。需要认真研究生态环境和旅游资源的承受能力，否则，将对脆弱的生态系统造成不可逆转的干扰和破坏。同时，生态旅游应该把环境教育、科学普及和精神文明建设作为核心内容，真正使生态旅游成为人们学习大自然、热爱大自然、保护大自然的大学校。

（二）生态旅游的特点

1．科学性　生态旅游活动内容要求具有较深的科学文化内涵。生态旅游资源的本底调查、资源信息系统的建立、生态环境的动态监测和影响评估、旅游环境容量的确定以及生态旅游产品的开发设计等，都是在科学技术的密切参与下运作的，而且消费者的生态旅游需求的产生及旅游行为的实施，也得益于生态知识的普及和环境意识的提高。因此，生态旅游是知识密集型和技术密集型的产业，科学技术是生态旅游发展的基础。离开了科学技术，生态旅游就会偏离方向而无法肩负起使生态资源的保护和利用协调发展的重任。

2．保护性　生态旅游最大的特点是其保护性。旅游开发规划者应遵循生态规律和人与自然和谐统一的原则；旅游开发商应充分认识旅游资源的经济价值，在科学的开发规划基础上谋求持续的投资效益；管理者应在资源环境容量范围内进行利用；游客应提高环境意识和自身的素质，使保护资源及环境成为一种自觉行为。

3．参与性　生态旅游的参与性主要表现在两个方面：一方面，生态旅游可以让旅游者亲身参与到自然和文化生态系统中去，在实际体验中领会生态旅游的奥秘，从而更加热爱大自然，崇尚高雅文化，这也有利于自然和文化旅游资源的保护。同时，通过参与来保证旅游者获得与众不同的经历和充分的旅游体验。另一方面，生态旅游是旅游者、旅游地居民、旅游经营者和政府、社团组织及研究人员广泛参与的一种旅游活动。所以，生态旅游还要求旅游者、旅游地居民、旅游经营者和政府、社团组织及研究者广泛参与旅游决策与管理，从而提高旅游决策和管理的科学性、民主性，有利于地方经济和社会的发展。

4．持续性　持续性是生态旅游发展的灵魂。可持续发展是生态旅游发展的指导思想。生态旅游的发展，不仅要考虑到近期的发展，还要考虑到远期的发展；不仅要谋求暂时的利益，还要顾及子孙后代的利益。

5．精品性　“品”即“产品”或“商品”，生态旅游产品或商品应该是高质量、高品位的精品。

6．多样性　生态旅游活动的形式是多种多样的。除具有传统大众旅游所有活动方式外，还包括滑雪、探险、科考等一系列特种生态旅游。

二、生态旅游产生的原因

（一）人类“回归自然”心态的激活

回归自然倡导的是以自然为场所，以尊重自然权利和自然价值为伦理，向自然索取知识、吸取营养、获得生态体验和感受的一种绿色思想运动，是体验“天人合一”的高尚行为，它可增强人们保护生态的意识和保护环境的责任感。回归自然还是城市居民摆脱单调生活、消除杂念、使生活丰富多彩的一种最佳手段。

城市居民从幼年起，所接触的是喧嚣纷乱的市场人群、钢筋水泥的“建筑丛林”。每天重复的生活方式和繁忙紧张的工作节奏使得他们身体懈怠、心情忧烦。他们期望能到都市以外寻找一处幽静的休闲场所，于是到山野中沐浴清风，到海滨欣赏波光，到森林中观赏明月清泉，已然成为人们的强烈愿望。“山光悦鸟性，潭影空人心”。山野风光使人们悠然自得；幽潭碧影使人忧烦皆无、精神振奋。在这种都市生活背景下，一种以体验“天人合一”感受的生态旅游便应运而生了。

我国发展生态旅游有着深厚的民众基础，这是由于我国人民深受“天人合一”这一传统思想的熏陶。相当多的人具有崇尚自然、回归自然、走进自然的高尚理念。

（二）克服生态环境危机，实施可持续发展战略的要求

“走出污染包围”，摆脱“宇宙之瘤”威胁，迈向清新、干净的大自然，以生态旅游方式获得生态感受，是目前旅游业的发展趋势。

目前世界上越来越多的旅游者变得对旅游的环境极为敏感和挑剔。他们寻求设计良好、污染较少的旅游地，而避开存在严重环境问题的污染性旅游点。为此，执行旅游的可持续发展方针，大力发展生态旅游就显得十分必要。

在某些城市，空气污染十分厉害，人们在街上行走竟要戴上防毒面具。相当多的城市水体被污染，江河湖海变黑发臭，水中生物已经绝迹。许多干旱和半干旱地区，每年有大片农田、草原变成不毛之地，沙化速度正在加剧。被誉为大地“绿装”的森林，由于乱砍滥伐，面积正在急剧减少，许多“绿衣裳”被撕成碎片，从而引起了严重的水土流失，使气候失调、旱涝频繁。乱捕滥杀动物以及严重的环境污染，

破坏了生态系统的平衡和稳定，使大量物种迅速灭绝。

日益严重的生存环境使人们开始认识到，人类是大自然的一部分，人类不能再无节制的破坏自己的家园。为了摆脱生态环境危机，人们有必要更新自己的思想观念，处理好人与自然的关系，走持续发展的道路。具体到旅游上，就是要走高层次的生态旅游道路。

（三）传统的大众旅游形式存在的弊病，促使人们寻找新的旅游形式——生态旅游

传统旅游主要是指一般性的大众自然旅游和文化旅游。这种旅游强调的是“发展”，因此旅游开发者都把注意力放在了发展经济这一目标上。而对于生态环境的保护和资源的可持续利用，有的开发者和经营者虽然也讲环境保护，但这仅限于抽象的口头说教，而无实际的操作价值。他们既不进行项目的环境影响评价，也不研究环境承载能力，而只将环境保护挂在口头上。有些风景区的管理者会振振有词地说：“我们搞旅游注意了资源保护呀！为什么也把我们划入了传统旅游的范畴！”其实，我们并不否定所有传统旅游的形式。传统旅游在发展现代旅游产业上的确做出了重大贡献，取得了不可低估的经济效益和社会效益，其中有不少优秀的旅游区管理者在保护资源和环境方面做了大量工作，他们以保护为前提，相继采取了某些生态旅游措施，对此我们应当予以充分的肯定。不过，传统旅游形式确实存在着一些不重视保护生态环境的弊病，这可以从中外许多风景旅游区的变迁中得到证实。

与传统大众旅游形式不同，20 世纪 80 年代由自然保护主义者提出和创立的生态旅游，把保护生态环境当作了生态旅游区的首要任务。不管是旅游开发者、经营者和管理者，还是广大旅游者，都应把保护环境放在意识的首位和行为的首位。只有保护意识，没有实际的保护行为，不能成为真正的生态旅游开发者、经营者、管理者和旅游者。

基于这种认识，我们来总结一下传统旅游活动的经验教训，从对两种旅游形式的比较中进一步阐述发展生态旅游的必要性和必然性。人们逐步意识到：生态旅游可以推动旅游对保护环境、营造环境、销售环境的认识深化。正如一些旅游研究者所总结的那样：“中国许多旅游地因旅游过度开发，弄得面目全非，有的正面临着丧失旅游价值的危险。生态旅游是对传统旅游忽视环境保护的一种纠正，是旅游业可持续发展的必然选择。它要求旅游者和旅游组织管理者都要对生态环境保护作出具体的承诺，尽到具体的责任”。“由于游客的增多，旅游环境资源遭到了一定程度的破坏，从而影响了旅游业的发展。于是在环境保护和发展旅游业这对矛盾下，便应运而生了生态旅游”。

（四）生态旅游的特点决定了它产生的必然性

生态旅游最重要的特点是限制性。它有两层含义：一是对游客量的限制，二是对待建筑设施的限制。前者决定了生态旅游是少数人的活动，后者决定了生态旅游应尽量保持自然属性，不要过多地搞人工建筑，更不能使生态旅游区商业化。上述这两种限制决定了生态旅游区的建筑规模。生态旅游的这一特性，使之展示在旅游者面前的项目或产品更富刺激性。因为按照旅游心理学的观点，越趋于大众化的旅游项目，越缺少感官刺激；越趋于限制性的旅游项目，越富有神秘色彩和刺激性。

生态旅游的产生不仅与旅游活动提供的感官刺激和丰富阅历有关，而且与其提供的康体空间环境有直接关系。当今世界，人们都特别注重自己生活质量的提高和自我身心的调适。如以森林为主体的生态环境，可以为人类提供更多的康体空间，使人们在体验生态感受的同时，又能愉悦身心。在人们尚未具有生态旅游是康体疗养的这一意识之前，他们追求的是一般的大众旅游乐趣。随着人们科学素质与文化素质的提高，渴望在生态旅游中获得身心愉悦的人们越来越多。

（五）生态旅游的产生与旅游供给和需求的两个变化趋势分不开

生态旅游产生的另一个原因是与旅游供给和旅游需求的两个现代变化趋势分不开的。旅游供给方面出现的变化是自然保护同经济开发的一体化，特别是发展中国家，都一致地强调了国家公园及自然保护区具有的经济开发价值。在旅游需求方面，出现了市场对产品质量需求的变化趋势。这是因为旅游者在文化知识水平上有普遍提高，旅游经验也日益丰富。随着旅游者的需求层次提高，人们对旅游产品的质量越来越不满足，开始追求积极的旅行方式和对旅游的自主性及参与性。喜欢到自然区域去探险、到民俗古朴的地方去探异，或者到遥远的新开辟的偏僻地区去旅行，以寻找新的旅游体验。近 10 年来，旅游者关心自然生态和环境保护的人越来越多，这类人往往喜欢进行所谓的知性之旅，即在旅游过程中继续接受知识和文化的洗礼，在大自然的怀抱中陶冶情操、放松身心、增长知识、开阔视野。为此，旅游需求的变化导致旅游者旅游动机的巨大转变，为生态旅游的兴起提供了强大的需求拉力。这种趋势促使生态旅游在各地蓬勃发展，生态旅游俨然已成为保护自然生态和文化生态的有效方式，成为筹募自然保护经费的最佳渠道。

近年来发展中国家的生态旅游开发受到了普遍重视。人们对那里的独特的生态系统中的生物多样性情有独钟，旅游资源的经济意义也受到重视，而且生态旅游方式乃是这些地区最优的资源利用途径，可以将经济建设中的环境的负面影响降到最低。

体验式生态旅游也是近期内旅游者在市场需求变化上的一大特点。传统旅游形式是“上车睡觉，下车看庙，走到景点拍拍照”。现在随着旅游观念的成熟，逐步出现了一种“体验式旅游”，这是现代旅游最具有开发潜力和附加值的形式，也是被视为 21 世纪发展潮流的生态旅游在市场需求方面的新动向。这种体验式生态旅游追求的是一种探求、一种感受、一种挑战。旅游者需要在这种探求、追求中，体验独特的生活方式和人的精神与自然的和谐统一，体验生态、健康、运动、休闲与人际交流的完美结合。因此这种体验实际上已超越传统的“旅行”概念，形成一种“旅心”境界。

（六）人类进步、社会文明的需要

随着经济的发展和人民生活水平的提高，人们对包括环境质量在内的生活质量的要求越来越高，表现为人类回归自然思潮的兴起。

随着生活水平的提高，人们的环保意识日益增强，越来越多的人在充分享受自然生态功能之益的同时，在考虑如何给生态环境的消耗以适当补偿。这种补偿体现了人类与自然生态系统永久和谐的关系，体现了人与自然之间正在构架着一种新型的经济关系。这一切都标志着人类文明正在走向生态社会的新的发展时代。

三、生态学原理在生态旅游中的应用

卢云亭认为：生态旅游就是以生态学原理为指针，以保护生态环境和合理利用自然资源为导向，所开展的一种既能获得社会经济效益，又能促进生态环境保护的边缘性生态工程和旅游活动。研究生态旅游，必须在方法体系上与生态学接轨。生态学原理为我们提供了如何让旅游者真正理解生态旅游，经营者真正开发生态旅游及管理者真正管理好生态旅游的理论和方法。

我国最早开始生态旅游研究的是经济地理学者，在传统旅游的基础上，借用生态学思想探讨发展生态旅游经济时如何避免其对生态环境的破坏。与此同时，又有生态学者从生态学角度寻求建设和管理生态旅游的方法，并提出生态旅游开发模式。综合前人的研究，可总结五条用于指导建设和管理生态旅游的生态学原理。

（一）物物相关与相生相克

任何一个生态系统的各个组分之间总是存在着错综复杂的关系，彼此相互依存、相互制约。因此，在开展生态旅游的过程中，要充分考虑当地的自然条件，采取对生态环境影响最小的生态设计，防止生态灾难的发生。

（二）景观生态学原理

景观生态学是研究如何运用生态系统的理论和方法，创建最适合人类生产和生活需要的地理景观。景观生态学能够直接架起生态学理论研究与社会生产实践之间沟通的桥梁，在生态旅游领域极具应用潜力。

（三）生态补偿理论

生态补偿是一种资源环境保护的经济手段。完善而又强有力的补偿制度，能提供资金，解决利益矛盾，促进生态建设和环境保护顺利开展，成为环境保护的动力机制、激励机制和协调机制。

（四）物质输入输出动态平衡

当自然生态系统未受到人类活动干扰时，其生物与环境间的物质输入输出是相对平衡的。人类活动的干预往往会破坏这种平衡，造成某些物质的贫乏和过量。因此，在开展生态旅游的过程中应同时实施生态工程建设，以避免对生态平衡的破坏，保持和增加自然资本存量。

（五）旅游环境承载力理论

旅游环境承载力是旅游地（景点、景区）在一定条件下所能承受的旅游活动强度。生态旅游区可持续发展的核心是不能突破其旅游环境承载力。理论上讲，可以通过某种途径应用旅游环境承载力的标准去评价某一开发规划设计的合理性。环境承载力理论为旅游规划和景区开发提供了合理的思路。

四、生态旅游在旅游环境保护中的作用

生态旅游是一种全新的旅游形式。其遵循的是可持续发展思想；其根本宗旨就是旅游经济与环境保护的协调发展；其效果是，生态旅游的发展可以大大地促进和推动环境保护．而且还通过经济手段，例如旅游资源税、旅游发展基金等，使环境保护的措施得以实施。在世界上生态旅游的发展有力地促进了国家森林公园、自然保护区、历史文化古迹等旅游资源的开发、建设和保护。正如世界旅游组织现任秘书萨维尼亚克所说："旅游业可以在许多方面帮助保护环境，特别是它可以通过提供经济刺激的手段来保护那些无法通过其他途径获得财政收入的资源，如珍奇动物种群、独特的自然景区和文物"。所以，生态旅游的环境效应集中地表现为它对环境的保护。具体有以下几个方面：

（一）生态旅游提高了环境质量

优越的环境质量是生态旅游最强大的旅游吸引力。在人们环境意识日益提高的今天如果没有优越的环境，哪怕旅游资源再好，也不可能成为好的旅游胜地。有些旅游区既无出色的文物古迹，也无独特的自然风光，却因优越的环境成为生态旅游胜地。例如：湖南省桃源洞国家森林公园，20 世纪 90 年代初期，要制定旅游规划，在调查中发现公园中有的景区为无菌区，有的景区负氧离子含量高于城市百倍以上，此结果一公布，在国内外引起强烈反响。为了发展旅游，人们比以往任何时候

都注意环境保护和环境质量的改善。承德市因燃料结构和地形原因，大气污染严重，长期未获解决，现在由于旅游业的发展需要，使当地环境迅速改观，也带来了更多的旅游收入。所以，在旅游规划开发中，必须将环境保护和旅游资源保护放在首位，虽然这会增加前期的投资，但能有效地避免那些无可挽回的损失。

（二）生态旅游推动了对自然资源、野生动植物及环境的保护

生态旅游具有保护旅游资源和旅游环境的功能。生态旅游保护环境的功能可以说是生态旅游特征功能，是其区别于传统大众旅游的最大特点。从生态旅游的概念提出至今，保护一直是生态旅游的核心。正是生态旅游的保护功能使其成为旅游可持续发展的最佳途径。

现在，很多人已经认识到，生态旅游可以减少负面伤害，建立起一种和谐共生的关系。世界野生动物基金会 WWF 对许多国家的国家公园的调查报告显示，推动生态旅游确实可以减少许多环境问题。因为生态旅游是一种低冲击的旅游方式，且规模相对较小，活动又受到一定的规范与限制。参与者一般会以环境伦理为其行为的准则。当他们感受到了环境的危机后，就会化为实际行动，如回到工作岗位或日常生活中会主动宣扬自然保护的理念，从事一些环境保护的义务工作等。有时生态旅游还会成为前哨观察员，一旦发现某些珍贵资源正遭受破坏和冲击时，他们会设法通知相关的保护团体或政府机构，或者发起相应的保护运动。

生态旅游是一种可持续旅游，它在满足旅游者需求的同时，也会兼顾当地居民的利益，从而使当地居民的观念发生转变。尤其是生态旅游给当地带来实际收益时就更是如此。如农民不再伐木、打猎，而通过开展森林生态旅游，观赏野生动物等，来维持生存和获得一定的经济效益。生态旅游不仅能改变当地居民的观念，而且还能促进政府改变认识，看到荒野生态系统及一些保护区的经济价值，不断投入投资，加大管理力度，加速恢复和建设，拯救多处一度濒于荒废的保护地和重要的荒野区。

（三）生态旅游可促进民族传统文化的发展与保护

生态旅游既包括自然生态旅游，也包括人文生态旅游。人文生态是旅游业赖以生存的另一重要资源，与自然生态旅游资源相辅相成。民族文化作为人文生态旅游资源的代表，是一个国家和地区重要的旅游资源。根据国家旅游局近几年的调查和外国旅游者的反映，国外旅游者对我国社会风俗民情的兴趣高于对自然风光和名胜古迹的兴趣。但我国目前很多民族传统文化正面临着衰退变迁的困境。以云南为例，云南有丰富多彩的传统文化，但经过长期的历史文化变迁，云南各民族的生活方式和文化都在发生着重大的变化。由于过去对传统文化重视不够，各民族文化中最有特色、最吸引游客的传统文化习俗正在衰落、消失和变化。

面对这一情况，保护民族传统文化已迫在眉睫。生态旅游可以提供一条保护传

统文化的有效途径。因为要吸引生态旅游者，除自然景观外，还需要提供保护良好的人文生态环境，尤其是保持着原始古朴民风的原汁原味的人文旅游资源。这就需要发掘、整理和提炼那些最具民族特色的风俗习惯、历史典故、神话传说、服饰饮食、接待礼仪等民族旅游资源，使这些民族文化能永世流芳。这样，随着生态旅游的发展，当地一些原先几乎被人类遗忘了的传统习俗和文化活动重又得到开发和恢复；传统的手工艺品因市场需求的扩大重又得到发展；传统的音乐、舞蹈、戏剧等重又受到重视和发掘；长期濒临湮灭的历史建筑重又得到维护和管理等等。所有这些原先几乎被人们抛弃了的文化遗产不仅随着旅游的开展而获得了新生，而且成为其他旅游接待国或地区所没有的独特文化资源。它们不仅受到旅游者的欢迎，而且使当地人们对自己的文化增添了新的自豪感，加深了广大群众对民族文化的了解，认识到其价值所在，提高了保护历史文化的自觉性，并且促使政府有关部门采取保护、开发、利用等一系列科学措施。例如，由政府组织抢救和资助濒临消亡的艺术品种，挽救和整理失传的民间工艺，为即将流失的艺术流派和戏曲录像、摄影。这些措施可极大地促进对民族传统文化的发展及保护。

（四）生态旅游强化了环境教育

在旅游过程中，通过导游及环保管理者的解说、环卫人员的行为以及各种宣传标语，既揭示了保护环境的重要性，又使旅游者和社区居民受到生动活泼的环境教育。生态旅游与其他旅游形式最大的区别就是将环境教育贯穿于旅游的全过程。

为了使环境不遭到破坏，受到保护，其根本还是要提高全民的环境保护意识。而旅游者在环境觉醒程度上是参差不齐的。一些旅游者环境意识较差，需要不断提高。所以要充分利用生态旅游这一生动活泼的大学校，使生态旅游成为生态教育和生态道德教育的全过程，使旅游者在大自然中唤起绿色的激情、绿色的愉悦、绿色的思考，体验大自然的和谐、有序，体验“天人合一”的传统文化，达到热爱自然、师法自然，启迪人生的目的。在大自然中接受生态教育和生态道德教育，使每一个旅游者从自己做起，从每一件保护自然的小事做起。

第四节　生态学在经济社会中的应用

一、生态经济学

（一）生态经济学的概念

生态经济学是研究生态系统和经济系统的复合系统的结构、功能及其运动规律的学科，即生态经济系统的结构及其矛盾运动发展规律的学科，是生态学和经济学相结合而形成的一门边缘学科。

（二）生态经济学研究特点

1．综合性

生态经济学是以自然科学同社会科学相结合来研究经济问题，从生态经济系统的整体上研究社会经济与自然生态之间的关系。

2．层次性

从纵向来说，包括全社会生态经济问题的研究，以及各专业类型生态经济问题的研究，如农田生态经济、森林生态经济、草原生态经济、水域生态经济和城市生态经济等。其下还可以再加以划分，如农田生态经济又包括水田生态经济、旱田生态经济，并可再按主要作物分别研究其生态经济问题。从横向来说，包括各种层次区域生态经济问题的研究。

3．地域性

生态经济问题具有明显的地域特殊性，生态经济学研究要以一个国家或一个地区的国情或地区情况为依据。

4．战略性

社会经济发展，不仅要满足人们的物质需求，而且要保护自然资源的再生能力；不仅追求局部和近期的经济效益，而且要保持全局和长远的经济效益，永久保持人类生存、发展的良好生态环境。生态经济研究的目标是使生态经济系统整体效益优化，从宏观上为社会经济的发展指出方向，因此具有战略意义。

（三）生态经济学的基本理论

1．生态与经济协调理论是生态经济学的核心理论

（1）生态与经济协调是经济社会发展的必然趋势。人类的生产活动是人与自然关系的纽带，社会再生产所需的一切物质和能量都来自自然生态经济系统，因此生态系统是经济系统赖以发展的物质源泉。当经济系统的调节机制破坏了生态系统的生物资源和环境资源的结构、布局和自我更新能力时，经济系统本身就会陷入恶性循环之中。因此，现代经济的发展要受生态环境的制约，人类保护地球生态环境，促使生态与经济协调发展就成了客观必然趋势。

（2）生态与经济协调理论是经济与生态矛盾运动的产物。在人类的经济社会发展活动中，发展经济对自然资源需求的无限性与生态系统对自然资源供给的有限性之间，就必然会出现愈来愈尖锐的矛盾，从而就会出现生态与经济的日趋严重的不协调。这就必须依靠人发挥正确的主观能动作用，使生态与经济的关系从不协调走向协调。

（3）生态与经济协调理论是生态经济学的核心。人类社会从过去的农业社会向工业社会，又向今后的生态化社会转变是一个客观过程，这也是生态与经济的不协调到协调的过程。新的生态时代的一个最突出的特点就是可持续发展，而它正是建立在生态与经济协调的理论基础之上。这就决定了生态经济协调理论是指导当代人类社会发展的核心理论，并且体现了生态时代的基本特征。

2．生态经济学的三个基本理论范畴是有机的联系与统一

生态经济系统、生态经济平衡和生态经济效益作为生态经济学的三个基本理论范畴。

它们之间形成了一种互相联系和相互制约的辩证关系，而且这一决定和影响的关系是双向的。从其正向的决定作用来看，生态经济系统是经济活动的载体，其建立决定了生态经济平衡的建立；而生态经济平衡作为生态经济系统运行动力的形成，推动了该系统的物质循环和能量转换的运动，从而产生了最终的生态经济效益。再从其逆向的反作用来看，人们追求生态经济效益的具体情况（有时是片面的追求），必然会影响生态经济平衡的状况；而生态经济平衡的状态如何，无疑也会左右生态经济系统，以至影响它的存亡。

二、循环经济

（一）循环经济的定义

循环经济是一种以资源的高效利用和循环利用为核心，以“减量化、再利用、资源化”为原则，以低消耗、低排放、高效率为基本特征，符合可持续发展理念的经济增长模式，是对“大量生产、大量消费、大量废弃”的传统增长模式的根本变革。

（二）循环经济的主要特征

循环经济的主要特征包括以下几方面：

1．新的系统观

循环是指在一定系统内的运动过程，循环经济的系统是由人、自然资源和科学技术等要素构成的大系统。循环经济要求人在考虑生产和消费时将自己作为这个大系统的一部分来研究符合客观规律的经济原则，将“退田还湖”“退耕还林”“退牧还草”等生态系统建设作为维持大系统可持续发展的基础工作来抓。

2．新的经济观

在传统工业经济的各要素中，资本在循环，劳动在循环，惟独自然资源没有形成循环。循环经济要求运用生态学规律，而不是仅仅沿用自 19 世纪以来机械工程学的规律来指导经济生产。不仅要考虑工程承载能力，还要考虑生态承载能力。在

生态系统中，经济活动只有在资源承载能力之内的良性循环，才能使生态系统平衡地发展。

3．新的价值观

循环经济在考虑自然资源时，不再像传统工业经济那样将土地视为“取料场”和“垃圾场”，将河流视为“自来水管”和“下水道”，也不仅仅视其为可利用的资源，而是需要维持良性循环的生态系统；在考虑科学技术时，不仅考虑其对自然的开发能力，而且要充分考虑到它对生态系统的维系和修复能力，使之成为有益于环境的技术；在考虑人的自身发展时，不仅考虑人对自然的征服能力，而且更重视人与自然和谐相处的能力，促进人的全面发展。

4．新的生产观

传统工业经济的生产观念是最大限度地开发自然资源，最大限度地创造社会财富，最大限度地获取利润。而循环经济的生产观念是要充分考虑自然生态系统的承载能力，尽可能地节约自然资源，不断提高自然资源的利用效率，循环使用资源，创造良性的社会财富。在生产过程中，无论是材料选取、产品设计、工艺流程还是废弃物处理，都要求实行清洁生产。要实行“3R”原则：资源利用的减量化（reduce）原则，即在生产的投入端尽可能少地输入自然资源；产品的再使用（reuse）原则，即尽可能延长使用周期，并在多种场合使用；废弃物的再循环（recycle）原则，即最大限度地减少废弃物排放，力争做到排放的无害化，实现资源再循环，例如对污水处理，并将中水再生的资源替代不可再生资源，如利用太阳能、风能和农家肥，使生产合理地依托在自然生态循环之上；尽可能利用高科技；尽可能地以知识投入来替代物质投入，以达到经济、社会与生态的和谐统一，使人类在良好的环境中生产生活，真正全面提高人民的生活质量。

5．新的消费观

循环经济要求走出传统工业经济“拼命生产、拼命消费”的误区，提倡物质的适度消费、层次消费，在消费的同时就考虑到废弃物的资源化，建立循环生产和消费的观念。同时，循环经济要求通过税收和行政等手段，限制以下不可再生资源为原料的一次性产品的生产与消费。如宾馆的一次性用品、餐馆的一次性餐具和豪华包装等。

三、生态农业

生态农业是按照生态学原理和经济学原理，在农业经济和农村环境协调发展原则的指引下，总结吸收各种农业生产方式的成功经验，运用现代科学技术成果和现代管理手段，以及传统农业的有效经验建立起来的，能获得较高的经济效益、生态效益和社会效益的现代化农业。

（一）应用生态学原理

1．遵循生物共生原理

生物种间彼此相互促进的不同种生物生活在一起时，才能确保多种生物共同正常生长发育，甚至生长发育得更好，达到一种动态的生态平衡。如稻田养鱼，在不新增养殖水面的情况下，每公顷稻田可生产成鱼 600～750 kg；而稻田中放养的鱼又能起到除草、除虫害、增肥保肥、改良土壤等作用，使稻谷增产 10%左右。

2．遵循生物与环境相适应原理

生态农业根据当地自然资源环境和生产条件，选择与之相适应的农业种养生物和品种，实现自然资源最大限度地转化为种养生物产品。

3．遵循充实生态位原理

生态农业技术通过配套引进新的种养生物物种以充实生态系统中某一空着的，或功能效益差的生态位，或采取改进措施对其加以强化，使之与其他生态相协调，甚至使生态系统整体效益成倍增加。

4．遵循食物链构成原理

生态农业应该根据生物与环境、生物与生物之间的营养（食物）供求关系和环境资源特点，选择搭配不同的生物种群，使生态系统的物质和能量得到充分有效的利用。

（二）生态农业的特点

1．综合性

生态农业强调发挥农业生态系统的整体功能，以大农业为出发点，按“整体、协调、循环、再生”的原则，全面规划，调整和优化农业结构，使农、林、牧、副、渔各业和农村一、二、三产业综合发展，并使各业之间互相支持，相得益彰，提高综合生产能力。

2．多样性

生态农业针对我国地域辽阔，各地自然条件、资源基础、经济与社会发展水平差异较大的情况，充分吸收我国传统农业精华，结合现代科学技术，以多种生态模式、生态工程和丰富多彩的技术类型装备农业生产，使各区域都能扬长避短，充分发挥地区优势，各产业都根据社会需要与当地实际协调发展。

3．高效性

生态农业通过物质循环和能量多层次综合利用和系列化深加工，实现经济增值，实行废弃物资源化利用，降低农业成本，提高效益，为农村大量剩余劳动力创造内部就业机会，保护农民从事农业的积极性。

4．持续性

发展生态农业能够保护和改善生态环境，防治污染，维护生态平衡，提高农产品的安全性，变农业和农村经济的常规发展为持续发展，把环境建设同经济发展紧密结合起来，在最大限度地满足人们对农产品日益增长的需求的同时，提高生态系统的稳定性和持续性，增强农业发展后劲。

四、生态工业

生态工业是依据生态经济学原理，以节约资源、清洁生产和废弃物多层次循环利用等为特征，以现代科学技术为依托，运用生态规律、经济规律和系统工程的方法经营和管理的一种综合工业发展模式。

（一）应用生态学原理

1．应用关键种理论

关键种理论用于生态工业，就是在设计生态工业园时，指导设计人员选定“关键种企业”作为生态工业园的主要种群，构筑企业共生体。“关键种企业”就是：这样一些企业——在企业群落中，它们使用和传输的物质最多，能量流动的规模最为庞大。能带动和牵制其他企业、行业的发展，居于中心地位，是生态产业链的“链核”。它对于构筑企业共生体，对生态工业园的稳定和发展起着关键的重要的作用。

2．应用食物链和食物网理论

食物链与食物网理论应用于生态工业系统中，就是依据工业系统中物质、能量、信息流动的规律，形成生态产业链。各行业在这个生态产业链中模拟自然生态系统各个组成部分（生产者、消费者、分解者）。各条生态产业链之间通过物质、能量、信息和技术知识的共享、循环利用，纵横交错，相互耦合，最终形成这样一个多行业综合性的比较完整的生态工业链网结构。

3．应用多样性导致稳定性原理

多样性导致稳定性原理应用于生态工业系统中，指的是生态工业类型的多样性，企业组成的多样性，产品类型、产品结构的多样性，中间产品、副产品类型、结构、利用方式的多样性，产业链形式的多样性、工业技术的多样性、管理政策的多样性以及景观的多样性等。通过设计多层次的产品，构建多样化、生态可持续的产品结构，从而最大限度地实现生态工业系统内资源的循环利用，保证生态工业系统的平衡、稳定、协调发展。

（二）生态工业基本特征

生态工业要求综合运用生态规律、经济规律和一切有利于工业生态经济协调发展的现代科学技术。

宏观上，工业经济系统和生态系统耦合，协调工业的生态、经济和技术关系，促进工业生态经济系统的人流、物质流、能量流、信息流和价值流的合理运转和系统的稳定、有序、协调发展，建立宏观的工业生态系统的动态平衡。

微观上，做到工业生态资源的多层次物质循环和综合利用，提高工业生态经济子系统的能量转换和物质循环效率，建立微观的工业生态经济平衡。从而实现工业的经济效益、社会效益和生态效益的同步提高，走可持续发展的工业发展道路。

五、生态建筑

生态建筑，指的就是根据当地的自然生态环境，运用生态学、建筑科技的基本原理和现代科技手段等，合理安排并组织建筑与其他相关因素之间的关系，使建筑和环境形成一个有机的结合体，与此同时，具有优良的室内气候条件和较强的生物气候调节的能力，从而满足人们对生活居住环境舒适度的要求，进而使人、建筑与自然生态环境之间形成一个良性的循环系统。生态建筑所包含的生态观，有机结合观，地域与本土观，回归自然观，等等，都是可持续发展建筑的理论建构部分，也是环境价值观的重要组成部分，因此，生态建筑其实也是生态技术手段，属于绿色技术的范畴。

（一）应用生态学原理

1．应用共生原理

共生原理在生态建筑中的应用主要体现在建筑与人和谐共生、建筑与自然环境共生、建筑与社会环境和谐等方面。生态建筑在设计中强调以人为本，尽可能尊重和保留有价值的生态要素，符合当地的风土人情、地域景观、审美品位，利用自然条件创造优美的外部视觉景观，改善室内环境品质，提高舒适度，降低环境污染，为人类生产、生活提供健康、无害、舒适的环境。

2．应用生态系统物质循环原理

生态建筑设计要求建筑材料的循环利用，做到建筑材料的良性循环并积极利用其他工农业废弃物料，使用先进技术，降低建筑运行管理费用。

（二）生态建筑的基本特征

生态建筑的环境要有洁净的空气、水源与土壤不受到不良自然环境的危害，也不易遭受自然灾害的侵袭，其基本特征如下：

1．尽量保持和开辟绿地

生态建筑要求在建筑物周围种植树木防风、遮荫，改善景观，保持生态平衡。重视室内空气质量，保持新风在室内的流动。重视人文景观的保护，建筑物附近有价值的古代文化或建筑遗址应予保留并妥善安置。

2. 资源、能源和其他消耗降至最低限度

生态建筑要求建筑物充分有效地使用水、能源、材料和其他资源。尽量利用清洁能源（如地热与太阳能、水能、生物能和风能），保护与改善自然环境。在满足人们的健康、舒适、安全使用的情况下降低消耗、节省资源。

3. 合理的朝向布局，充分利用太阳能

生态建筑要求建筑物的形体布置合理，减少采暖与制冷能耗；建筑物的围护结构采用高效保温隔热构造，并具有良好的自然采风系统以及充分的自然通风条件；建筑物内的房间设置、布局恰当，既满足使用舒适度，又节省能源。

4. 回收并重复使用资源

从旧有建筑物中拆除的建筑材料，如砖石、钢材、木料、板材和玻璃等，尽可能保护好，根据不同情况，力求回收利用，做到建筑材料—建筑—建筑材料—新建筑的良性循环。并积极利用其他工农业废弃物料，使用先进技术，降低建筑运行管理费用。

六、生态城市

我们说的生态城市是城市生态化发展的结果，是一个经济高度发达、社会繁荣昌盛、人民安居乐业、生态良性循环四者保持高度和谐，城市环境及人居环境清洁、优美、社会保障体系完善，高新技术占主导地位，技术与自然达到充分融合，最大限度地发挥人的创造力和生产力，有利于提高城市文明程度的稳定、协调、持续发展的人工复合生态系统。

（一）应用生态学原理

1. 应用生态位原理

城市生态位理论是城市生态学最重要的理论之一。城市生态位是一个城市给人们生存和生活所提供的各种生态因子和生态关系的集合，反映一个城市对人类生活、工作的适宜程度。一个城市处在最佳的生态位上，那么它的生存能力和竞争力也是最强的。追求最佳的城市生态位是生态城市的最终目标。

2. 应用生态系统的循环原则

建设生态城市要从观念上将城市作为一个有机整体，建立起城市总体物流、能量流循环的机制，使城市系统像自然生态系统那样以完全循环的方式运行，实现城市的可持续发展。

3. 应用环境承载力原理

环境承载力会随城市外部环境条件变化而变化，其改变会引起城市生态系统结构和功能的变化。生态城市建设要充分考虑人类活动强度与环境承载力之间的关系，有效改善、提高城市生态系统中的限制因子的量值，增加城市生态系统的功能与产出。

（二）生态城市的特点

生态城市具有和谐性、高效性、多样性、个性化和全球开放性的特点。

1．和谐性

生态城市是营造满足人类自身进化需求的环境，充满人情味，文化气息浓郁，拥有强有力的互帮互助的群体，富有生机与活力。在生态城市中，人与其赖以生存的生态环境的各组分之间高度协调，融为一体。

2．高效性

生态城市一改现代工业城市“高能耗”“非循环”的运行机制，提高一切资源的利用率，物尽其用，地尽其利，人尽其才，各施其能，各得其所，优化配置，物质、能量得到多层次分级利用，物流畅通有序，各行业各部门之间通过共生关系进行协调。

3．多样性

生态城市利用自然生态系统中多样性导致稳定性的生态学原理进行多样性重组，建立一个生物多样性、文化多样性、景观多样性、功能多样性、空间多样性、产业结构多样性、建筑、交通多样性等稳定高效的城市生态系统。

4．个性化

生态城市与特定的地域空间、社会文化联系在一起。不同地域、不同社会历史背景下的生态城市必将显示不同的特色和个性，呈现多样化的地域、历史文脉。

5．全球开放性

生态城市是以人——自然和谐为价值取向的，就广义而言，要实现这目标，全球必须加强合作，共享技术与资源，形成互惠的网络系统，建立全球的生态平衡。

七、生态园林

生态园林是继承和发展传统园林的经验，遵循生态学的原理，以植物为主题，建设多层次、多结构、多功能、科学的植物群落；建立人类、动物、植物相联系的新秩序，达到生态美、科学美、文化美和艺术美。以经济学为指导，应用系统工程发展园林，使生态效益、社会效益和经济效益同步发展，实现良性循环，为人类创造清洁、优美、文明的生态环境。它是城市园林绿化工作最高层次的体现，是人类物质文明和精神文明发展的必然结果。

（一）生态园林应用的生态学原则

生态园林的建设要运用生态学原理，即遵循生物共生、生态位、生态平衡等原理，掌握各种生物特性，充分利用空间资源，组成一个和谐、有序、稳定的生态系统。

1．应用生态平衡原则

在生态园林的建设中，要着眼于整个城市的生态环境，强调绿地系统的结构和布局形式与自然地貌和河湖水系的协调以及与城市功能分区的关系。合理布局，使城市绿地不仅围绕在城市四周，而且把自然引入城市之中，维护城市的生态平衡，如北京、天津、深圳、南京等。

2．应用生态位原则

在生态园林的建设中，充分考虑物种的生态位特征，合理配置植物种类，避免种间直接竞争，形成结构合理、功能健全、种群稳定的复层群落结构，这样既能充分利用环境资源，又能形成优美景观。例如杭州植物园的槭树、牡丹园就是利用不同物种在空间、时间和营养生态位上的差异来建造的。

3．应用互惠共生与相生相克原则

在生态园林的建设中，协调植物之间的关系，尽可能地将一些能对彼此的生长有促进作用的物种配置在一起，而将生化相克的物种分开种植，构成各种合理的植物群落结构和不同的群落外貌，突出体现生态园林的形态特征。例如黑接骨木对云杉有利；而胡桃与苹果、松树与云杉、白桦与松树等则不宜种植在一起。

（二）生态园林的特征

1．丰富的生物多样性

生物多样性是城市生态园林构建水平的一个重要标志。城市中由于人为干扰和随机因素多，环境变化快速多样，较高的物种多样性能使园林植物群落相对于环境及其变化有更好的适应调整能力。

2．公共性

生态园林的建设要求在整个城市地域上，在供应一个人使用的同时，还能供应其他许多人使用，而且可以在同一时间、同一场所，大家共同使用，获得同样的使用价值，满足同样的生存、享用等需求。

3．调节性（协调性）

生态园林是从微观的角度研究那些能起到调节城市生态环境作用的绿色植物群落，发挥生态园林构建的多种功能和综合效益，如利用植物净化城市大气、改善小气候，防尘、防风、减弱噪声。为居民创造安静、舒适、优美、有益健康的环境。

4．无界性

生态园林涉及社会单位绿化、城市郊区森林、农田林网等，所有能起到调节城市生态环境的绿色植物群落，形成“点线、面、网、片”的生态园林体系，逐步走向国土治理，使之“大地园林化”。

5．综合性

生态园林利用城市绿地多功能的特点，实现整体综合功能的优化完备。在局部上考虑外部环境的相互关系，充分发挥内部园林要素的作用，使之相辅相成；同时根据一定空间或一定环境的具体功能目标要求，设计相应的群落结构，满足实现特定功能的需要。

本章小结

生态学原理广泛应用在科技、经济、社会各个领域，其中在环境保护与经济社会发展中的应用更加广泛而深入，生态学的原理比较多，在环境保护工作中应用的主要有以下几条：物物相关、相生相克、负载定额、能流物复、协调稳定、时空有宜、互利共生、限制因子、生态位原理、可持续发展原理。生态系统健康是指生态系统没有不良反应、稳定且可持续发展，随着时间的进程自身仍具有活力且能维持其组成与结构，在外界影响下容易恢复。

生态系统健康的标准有活力、恢复力、组织、生态系统服务功能的维持、管理选择、外部输入减少、对邻近系统的影响及人类健康影响等八个方面，它们分属于生物物理范畴、社会经济范畴、人类健康范畴以及一定的时间、空间范畴。这八个标准中最重要的是前三个方面。

生态系统健康的评价共分五个级别：①生态系统健康相对优良的一级区。②生态系统健康相对较好的为二级区。③生态系统健康的相对一般的三级区。④生态系统健康相对较差的四级区。⑤生态系统健康相对极差的五级区。

根据生态系统健康状况，应当对自然生态系统采取相应的不同生态保护措施。如果自然生态系统健康状况相对优良，应当采取积极的预防性的措施：①建立自然保护区。②封育：封山育林、草原封育、休渔。③补播和放流：飞播造林、补播牧草、放流。④人工造林，人工草场，人工养殖。

生态旅游是以生态学原理为指针，以保护生态环境和合理利用自然资源为导向，所开展的一种既能获得社会经济效益，又能促进生态环境保护的边缘性生态工程和旅游活动。研究生态旅游，必须在方法体系上与生态学接轨。生态学原理为我们提供了如何让旅游者真正理解生态旅游，经营者真正开发生态旅游及管理者真正管理好生态旅游的理论和方法。综合前人的研究，可总结五条用于指导建设和管理生态旅游的生态学原理：物物相关与相生相克、景观生态学原理、生态补偿理论、物质输入输出动态平衡、旅游环境承载力理论。

生态旅游具有科学性、保护性、参与性、持续性、精品性、多样性的特点。

生态旅游是一种全新的旅游形式。其遵循的是可持续发展思想；其根本宗旨就是旅游经济与环境保护的协调发展；其效果是，生态旅游的发展可以大大地促进和推动环境保护，而且还通过经济手段，例如旅游资源税、旅游发展基金等，使环境保护的措施得以实施。生态旅游的环境效应集中地表现为他对环境的保护。具体有以下几个方面：生态旅游提高了环境质量；生态旅游推动了对自然资源、野生动植物及环境的保护；生态旅游可促进民族传统文化的发展与保护；生态旅游强化了环境教育。

复习思考题

1．在环境保护工作中主要应用了哪些生态学原理？
2．什么是生态系统健康？其标准是什么？
3．简述生态保护的措施
4．什么是生态旅游？生态旅游具有哪些特点？
5．在生态旅游的开发、规划、管理中应遵循哪些生态学原理？
6．生态旅游在旅游环境保护中的作用体现在哪些方面？

参考文献

[1] 陈遐林，汤腾方．景观生态学应用与研究进展．经济林研究，2003，21（2）：54～57.

[2] 陈天乙．生态学基础教程．天津：南开大学出版社，1995.

[3] 曹凑贵．生态学概论．北京：高等教育出版社，2002.

[4] 丁圣彦．生态学．北京：科学出版社，2004.

[5] 程广超．生态旅游与环境保护．中国旅游报，1997，9.

[6] 傅伯杰，等．景观生态学原理及应用．北京：科学出版社，2001.

[7] 戈峰．现代生态学．北京：科学出版社，2002.

[8] 国庆喜．普通生态学．哈尔滨：东北林业大学，2005.

[9] 黄志新，张建平．试论景观生态学原理与城市景观生态建设．江西农业大学学报（社会科学版），2004，3（3）．

[10] 李博．生态学．北京：高等教育出版社，2000.

[11] 李振基，陈小麟，郑海雷．生态学．北京：科学出版社，2004.

[12] 林育真．生态学．北京：科学出版社，2004.

[13] 刘茂松，张明娟．景观生态学原理与方法．北京：化学工业出版社，2004.

[14] 卢云亭，王建军．生态旅游学．北京：旅游教育出版社，2004.

[15] 马世俊．现代生态学透视．北京：科学出版社，1990.

[16] 马振兴．生态学基础．北京：中国时代经济出版社，2002.

[17] 毛显强，等．生态补偿的理论探讨．中国人口•资源与环境．2002，12（4）：38～41.

[18] 曲仲湘，吴玉树等．植物生态学．北京：高等教育出版社，1983.

[19] 全国成人高考命题研究组编审．生态学基础．北京：北京广播学院出版社，2003.

[20] 尚玉昌．普通生态学．北京：北京大学出版社，2002.

[21] 孙儒泳，李博，诸葛阳，尚玉昌．普通生态学．北京：高等教育出版社，1993.

[22] 孙儒泳．动物生态学原理．北京：北京师范大学出版社，2001.

[23] 孙儒泳．基础生态学．北京：高等教育出版社，2002.

[24] 田道勇．浅滩旅游可持续发展．人文地理，1996，2.

[25] 陶丽华．生态旅游与环境保护研究．无锡教育学院学报，2001，3.

[26] 盛连喜．环境生态学导论．北京：高等教育出版社，2002.

[27] 王尔康．生态旅游与环境保护．旅游学刊，1998，2.
[28] 魏湘岳．生态旅游与我国生物多样性保护．科学对社会的影响，1995，4.
[29] 邬建国．景观生态学—格局、过程、尺度与等级．北京：高等教育出版社，2001.
[30] 肖笃宁，李秀珍，高峻，等．景观生态学．北京：科学出版社，2003.
[31] 徐化成．景观生态学．北京：中国林业出版社，1996.
[32] 徐期勇，等．生态学原理在生态旅游中的应用研究．环境保护，2000，（3）：31～33.
[33] 徐君亮，等．景观生态学在生态旅游景观建设中的应用．热带地理，2000，20（4）：286～290.
[34] 许慧，王家骥．景观生态学的理论与应用．北京：中国环境科学出版社，1993.
[35] 杨学民，姜志林．森林生态系统管理及其与传统森林经营的关系．南京林业大学学报（自然科学版），2003，27（4）.
[36] 杨德保，王式功，尚可政．生态旅游资源开发与生态环境保护．科学—经济—社会，2000.
[37] 赵羿，李月辉．实用景观生态学．北京：科学出版社，2001.
[38] 张金屯．应用生态学．北京：科学出版社，2003.
[39] 张建萍．生态旅游理论与实践．北京：中国旅游出版社，2003.
[40] 张凌云译．生态旅游．北京：旅游教育出版社，2004.
[41] 钟林生，肖笃宁．生态旅游及其规划与管理研究综述．生态学报，2000，20（5）：841～848.
[42] 周纪纶．生态学研究方法，http://www.eedu.org.cn
[43] 周鸿．人类生态学．北京：高等教育出版社，2001.
[44] E.P.奥德姆．生态学基础．孙儒泳等译．北京人民教育出版社，1982.
[45] Manuel C.Molles. Ecology: Concepts and Applications. The McGraw-Hill Companies，Inc.1999.
[46] 沈满红. 生态经济学. 北京：中国环境科学出版社，2008.
[47] 王松霈. 生态经济学. 西安：陕西人民教育出版社，2000.
[48] 许涤新. 生态经济学. 杭州：浙江人民出版社，1987.
[49] 唐建荣. 生态经济学. 北京：化学工业出版社，2005.
[50] 中国建筑承包公司. 中国绿色建筑/可持续发展建筑国际研讨会论文集. 北京：中国建筑工业出版社，2001.
[51] 中国建筑协会建筑师分会建筑技术专业委员会. 绿色建筑与建筑技术. 北京：中国建筑工业出版社，2006.
[52] 黄莉群. 生态园林. 济南：山东美术出版社，2006.
[53] 唐文跃，李晔. 园林生态学. 北京：中国科学技术出版社，2006.
[54] 解振华. 循环经济知识读本. 北京：中国环境科学出版社，2005.
[55] 姬振海. 生态文明论. 北京：人民出版社，2007.
[56] 张玉林. 现代环境保护理念. 北京：中国环境科学出版社，2005.

教师反馈卡

尊敬的老师：您好！

谢谢您购买本书。为了进一步加强我们与老师之间的联系与沟通，请您协助填妥下表，以便定期向您寄送最新的出版信息，您还有机会获得我们免费寄送的样书及相关的教辅材料；同时我们还会为您的教学工作以及论著或译著的出版提供尽可能的帮助。欢迎您对我们的产品和服务提出宝贵意见，非常感谢您的大力支持与帮助。

姓名：__________ 年龄：________ 职务：__________ 职称：__________

系别：__________ 学院：________ 学校：____________________

通信地址：______________________________ 邮编：__________

电话（办）：__________（家）____________ E-mail ________________

学历：__________ 毕业学校：______________________________

国外进修或讲学经历：__________________________________

	教授课程	学生水平	学生人数/年	开课时间
1.				
2.				
3.				

您的研究领域：____

您现在授课使用的教材名称：______________________________

您使用的教材的出版社：__________________________________

您是否已经采用本书作为教材：□是；□否。

采用人数：______________

您使用的教材的购买渠道：□教材科；□出版社；□书店；□网店；□其他。

您需要以下教辅：□教师手册；□学生手册；□PPT；□习题集；□其他________

（我们将为选择本教材的老师提供现有教辅产品）

您对本书的意见：______________________________________

您是否有翻译意向：□有；□没有。

您的翻译方向：____

您是否计划或正在编著专著：□是；□没有。

您编著的专著的方向：__________________________________

您还希望获得的服务：__________________________________

填妥后请选择以下任何一种方式将此表返回（如方便请赐名片）：

地址：北京市东城区广渠门内大街 16 号

邮编：100062

E-mail：1040587028@126.com

中国环境出版集团第二分社

电话（传真）：（010）67113412

网址：http://www.cesp.com.cn